電子材料 物性學

工學博士　裵 哲 薰 著

著者 略歷

배철훈(裵哲薰)

   연세대학교 세라믹공학과 (공학사)
   연세대학교 대학원 (공학석사)
   東京大學校 대학원 (공학박사)
   東邦大學校 이학부 강사
   東京大學校 공학부 문부교관
   생산기술연구원 수석연구원/조교수
   現 인천대학교 신소재공학과 교수

전자재료 물성학

발행인   홍정표
발행처   컴원미디어
주 소   서울 강동구 길동 349-6 정일빌딩 401호
        Tel : (02)488-3280, Fax : (02)488-3281
등 록   제6-759호 / 2005년 8월 2일

2008년 8월 25일 초판 인쇄
2016년 3월 20일 초판 3쇄

정가 15,000원
ISBN 978-89-92475-22-8 93560

머리말

오늘날 전자부품 및 소재는 급속한 발전을 거듭하면서 지식·정보화 시대를 주도하고 있다. 이러한 전자부품 및 소재를 응용하기 위해서 중요한 것은 이들을 제작하기 위한 재료의 전도성, 유전성, 압전성, 자성 및 광학/광전 물성 등에 대한 충분한 이해가 선행되어야 한다는 것이다. 물론 전자재료물성에 관련 서적이 많이 출판되었지만, 이 책에서는 화학결합, 고체결정 및 전자재료에 있어서 무엇보다 중요한 결정의 불안전성에 대해 1-3장에서 설명하였고, 이들 결정학 고찰을 기반으로 4장에서는 에너지밴드와 페르미준위 등 고체물리의 근간을 다루었으며, 5장에서는 도전율, 반도체의 종류, 캐리어밀도, 재결합 등 반도체의 기본 특성에 대해 설명하였다. 마지막으로 6장에서는 반도체의 제반 물성 및 응용에 대해 안내함으로써 전자재료물성에 관한 지식향상을 도모하며, 학부생의 경우 대학졸업 후에 곧바로 현장에서 응용할 수 있도록 설명하였다.

여러 부분에서 부족하지만 전자재료관련 대학생 및 대학원생들에게 조금이나마 도움이 되길 바라며, 또한 전자재료부품 및 소재관련 연구개발을 수행하고 있는 연구원 및 기술자들에게도 참고가 되었으면 한다.

마지막으로 본의 아닌 표현의 잘못이나 오류가 없기를 바라면서, 각종 자료정리 및 집필작업에 많은 도움을 주신 박연재선생과 이 책을 비롯해서 재료관련 서적의 보급에 노력하시는 홍정표 사장님과 편집부 직원들께 심심한 감사를 전하고 싶다.

2008년 8월

저자

목 차 　　 C•o•n•t•e•n•t•s

Chapter 1 - 화학결합의 기초

Chapter 2 - 양자론에 의한 화학결합

Chapter 3 - 무기 고체 결정

Chapter 4 - 고체물리의 기초

Chapter 5 - 반도체의 기초

Chapter 6 - 반도체의 성질

Chapter 1

화학결합의 기초

본 장에서는 '양자론에 의한 화학결합'을 이해하기 위한 기초지식으로 초보적인 화학결합 이론을 생각해 보기로 한다. 주위의 물질을 보아도, 화학적 성질의 차이를 보아도, 결합방법은 보는 것만으로는 판별할 수 없고 그 물질의 구조를 상세히 관찰함으로써 결합방식을 판정할 수 있다. 그러나 그중에는 2종 이상의 결합방식을 취하는 경우도 있어서, 완전히 분류하기가 어려운 경우도 많다.

본 장의 초반부에서 다룰 전자식은 화학결합을 설명하는데 있어서 가장 편리한 화학식이며, 우선 전자식으로 물질을 나타내는 방법을 생각하고, 이것을 이용하여 각종 화학결합의 기초를 이해해 보기로 한다.

1.1 전자식

원자의 최외전자각에 있는 전자를 가전자라고 하며, 이 가전자만으로 원자의 전자배치를 나타낸 화학식을 전자식이라고 한다. 화학결합에 직접 관여하는 것이 가전자이므로, 화학결합의 양상을 나타내는 경우에는 전자식이 많이 사용된다.

이 전자식은 원자의 가전자를 ·로 표시하고, 그 원자의 원자기호 주위에 배치시킨다. 가전자의 수가 가장 적은 H원자와 가장 많은 F원자를 예를 들면, 각각 H:, :F:로 나타낼 수 있다. 원자가 이온으로 되는 경우를 전자식으로 나타내면 그림 1.1과 같다.

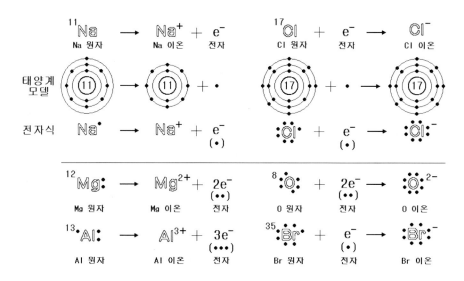

그림 1.1 원자가 이온이 되는 경우의 전자식

1.2 이온결합

(1) 이온결합

양이온과 음이온이 정전기력인 쿨롱(Coulomb) 힘으로 서로 끌어당겨서 결합하는 방식을
이온결합이라고 한다(그림 1.2). 이 경우 양이온과 음이온이 1개씩 조합적으로 결합하는
것이 아니고, 양이온 옆에 음이온이, 또 그 옆에 양이온이 존재하며, 이것이 입체적으로
질서정연하게 배열되어 있다. 이러한 결정을 이온결정이라고 하며, 이온결합에 의해서 생성되
는 물질을 이온성 물질이라고 한다. 그림 1.3은 염화나트륨(식염)의 이온결정을 나타내고,
우측의 결정구조는 Na^+의 면심입방격자와 Cl^-의 면심입방격자가 조합적으로 배열되어 있음
을 나타낸다.

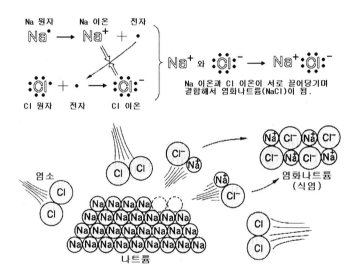

그림 1.2 이온결합으로 염화나트륨이 생성되는 과정

(2) 이온결합의 성질

이온결정중의 양이온수와 음이온수의 비를 가장 간단한 정수비로 나타낸 화학식을 조성식
이라고 한다. 예를 들어, 염화나트륨의 경우, Na^+(나트륨이온)와 Cl^-(염소이온)가 1:1로
결합하고 있으므로, 조성식은 NaCl로 표시한다.

이온결합의 물질은 +의 이온가수와 -의 이온가수의 합이 일치하도록 조성식으로 나타낸다.
즉, +의 전하와 -의 전하가 같고, 전체로서 중성이 되도록 결합한다. 그러나 조성식으로
나타내면 표시된 화합물 1조가 하나의 입자를 형성하고 있는 것처럼 보이는 결점이 있다.

조성식은 구성하고 있는 이온의 종류와 그 수의 비를 나타내고 있다는 것이 중요하다(그림 1.3). 예를 들어, 염화칼슘($CaCl_2$)은 Ca^{2+}와 Cl^-가 1:2의 비율로 결합하고 있는 것을 나타내는 것이지, Ca^{2+} 1개와 Cl^- 2개가 결합되어 있음을 나타내는 것은 아니다.

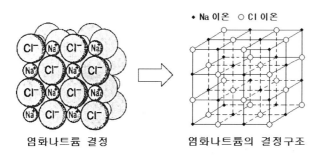

그림 1.3 이온결정의 일례(염화나트륨)

(3) 이온결합의 강도

같은 이온결합에서도 그 결합강도에는 강약이 있다. 쿨롱 힘은 이온간 거리의 제곱에 반비례하고, + - 의 이온가수의 곱에 비례하기 때문에, 이온결합의 강도는 이온가수가 큰 이온일수록 강하고, 이온의 크기(이온반경)가 작을수록 강하다.

1.3 공유결합

가전자를 지닌 원자가 전자를 내주고, 그 전자를 원자간 서로 공유하며 결합하는 것을 공유결합이라고 한다. 그림 1.4에 수소분자와 염화수소분자의 공유결합 방법을 나타내었다. 전자를 공유한다는 것을 쉽게 이해할 수 있다. 그림 1.4와 같이 원자의 공유결합에 의해서 생성된 입자를 분자라고 하며, 분자가 다수 집합한 물질을 분자성 물질이라고 한다. 공유결합을 하는 원자는 전부 희가스의 전자배치와 동일하게 되어있음을 알 수 있다.

(1) 공유전자쌍과 비공유전자쌍

가전자(·)중에서, 공유결합에 관여하고 있는 전자쌍을 공유전자쌍(각각의 원자가 내놓은 2개의 전자), 관여하지 않는 전자쌍을 비공유전자쌍이라고 한다.

(2) 다중결합

한 쌍의 공유전자쌍을 공유하며 결합하는 것을 단일결합, 두 쌍의 경우 2중 결합, 세 쌍의 경우를 3중 결합이라 한다.

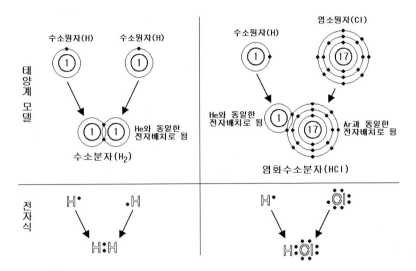

그림 1.4 공유결합의 개략도

(3) 구조식과 분자식

분자를 구성하는 원자의 종류와 그 원자의 수를 나타낸 화학식을 분자식이라고 하고, 구조식은 전자식으로 나타낸 공유전자쌍을 가표라고 하는 '‒'로 표시한 화학식으로 그 분자의 구조를 명확히 할 경우에 사용된다.

(4) 공유결합결정

다이아몬드는 탄소원자 C만으로 구성된 물질(단체)로서, 구성하는 탄소원자 전부가 상호간 공유결합으로 이어져있어 그림 1.5와 같이 한 개의 거대한 분자를 형성하고 있는 것과 같이 보인다. 이러한 물질을 공유결합성물질이라고 하며, 다이아몬드 이외에 흑연, 수정 등이 있다.

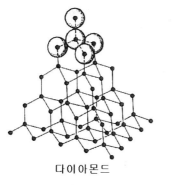
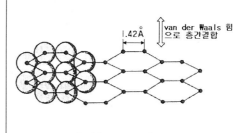

다이아몬드

흑연(graphite)

ㅇ 다이아몬드를 구성하는 탄소와 탄소간은 1중결합
ㅇ 원자간 거리 : 1.54 Å

ㅇ 흑연은 정육각형으로 공유결합한 것이 판상으로 연결
ㅇ 층간 간격 : 3.36 Å

그림 1.5 탄소원자가 구성하는 두 가지 매크로집단

1.4 금속결합

金속은 그 구성원자가 규칙적이며 입체적으로 배열한 결정구조를 갖는다. 결정구조로는 그림 1.6과 같은 3종류가 있다. 금속은 구성하고 있는 원자가 치밀하게 배열하고 있기 때문에, 각각 원자의 최외전자각이 서로 중첩되어, 원자의 가전자(최외전자각의 전자)를 공유하며 결합한다. 이 가전자는 중첩된 전자각을 자유롭게 이동할 수 있기 때문에 모든 원자에 공유된다고도 볼 수 있다. 이와 같이 자유롭게 이동하는 전자를 자유전자라고 부른다.

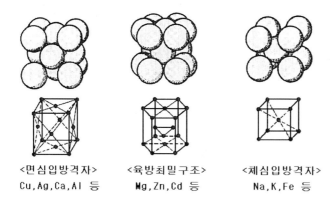

<면심입방격자>
Cu,Ag,Ca,Al 등

<육방최밀구조>
Mg,Zn,Cd 등

<체심입방격자>
Na,K,Fe 등

그림 1.6 금속결정을 형성하는 결정격자

금속은 가전자가 원자를 이탈하여 이동하기 때문에 원자자신은 양이온으로 되지만, 자유전자가 원자간을 분리시키지 않으면서 이동함에 의해, 양이온간의 반발을 억제시키며 결합하게 하게 된다.

금속결합은 전자를 공유하는 것과 원자가 양이온으로 되는 것으로 인해, 공유결합이나 이온결합과 혼동할 우려가 있기에, 그 차이에 대해 설명하고자 한다.

● **공유결합과의 차이** : 공유결합은 특정의 원자와 원자간에서 전자를 공유하지만, 금속의 경우는 그 금속을 구성하고 있는 원자 전부에 공유된다.

● **이온결합과의 차이** : 이온결합은 양이온과 음이온이 쿨롱 힘에 의해서 결합하지만, 금속의 경우는 양이온과 양이온간을 자유전자가 공유되어 결합된다.

(1) 금속의 화학식

금속은 한 종류의 금속원자가 무수히 결합해서 하나의 물체를 형성해 간다. 분자와 같이 하나하나 독립된 입자가 아니기 때문에 금속을 화학식으로 나타내기 위해서는 분자식이 아니고 이온성 물질과 같이 조성식을 사용한다. 따라서 금속은 합금이 아닌 이상 원자기호(원소기호) 자체가 금속을 나타내는 화학식이 된다.

(2) 금속의 특성

금속은 바늘과 같이 가는 선상으로 늘인다든지(연성), 얇은 박막으로 넓일 수(전성) 있다. 즉, 외력을 가하면 이온결합의 경우는 +와 +, −와 −끼리 반발을 일으켜 부서지기 쉬우나, 금속의 경우는 반발을 일으키지 않고 비틀린 구조의 금속결합을 유지한다. 또, 금속은 자유롭게 이동할 수 있는 자유전자로 인해 전기를 잘 통하게 한다는 특징을 지닌다.

지금까지 이온결합, 공유결합, 금속결합에 관한 기본적인 특성에 대해 생각해 보았는데, 마지막으로 이 3종류의 결합의 강약에 대해 살펴보면, 일반적으로 **공유결합>이온결합>금속결합**의 순으로 된다. 단, 같은 종류의 결합임에도 그 강도는 물질에 따라 차이가 있다.

Chapter 2

양자론에 의한
화학결합

지금까지 화학결합의 기초와 일반적인 법칙에 관해 생각하여 보았다. 본 장에서는 화학결합의 본질에 대해 생각해 보기로 한다. 물질의 제반 성질은 분자의 성질이 되며, 이것은 화학결합에 의존한다. 결론적으로, 화학결합의 본질 즉, 원자와 원자를 결합시키는 힘의 본질은 정전기력이고, 그 중개역할을 전자가 담당한다. 따라서 여러 가지 화학결합의 상이함은 결합에 관여하는 전자의 거동방법의 상이에 의해 발생한다고 볼 수 있다. 그렇다면 원자나 분자에 있어서 전자의 거동방법을 조사해야만 되겠지만, 여기서 문제가 되는 것은 전자의 파동성에 있다.

일반적으로 입자는 입의 성질과 파의 성질을 함께 지니고 있다. 입자의 질량이 큰 경우 즉, 대상이 되는 공간의 크기가 우리의 눈으로 볼 수 있는 정도의 경우, 입자의 파동성은 무시할 수 있고, 입자의 거동은 뉴턴(Newton)의 운동방정식으로 표현된다. 그러나 원자나 분자와 같이 극미의 세계에서는 전자의 파동성을 무시할 수 없으며, 뉴턴의 운동방정식 또한 적용시킬 수 없다. 이와 같은 경우 즉, 전자의 파동성을 무시할 수 없는 경우에는 양자역학을 이용하여야만 한다(양자역학을 이용하게 되면, 뉴턴역학에서는 연속적인 값을 취했던 에너지가 띠와 같이 간격을 둔 불연속적인 값밖에 취할 수 없다. 양자라고 하는 것은 불연속적인 값을 취하는 것, 또는 그 집합을 의미한다).

양자역학은 20세기 초 원자물리학의 발전 속에서 확립된 역학으로 현대의 화학 특히 화학결합의 이론은 이 양자역학에 근거를 두고 있다. 화학결합에 있어서 가장 중요한 결합이 공유결합이며, 공유결합을 이해하기 위해서는 원자의 구조 즉, 원자에 있어서 전자의 거동에 대해서 이해하여야만 한다. 여기서 말하는 원자의 구조나 공유결합의 본질을 이해하기 위해서는 양자역학적인 사고능력이 필수불가결하다. 또, 원자구조의 안정성 및 화학결합의 안정성을 고찰하기 위해서는 에너지적인 사고능력이 중요하다.

2.1 원자의 구조

분자내의 전자의 거동에 대해 생각하기 위해서는 우선 원자내의 전자의 거동에 대해 이해할 필요가 있다. 이것은 분자가 원자로부터 구성된다는 이유도 있지만, 원자구조이론에서 사용되어지는 대부분의 원리가 화학결합이론에서도 유효하기 때문이다.

원자는 + 전하를 지닌 원자핵과 - 전하를 지닌 전자로 구성된다. 이 계에 뉴턴역학을 적용시키면, 몇 가지 난점이 발생한다. 보어(Bohr)는 그 난점을 해결하는 이론을 제창하였으나, 원자가 등의 원자의 제반 성질을 완벽하게 설명할 수 있는 이론은 되지 못 했다. 결국,

원자의 제반 성질의 완전한 설명은 양자역학의 완성에 의해서 가능하게 되었다.

양자역학에서는 원자내의 전자의 운동상태를 파동함수(ψ)로 나타내는데, 이것은 원자궤도함수 또는 원자궤도라고 부른다. 원자궤도는 타원이나 원으로 나타내는 혹성의 궤도와는 달리 전자분포의 형성방법을 나타내는 확률적인 개념이다. 수소원자와 유사한 1 전자원자(또는 이온)는 복수의 원자궤도를 가지며, 각각 전자분포의 형태도 크기도 달라서, 궤도의 에너지도 다르다. 다전자원자의 경우, 제 1 근사로서 전자간의 반발을 무시하고, 에너지가 낮은 원자궤도 순으로 전자를 넣어 가면 된다. 결국, 원자의 성질은 어떠한 궤도에 몇 개의 전자가 존재하고 있는가(이것을 전자배치라고 함)에 의해 결정된다. 따라서 원자궤도의 크기와 형태에 대한 확실한 이해가 요구되어 진다.

(1) 전자와 원자핵

1) 전자의 발견

1799년 볼타(Volta)가 전지(아연과 구리를 묽은 황산용액에 담그면 양금속간에 전류가 흐르는 현상)를 발명한 이래, 전지를 이용한 각종의 전기실험이 행하여졌으며, 그중의 하나가 진공방전실험이다. 유리관에 봉입한 전극에 다량의 볼타전지를 연결하여 수만 볼트의 전압을 가한다. 진공펌프로 관내의 기압을 낮추면, 관내에 불빛(발광선)이 발생한다. 더욱 기압을 낮추어 10^{-3}[mmHg]정도로 하면 발광이 중지되고, 음극 쪽의 유리관 벽에서 황록색의 형광이 발생된다. 관 벽의 앞에 금속판을 설치하면 그 그림자를 확인할 수 있는 것으로부터 음극에서 무엇인가가 튀어나오는 것으로 생각할 수 있고, 그것을 음극선이라고 한다.

톰슨(Thomson)은 음극선에 관해서 상세히 조사하여, 음극선의 정체가 −의 전기를 지닌 입자라는 학설을 제안하였고, 더 나아가 음극선이 전계나 자계에서 구부러지는 것으로부터 그 구부러지는 방향을 측정하여 음극선 입자가 갖는 전하가 -1.60×10^{-19}[C](전하의 최소단위이며, e로 나타낸다), 질량이 9.11×10^{-31}[kg]이라는 결론을 제시하였다. 또, 음극선 입자의 전하나 질량은 관내의 기체의 종류나 음극금속의 종류와는 무관한 것으로부터 그 입자가 모든 원자에 공통으로 존재하는 입자라고 생각해서 전자라고 명명하였다.

2) 원자핵의 발견

전자는 −의 전하를 지닌 입자로서 모든 원자의 구성요소가 됨을 알았으나, 원자 그 자체는 전기적으로 중성이므로 원자에는 + 전하를 지닌 구성요소가 존재할 것이다.

전자의 발견이후 2종류의 원자모형이 제안되었다. 하나는, 톰슨이 제안한 수박형 모형으로 + 전하는 원자전체에 균등하게 분포되어 있고 그 안에 전자가 수박씨와 같이 존재한다는 것이고, 다른 하나는, 러더포드(Rutherford)의 혹성형 모형으로 원자의 중심에 + 전하가 존재하고 그 주위를 전자가 돌고 있다는 태양계와 유사한 모형이다.

러더포드는 1911년 얇은 금박에 α선을 조사시켜 α입자의 구부러지는 양상에 대해 조사한 결과, 대부분의 α입자는 금박을 통과하지만 일부는 크게 구부려져서 그 중에는 역방향으로 되돌아오는 것까지 있는 것을 발견하였다. α입자가 + 전하를 지니기 때문에 원자의 + 전하로부터 척력을 받아서 구부러지는 현상이 나타났다고 보면, + 전하가 원자전체에 균등히 분포되어 있다는 톰슨모형으로는 크게 구부러지는 현상을 기대할 수 없다. 그러나 + 전하가 1점에 집중되어 있다면 + 전하에서 매우 가까운 곳을 통과하는 α입자는 강한 정전기력을 받아서 크게 구부러질 가능성이 있다. 러더포드는 혹성형 모형을 가정으로 해서, 중심의 + 전하에 의해서 α입자가 구부러질 확률을 계산한 결과, 실험결과와 일치하였으며, 동시에 그 + 전하의 크기는 $10^{-14} \sim 10^{-15}$〔m〕인 것도 밝혀내었다(그림 2.1). 이 + 전하를 원자핵이라고 한다.

따라서 원자번호 Z의 원자는 질량의 대부분을 차지하며 $+Ze$의 전하를 지닌 원자핵과, 그 주위를 도는 Z개의 전자로 구성된다고 말할 수 있다. 크기를 말한다면, 원자는 10^{-10}〔m〕정도이고, 원자핵은 그것의 1만 내지 10만분의 1정도이므로, 원자를 야구장이라고 생각할 때 원자핵은 투수마운드에 놓은 유리구슬정도이므로, 원자는 거의 비어있다고 생각하여도 무리가 없다. 이러한 원자핵이 양자와 중성자로 구성되어 있다는 것이 확인된 것은 한참 뒤인 1932년 채드윅(Chadwick)이 중성자를 발견한 시기이다.

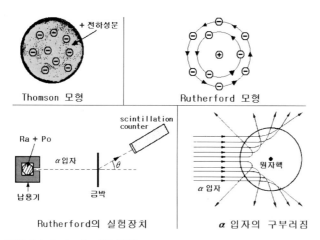

그림 2.1 Rutherford의 실험

(2) 보어(Bohr) 이론

1) 수소원자의 스펙트럼

진공방전에서 공기 대신에 각종 기체를 넣어 방전시키면 기체는 특유색의 광을 낸다(네온은 적색, 나트륨은 등색 등). 이것은 원자가 그 종류에 따라 고유 파장의 광을 방출하기 때문이다. 기체수소를 유리관에 봉입해서 10^{-4} 기압 정도로 감압시켜 방전시키면 엷은 자색의 광이 방출된다. 이것은 방전관내의 수소분자가 분해해서 생긴 수소원자로부터 나온 광이다. 이 광을 프리즘으로 분리해서 감광판에 조사시키면 몇 개의 파장의 광이 집합되어 있는 것을 확인할 수 있다. 감광판에 나타난 선을 휘선이라고 하며, 휘선의 집합을 스펙트럼이라고 한다

발머(Balmer)는 수소원자의 스펙트럼을 조사한 결과, 가시부 휘선의 파장 λ[m]가

$$\lambda = 3.65 \times 10^{-7} \times \{n^2/(n^2-2^2)\} \qquad (n=3,\ 4,\ 5,\ \cdots) \qquad \cdots\cdots (2.1)$$

인 것을 발견하였다. 이 식을 변형시키면,

$$1/\lambda = R\,(1/2^2 - 1/n^2) \qquad (n=3,\ 4,\ 5,\ \cdots) \qquad \cdots\cdots (2.2)$$

로 되며, 여기서 R 은 리드베르그(Rydberg) 상수로 1.10×10^7[m^{-1}]이며, 이 식으로 나타내는 스펙트럼을 발머계열이라고 한다. 그 후

● 라이먼(Lyman) 계열 (자외부)

$$1/\lambda = R\,(1/1^2 - 1/n^2) \qquad (n=2,\ 3,\ 4,\ \cdots) \qquad \cdots\cdots (2.3)$$

● 파셴(Paschen) 계열 (적외부)

$$1/\lambda = R\,(1/3^2 - 1/n^2) \qquad (n=4,\ 5,\ 6,\ \cdots) \qquad \cdots\cdots (2.4)$$

등의 스펙트럼 계열이 발견되었다.

2) 보어 이론

러더포드의 원자모형에 의하면 수소원자는 $+e$ 의 전하를 지닌 무거운 원자핵의 주위를 전하 $-e$, 질량 m 의 전자가 돌고 있는 것이 된다. 전자의 궤도반경을 r 로 하고, 전자가 그 원주를 속도 v 로 돌고 있다고 할 때, 전자가 지닌 에너지를 계산해 보자.

질량 m 의 전자가 반경 r 의 원주상에서 속도 v 로 돌기 위해서는, mv^2/r 만큼의 원심력이 필요하다. 원자의 경우 이 값은 원자핵과 전자간의 정전기력 $k_0 e^2/r^2$ ($k_0 = 9.0 \times 10^9$ [N·m^2/C^2])에 해당된다. 따라서

$$mv^2/r = k_0 e^2/r^2 \qquad\qquad \cdots\cdots (2.5)$$

가 성립된다. 전자의 총에너지 E (수소원자의 경우, 전자의 에너지 = 원자의 에너지)는 운동에너지와 정전기력에 의한 위치에너지의 합이 된다. 원자핵과 전자간의 정전기력에 의한 위치에너지는 $-k_0 e^2/r$이 되므로,

$$E = mv^2/2 - k_0 e^2/r \qquad\qquad \cdots\cdots (2.6)$$

이 된다. 식(2.6)에 식(2.5)를 대입하면

$$E = k_0 e^2/2r - k_0 e^2/r = -k_0 e^2/2r \qquad\qquad \cdots\cdots (2.7)$$

이 된다(E 가 $-$의 값으로 되는 것은 전자가 원자핵에 속박되어 있음을 나타낸다).

보어는 러더포드의 원자모형을 이용해서 발머가 발견한 수소원자의 스펙트럼 계열의 규칙성을 설명하고자 했으나, 러더포드의 원자모형에는 설명이 곤란한 중대한 난점이 있었다. 즉, 전자기학 이론에 의하면 원운동하는 하전입자는 광(전자파)을 방사한다. 광을 방사하면 전자는 에너지를 소비하기 때문에 전자의 궤도는 점차적으로 작아지게 되고 최후에는 원자핵으로 들어가고 만다. 즉, 수소원자는 안정하게 존재할 수 없게 된다. 보어는 이 난점을 해결하기 위해서 2가지의 가설을 도입했다.

● **제 1 가설(보어의 양자 조건)** : 원자내의 전자에는 몇 개의 안정한 궤도가 있어서 이러한 궤도를 돌고 있는 전자는 전자파를 방사하지 않는다. 이 안정한 궤도의 필요조건은,

$$mvr = (h/2\pi)\cdot n \qquad (n=1,\ 2,\ \cdots) \qquad\qquad \cdots\cdots (2.8)$$

여기서, h 는 플랑크(Planck) 상수(6.63×10^{-34}〔J·s〕) 이다.

이것이 보어의 양자조건이며, 좌변의 mvr 은 각운동량이라고 부르며 회전운동의 세기를 나타내는 양이다. 따라서 보어의 양자조건은 "전자의 각운동량은 자유로운 값을 취하는 것이 아니고, $h/2\pi$ 의 정수배의 값을 취한다"는 의미가 된다. v 를 소거하고 r 을 r_n 으로 나타내면,

$$r_n = (h^2/4\pi^2 k_0 m e^2)\cdot n \qquad (n=1,\ 2,\ \cdots) \qquad\qquad \cdots\cdots (2.9)$$

가 되며, 이 식으로부터 안정한 궤도의 반경은 불연속적인 띄와 같은 값을 갖는 것을 알 수 있다. 이 식에 k_0, m, e, h 의 값을 대입하고 $n=1$로 하면,

$$r_1 = 5.29 \times 10^{-11}〔\text{m}〕 = 0.529〔\text{Å}〕 = a_0 \qquad\qquad \cdots\cdots (2.10)$$

이 된다. a_0 는 수소원자에서 가장 안쪽에 위치한 안정한 궤도의 반경으로 보어반경이라고 부른다. 보어반경의 2배 즉, 약 1〔Å〕이 수소원자의 크기가 되는 것을 알 수 있다. 이 식을 이용하여 전자의 총에너지를 E_n 으로 나타내면,

$$E_n = -(2\pi^2 k_0 m e^4/h^2)\cdot(1/n^2) = -(k_0 e^2/2a_0)\cdot(1/n^2) \qquad (n=1,\ 2,\cdot\cdot) \ \cdots\cdots (2.11)$$

이 되며, 전자의 에너지 또한 띠 형식의 값을 취하는 것을 알 수 있다. 이 식에서 정수 n 을 주양자수, E_n 을 에너지준위라고 한다. $n=1$의 경우 전자는 가장 안쪽의 궤도를 돌며, 이때의 수소원자의 에너지가 최저이어서, 이 에너지상태를 기저상태라고 한다. 상온에서 대부분의 수소원자는 이 상태이며,

$$E_1 = -2.18 \times 10^{-18} [J] = -13.6 [eV] \qquad \cdots \cdots (2.12)$$

가 된다(전자를 $1[V]$의 전압으로 가속시켰을 때 갖는 운동에너지를 $1eV$ 라고 한다). 또, $n=2, 3, \cdots$로 됨에 따라서 전자는 보다 바깥쪽의 궤도를 돌게 되며, 에너지 또한 커진다. 이러한 상태를 여기상태라고 한다. 더 나아가서 $n=\infty$ 가 되면 $E=0$ 이 되며, 이 상태는 전자가 원자핵의 속박에서 벗어나 무한 거리로 사라진 상태 즉, 이온화상태가 된다. 따라서 기저상태의 수소원자를 이온화시키기 위해서는 13.6[eV]의 에너지가 필요하다. 수소원자에서의 전자의 궤도와 에너지준위의 개략도를 그림 2.2에 나타내었다.

다음으로 발머 등의 스펙트럼 계열의 규칙성을 설명하기 위해서는 또 하나의 가설이 필요하다.

● 제 2 가설(보어의 진동수 조건) : 전자가 에너지 E_n 의 정상상태로부터 그보다 낮은 에너지 $E_{n'}$의 정상상태로 이동시, 원자는 그 차이에 비례한 진동수의 광을 방출한다. 방출되는 광의 진동수를 v 로 하면,

$$E_n - E_{n'} = hv \qquad \cdots \cdots (2.13)$$

으로 나타낼 수 있다.

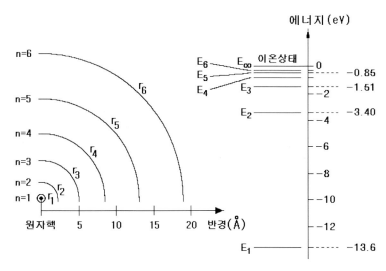

그림 2.2 수소원자의 궤도와 에너지준위

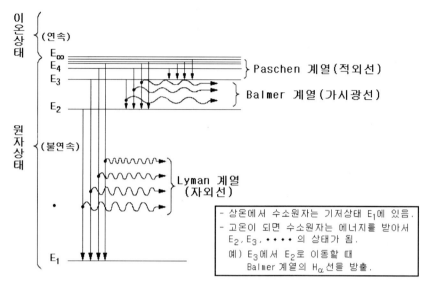

그림 2.3 수소원자의 스펙트럼

 보어의 진동수 조건은 진동수 v의 광은 hv의 에너지를 지닌 입자(광자)로 생각하여야만 한다는 플랑크의 설을 채용한 것으로, 전자가 에너지 E_n의 정상상태로부터 에너지 $E_{n'}$의 정상상태로 이동시 방출하는 광의 진동수 v는,

$$v = (E_n\text{-}E_{n'})/h = (2\pi^2 k_0^2 me^4/h^3)\cdot(1/n'^2 - 1/n^2) \qquad \cdots\cdots (2.14)$$

가 된다. 광의 진동수 v, 파장 λ, 광속도 c 간에는 $c=\lambda v$의 관계가 있으므로,

$$1/\lambda = v/c = (2\pi^2 k_0^2 me^4/ch^3)\cdot(1/n'^2 - 1/n^2) \qquad \cdots\cdots (2.15)$$

가 된다. 이 식에서 $2\pi^2 k_0^2 me^4/ch^3 = R$로 하면,

$$1/\lambda = R\cdot(1/n'^2 - 1/n^2) \quad (n, n'\text{은 정수로서}, \ n \rangle n') \qquad \cdots\cdots (2.16)$$

이 되며(단, $R=1.0974\text{X}10^7\text{m}^{-1}$), $n'=2$로 하면 발머계열과 완전히 일치한다. 즉, 발머계열은 수소원자가 E_3, E_4, $\cdots$의 에너지상태로부터 E_2의 에너지상태로 이동시 방출되는 광의 스펙트럼이라고 말할 수 있다. 마찬가지로 $n'=1$의 경우가 라이먼계열, $n'=3$의 경우가 파센계열이 된다(그림 2.3).

(3) 주양자수(principal quantum number)와 부양자수(subsidiary quantum number)

보어의 이론에서는 전자의 궤도로서 원을 생각했으나, 태양계에서의 혹성궤도와 같이 전자의 궤도는 일반적으로 타원이다. 그림 2.4와 같이 타원궤도의 전자의 위치를 나타내기 위해서는, 원자핵부터의 거리(동경) r과 방위각 θ라는 2가지의 변수가 필요하다.

이 2가지 변수에 대응해서 2개의 양자조건 즉, 2개의 양자수가 필요하게 된다. 그중 하나가 주양자수 n으로, 전자의 에너지는 원궤도의 경우와 마찬가지로

$$E_n = -(2\pi^2 k_0 m e^4/h^2)\cdot(1/n^2) \qquad (n=1, 2, \cdots) \qquad\qquad \cdots\cdots (2.17)$$

이 된다. 또 한 가지의 양자수 l은 방위각 θ에 관한 양자조건으로부터 유도된 것으로 부양자수 또는 방위양자수라고 부른다. 주양자수가 n인 경우, 방위양자수 l은 0, 1, 2, $\cdots$, n-1의 값을 취한다. n과 l에 의해서 결정된 타원궤도를 그림 2.4에 나타내었다. 궤도의 형태부터 생각해 보면 n은 궤도의 크기(장축의 길이)에, l은 타원의 편평도(l이 작을수록 편평도가 커짐)에 관여한다. 물리학적으로 말하면, n은 전자의 에너지에, l은 전자의 각운동량에 관여한다. 통상 전자의 궤도를 나타냄에 있어서, 주양자수는 숫자 그대로로, 방위양자수는 0, 1, 2, 3, $\cdots$에 대응하는 s, p, d, f, $\cdots$의 기호로 표시한다(그림 2.5). 예를 들어, $n=1$, $l=0$의 궤도는 $1s$로, $n=2$, $l=1$의 궤도는 $2p$로 나타낸다.

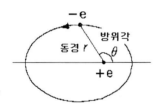

그림 2.4 전자궤도

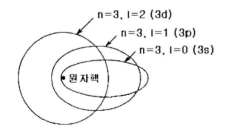

그림 2.5 타원궤도의 형태

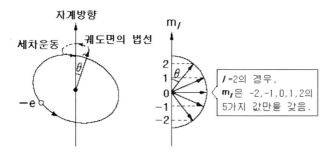

그림 2.6 자기양자수의 의미(l=2의 경우)

(4) 자기양자수(magnetic quantum number)

전자의 운동은 3차원 공간에서 일어나므로 3개의 양자조건 즉 3개의 양자수가 필요하다. 앞에서 주양자수와 방위양자수만을 설명한 것은 전자의 궤도면이 평면(2차원)이기 때문이다. 그러나 원자가 자계 중에 있을 경우 전자의 운동은 3차원적(전자의 궤도면이 회전축 방향이 변화하는 세차운동을 하기 때문)으로 되어 3개의 양자수가 필요하게 된다.

제3의 양자조건은 전자의 궤도면이 자유로운 방향으로 향할 수 없다는 것으로, 이것으로부터 대두되는 양자수 m_l 을 자기양자수라고 한다. 방위양자수가 l의 경우 자기양자수 m_l 의 값은 l, $l-1$,···, 0,···, $-(l-1)$, $-l$ 즉, $2l+1$개의 값을 취할 수 있다. 그림 2.6에서, 자계의 방향과 궤도면의 법선이 만드는 각 θ는 자유로운 값을 취할 수 없다. 궤도면의 법선방향에 길이 l(정확하게는 $[l(l+1)]^{1/2}$)의 실선을 그릴 경우 그 실선의 자계방향의 성분이 정수값을 갖는 θ만이 허용된다. 이 정수값이 자기양자수이므로, m_l 은 $-l$부터 l까지의 $2l+1$개의 값을 취하게 된다. 자계 하에서 전자의 에너지는 m_l 값에 의해 변화하지만, 자계가 없는 경우는 동일하다. 궤도를 표시하는 기호에서는 m_l 값은 예를 들어 $2p_{-1}$과 같이 아래첨자로 나타낸다.

(5) 수소원자에서의 전자궤도(총괄)

이상 설명한 바와 같이 수소원자의 전자궤도는 주양자수, 방위양자수, 자기양자수라는 3개의 양자수로 지정된다. n은 궤도의 크기에, l은 궤도의 형태에, m_l은 궤도면의 기울기에 관여한다. 양자수가 다른 2개 이상의 궤도에너지가 같을 경우 그 궤도의 에너지준위는 축퇴(degeneracy)되어 있다고 표현한다. 수소원자의 경우, 전자의 궤도에너지는 주양자수만으로 결정된다. 주어진 n에 대해서 l의 값은 0부터 $n-1$까지 n개를 취할 수 있으므로, 수소원자의 에너지준위 E_n의 상태는 n 중으로 축퇴되어 있는 것으로 된다. 또한 주어진 l에 대해서 m_l의 값은 $-l$부터 l까지 $2l+1$개를 취할 수 있으므로, l의 상태는 $2l+1$중으로 축퇴되어 있는 것으로 된다. 결국 $n=1$에 속하는 궤도는 1개($1s$), $n=2$의 경우는 4개($2s$, $2p_1$, $2p_0$, $2p_{-1}$), $n=3$의 경우는 9개($3s$, $3p_1$, $3p_0$, $3p_{-1}$, $3d_2$, $3d_1$, $3d_0$, $3d_{-1}$, $3d_{-2}$)가 된다.

2.2 원자궤도함수

(1) 광의 입자성과 전자의 파동성

고전물리학에서는 명확하게 광은 파동이고, 전자는 입자로 취급한다. 그러나 플랑크는 고온의 물체가 방사하는 광의 스펙트럼에 관한 연구에서 진동수 v의 광은 hv의 에너지를 지닌 입자로 생각하여야 한다는 결론에 도달하였다(1900년). 이 광의 입자를 광자라고 부르며, h를 플랑크 상수라고 한다. 아인슈타인(Einstein)은 플랑크의 설을 이용하여 광전효과(금속에 단파장의 광을 조사하면 전자가 돌출)라는 현상을 설명하였다(1905년).

광이 입자의 성질을 지니고 있는 것처럼, 전자는 파의 성질을 지니고 있다는 설을 드브로글리(de Broglie)가 제안하였다(1924년). 그의 제안은 질량 m, 속도 v의 입자에 수반되는 파의 파장 λ_e는 $\lambda_e = h/mv$로 주어진다는 것이다. 이와 같이 입자에 수반되는 파를 물질파(전자의 경우는 전자파)라고 한다(그림 2.7).

예를 들어, 100〔V〕의 전압으로 가속된 전자는 5.9×10^6〔m/s〕의 속도로 움직이므로, $\lambda_e = 6.63 \times 10^{-34}/(9.1 \times 10^{-31} \times 5.9 \times 10^6) = 1.2 \times 10^6$〔m〕$= 1.2$〔Å〕 파장의 물질파가 된다. 데이비슨(Davison)과 저머(Germer)는 전자선회절의 실험으로 전자선이 파의 성질을 지닌 것을 실험적으로 증명했다(1927년).

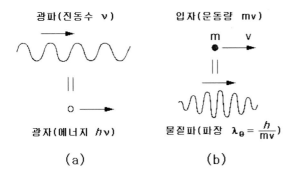

그림 2.7 광의 입자성과 입자의 파동성 (a) 광의 입자성, (b) 입자의 파동성

(2) 물질파와 보어의 양자조건

앞서 설명하였듯이 보어의 양자조건은 $mvr = (h/2\pi) \cdot n$ 으로 나타낸다. 이 식을 만족시키는 전자의 궤도만이 안정한 궤도이며, 전자가 이 궤도상에 있을 때 원자는 정상상태에 있다고 말한다. 이 식은,

$$2\pi r = (h/mv) \cdot n = \lambda_e \cdot n \qquad (n = 1, 2, 3, \cdots) \qquad\qquad \cdots\cdots (2.18)$$

로 변형시킬 수 있다. λ_e 는 전자파의 파장이므로, 이 식은 "궤도의 원주가 전자파의 파장의 정수배의 경우 즉, 전자파가 정상파로 되고자 하는 궤도만이 안정한 궤도로서 허용된다"의 의미를 나타낸다(그림 2.8).

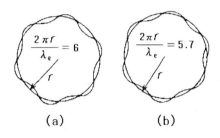

그림 2.8 전자파와 양자조건
(a) 2πr=λe× 정수의 경우
(b) 2πr≠λe× 정수의 경우

(3) 슈뢰딩거(Schrödinger) 방정식

일상 세계에서 물체의 운동을 나타내는 것은 뉴턴의 운동방정식이지만, 전자와 같이 작은 입자의 경우, 입자의 파동성이 현저하기 때문에 종래의 뉴턴의 운동방정식은 사용할 수 없다. 슈뢰딩거는 음파, 전자파와의 비교로부터 물질파의 거동을 나타내는 파동방정식을 제안하였다(1926년).

파동방정식에 나오는 함수는 $\psi(x,y,z,t)$로, 이것을 파동함수라고 한다. $\psi(x,y,z,t)$는 물질파의 거동을 나타내는 것으로, 그 자체는 물리적인 의미를 갖지 못한다. 물리적으로 의미가 있는 것은 $|\psi(x,y,z,t)|^2$으로, $|\psi(x,y,z,t)|^2 dv$ 는 시각 t에 있어서 위치 (x,y,z)에 있는 미소체적 dv 중에서 입자가 발견될 수 있는 확률을 나타내는 것으로 해석할 수 있다. 우리가 실제로 필요로 하는 것은 시간 t를 포함하지 않는 파동함수 $\psi(x,y,z)$로, 이것을 정상상태(시간적으로 변화하지 않는 상태)의 파동함수라고 한다.

질량 m의 입자의 위치에너지를 $V(x,y,z)$, 총에너지를 E로 하면, 정상상태의 파동함수는 다음의 미분방정식을 만족시킨다.

$$- (h^2/8\pi^2 m) \cdot (\partial^2 \psi/\partial x^2 + \partial^2 \psi/\partial y^2 + \partial^2 \psi/\partial z^2) + V(x,y,z)\psi = E\psi \cdots\cdots (2.19)$$

이것이 슈뢰딩거의 파동방정식이다. 이 방정식은 E의 값이 특별한 값을 취할 때만 의미가 있는 답 $\psi(x,y,z)$가 존재한다. 그것들은 일반적으로 복수의 값을 취하며, E_1, E_2, E_3, $\cdots$, ψ_1, ψ_2, ψ_3, $\cdots$로 나타낸다. 즉, 방정식을 풀면 파동함수 $\psi(x,y,z)$와 입자의 에너지 E가 동시에 구해진다. 또, $|\psi(x,y,z)|^2 dv$는 입자가 위치 (x,y,z)에 있는 미소체적 dv 중에 존재할 확률을 나타내지만, 입자는 전체 공간중의 어디엔가는 필히 존재하므로,

$$\int_{\text{전체공간}} |\psi(x,y,z)|^2 dv = 1 \qquad\qquad \cdots\cdots (2.20)$$

을 만족시켜야만 한다. 일반적으로는 구한 답 $\psi(x,y,z)$는 항상 이 조건을 만족시키는 것은 아니지만, $\psi(x,y,z)$를 구하면, 이것을 정수배한 $N\psi(x,y,z)$도 답이 되기 때문에, N을 적절하게 선택하면 상기의 식을 만족시킬 수 있다. 이렇게 구한 $N\psi(x,y,z)$를 $\psi(x,y,z)$로 해석하는 것을 규격화라고 하며, 일반적으로 규격화한 $\psi(x,y,z)$를 이용한다.

이와 같이 파동방정식으로부터 파동함수를 구해서 입자의 거동을 조사하는 방법을 양자역학(파동역학)이라고 한다. 여기서, 예로 포물선형의 용기에 넣은 입자의 운동을 양자역학의 관점에서 설명해 보면(그림 2.9 참조),

● 고전역학에서의 입자의 총에너지는 자유로운 값을 취할 수 있으나, 양자역학에서는 띠와 같은 불연속적인 값밖에 취할 수 없고, $E_n = (n-1/2)hv_0$로 나타낸다.

● $n=1$(기저상태)의 경우, 양자역학에서는, 입자는 양끝보다도 중앙부근에 존재할 확률이 크다. 또, 고전역학에서는 허용되지 않지만, A_1, B_1의 외측에도 입자가 존재할 확률이 있다.

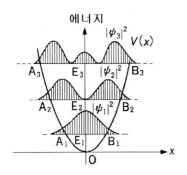

그림 2.9 양자역학으로 나타낸 에너지
준위 및 입자의 존재확률

● $n=2$, 3의 경우, $|\psi|^2=0$ 즉, 입자가 존재할 수 없는 곳이 있다. 또, n 이 커질수록 중앙부근 보다 양끝에 가까운 곳에 입자가 존재할 확률이 커진다(고전역학에 접근).

슈뢰딩거 방정식은 다른 일반적인 법칙으로부터 유도할 수는 없지만, 그 방정식의 답으로 원자나 분자의 성질을 정확히 설명할 수가 있어서, 원자세계의 기초방정식으로 사용되어 진다.

(4) 수소원자의 원자궤도

수소원자는 $+e$ 전하를 갖는 원자핵과 $-e$ 전하를 지닌 전자로 구성된다. 원자핵으로부터 r의 거리에 있는 전자의 위치에너지가 $-k_0e^2/r$이므로, 슈뢰딩거 방정식은

$$- (h^2/8\pi^2 m)\cdot(\partial^2\psi/\partial x^2 + \partial^2\psi/\partial y^2 + \partial^2\psi/\partial z^2) - (k_0e^2/r)\psi = E\psi \cdots (2.21)$$

이 된다. 이 식으로부터 얻어지는 파동함수 ψ_1, ψ_2, $\cdots$, ψ_n은 원자 안에서 전자의 운동을 나타내므로, 원자궤도함수 또는 원자궤도라고 부른다. 그러나 원자궤도함수는 전자의 궤도를 나타내는 것은 아니다. 양자역학에서는 혹성의 궤도와 같이 원이라던가 타원으로 나타낼 수 있는 궤도라고 말하기는 어렵다. 앞에서 설명한 바와 같이 파동함수 ψ는 (x,y,z)의 함수이며, $|\psi(x,y,z)|^2 dv$는 3차원 공간중의 점(x,y,z)에 미소체적 dv에서 전자를 발견할 수 있는 확률을 나타낸다. $|\psi(x,y,z)|^2$은 3차원 공간에서 전자의 존재확률분포를 나타내서, 확률밀도함수라고 부른다. 따라서 파동함수 $\psi(x,y,z)$ 자체도 전자의 확장양상을 나타내고 있다고 말할 수 있다. 그러므로 원자궤도함수 ψ_1, ψ_2, $\cdots$, ψ_n은 전자의 확장방법의 차이를 나타내고 있다고 생각할 수 있다. 또, ψ_1, ψ_2, $\cdots$, ψ_n에 대응해서 E_1, E_2, $\cdots$, E_n 이 얻어지는데 이것은 전자의 확장방법이 다르면 전자의 에너지도 다르다는 것을 의미한 다. E_1, E_2, $\cdots$, E_n 을 궤도에너지라고 부른다.

(5) 원자궤도 · 양자상태 · 전자운

원자궤도는 n, l, m_l 3개의 양자수의 조합으로 지정된다. 수소원자에서는 n 은 궤도에너지 를, l은 각운동량을, m_l 은 각운동량의 방향(예를 들어 z축 방향)의 성분이 주어진다. 2개 이상의 전자를 갖는 원자(다전자원자)에서는 궤도에너지가 n 과 l로서 결정된다.

앞서 설명한 바와 같이, 원자궤도함수 $\psi(x,y,z)$는 궤도로 생각하기 보다는 원자의 상태를 나타내고 있는 것으로 간주하는 것이 좋다. 양자수 n, l, m_l로 결정되는 상태를 양자상태라고 한다. 또, $|\psi(x,y,z)|^2$은 확률밀도함수로서 3차원 공간에서 전자의 존재확률을 나타낸다. 만약, 3차원 공간에 점을 찍고, 점의 밀도를 $|\psi|^2$, 즉, 전자의 존재확률에 비례하는 것과 같이 할 수 있다면, 그것은 농담이 있는 구름과 같이 보일 것이다. 이 구름을 전자운이라고

한다. 원자궤도가 다르면 이 전자운의 형태나 확장(퍼짐)도 다르게 되므로, 원자궤도나 양자 상태를 나타내기에는 이러한 전자운이 최적이다. 주의할 것은, 전자운은 실체가 아니고 전자의 존재확률을 나타내는 표시법이라는 것이다. 이상의 것을 도식적으로 나타내면 그림 2.10이 된다.

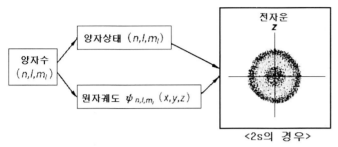

그림 2.10 원자궤도 · 양자상태 · 전자운

(6) 원자궤도의 형태와 성질

1) s 궤도

$1s$, $2s$, $3s$ 등의 원자궤도함수는 극좌표로 나타내면 r만의 함수이고, θ와 ϕ는 포함하지 않는다. 따라서 s 궤도의 등가곡면은 그림 2.11(a)와 같이 구면이 되며, $1s$와 $2s$는 그 크기가 약 4배 정도 차이가 있다.

확률밀도함수는 $|\psi|^2$이지만, 원자궤도가 구대칭인 경우는 그보다 $4\pi r^2 |\psi|^2$을 사용한다. $4\pi r^2 |\psi|^2$은 동경분포함수(radial distribution function)라고 하며, 전자가 반경 r의 위치에 존재하는 확률밀도를 나타낸다. 그림 2.11(b)에 s 궤도의 동경분포함수를 나타내었다. s 궤도 이외에서는 $4\pi r^2 |Rne(r)|^2$을 동경분포함수라고 한다.

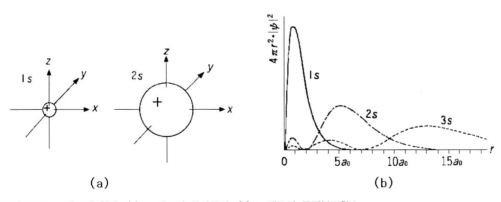

그림 2.11 s 궤도의 형태. (a) s 궤도의 등가곡면, (b) s 궤도의 동경분포함수

$1s$ 궤도에서는 전자의 존재확률이 $r = a_0$ 에서 최대가 된다. a_0 가 보어반경이므로 이것은 보어이론과 일치함을 보여준다. $2s$ 궤도에서는 전자의 확률분포가 최대로 되는 반경이 더욱 커지고, $3s$ 궤도에서는 더욱 커지게 된다. 전자가 원자핵에 가까운 곳에 존재할수록 에너지가 낮기 때문에, $1s$ 궤도의 에너지가 가장 낮고, $2s$, $3s$로 됨에 따라 에너지가 커진다.

2) p 궤도

p 궤도는 θ와 ϕ를 포함하며, 방향성을 지니고 있다. 원자궤도함수의 동경부분 $R(r)$은, $2p$ 궤도는 $1s$ 궤도와, $3p$ 궤도는 $2s$ 궤도와 유사하며, 화학결합에서는 $R(r)$의 중요성이 그다지 크지 않다(그림 2.12). $2p$ 궤도의 등가곡면을 그림 2.13의 (a)에 나타내었다.

화학결합이론에 있어서 p 궤도의 형태는 대단히 중요해서 보통 각도의존성표시를 사용한다. 그림 2.13의 (b)에 $2p_x$, $2p_y$, $2p_z$ 궤도의 각도의존성표시의 그림을 나타내었다. 각각 x축, y축, z축 방향으로 전자의 존재확률이 큰 것을 나타낸다. $3p$ 궤도도 $2p$ 궤도와 동일한 형태를 갖는다.

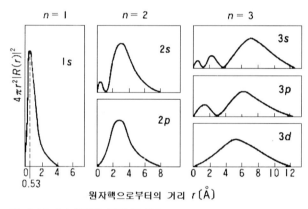

그림 2.12 수소원자의 동경분포함수

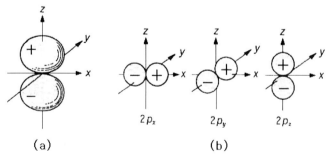

그림 2.13 p 궤도의 형태
(a) $2p_z$ 궤도의 등가곡면, (b) $2p_z$ 궤도의 각도 의존성 표시

3) d 궤도

주양자수 n 이 3이상이 되면 5개의 d 궤도가 존재하게 된다. 그것은 5중으로 축퇴되어 있으며, 궤도의 형태가 전부 동일한 것은 아니다. 그림 2.14에 $3d$ 궤도의 각도의존성 표시를 그림으로 나타내었다. 5개의 d 궤도 중에서 d_{zx}, d_{yz}, d_{xy}, $d_{x^2-y^2}$ 의 4개는 동일한 형태를 지닌다. d_{xy} 궤도의 경우, 그 궤도함수는 (r의 함수)×xy 라는 형태를 하고 있다. 궤도는 xy 평면상에 x축, y축에 대해 $45°$인 직선을 따라서 넓어진 4개의 부분으로 되어 있다. d_{zx}, d_{yz} 도 같은 형태이다. $d_{x^2-y^2}$ 궤도는 d_{xy} 와 같이 xy 평면상에 있으나, 넓어지는 방향이 x축과 y축이라는 차이가 있다. 마지막 하나의 궤도인 d_{z^2} 은 z축 방향으로 넓어 가지만, xy 평면에 −의 링을 형성한 것이다. 이들 d 궤도는 천이금속착체의 결합에 있어서 중요한 역할을 한다. f 궤도는 그다지 중요하지 않기 때문에 생략하기로 한다.

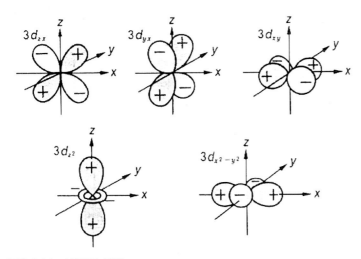

그림 2.14 d 궤도의 형태

2.3 다전자 원자의 전자배치

(1) 다전자 원자에서의 근사

수소유사 원자 즉, 1개만의 전자를 지닌 원자나 이온(예; He^+)에 있어서는 수소원자와 동일하게 3개의 양자수 n, l, m_l 로 결정되는 원자궤도함수 ψ_1, ψ_2, $\cdots$와 궤도에너지 E_1, E_2, $\cdots$를 구할 수 있다.

원자번호 Z의 수소유사 원자의 궤도에너지는 e 대신에 Ze를 사용하여

$$E_n = -k_0Z^2e^2 / 2a_0n^2 \quad (n=1, 2, \cdots, a_0 \text{는 보어반경}) \qquad \cdots\cdots (2.22)$$

가 된다. 이 식에서 중요한 점은 주양자수 n이 동일하더라도 원자번호 Z가 증가하면 에너지준위 E_n이 점차적으로 감소한다는 것이다.

그러나 다전자 원자(복수의 전자를 지닌 원자)가 되면, 그림 2.15와 같이 전자간 상호작용(반발력)으로 인해, 슈뢰딩거 방정식을 풀기가 어렵게 되어, 원자 전체의 에너지를 구할 수 없게 된다. 따라서 몇 가지의 근사가 필요하게 된다.

가장 간단한 근사는 전자간 상호작용을 무시하는 근사법이다. 이 경우 1개의 전자에 대해서 다른 전자는 전혀 영향을 미치지 않음으로, 전자 1개의 경우의 원자궤도를 그대로 사용할 수 있다. 즉, 복수의 전자를 수소유사원자의 궤도의 어느 곳이든지 넣으면 된다. 만약, 전자가 2개의 경우, 2개의 전자를 m번째와 n번째의 원자궤도에 넣었다고 하면, 원자 전체의 에너지는 $E_m + E_n$이 된다. 또, 2개의 전자에 의한 전자운은, ψ_m에 의한 전자운과 ψ_n에 의한 전자운을 중첩시킨 것이 된다(상호작용을 고려하면 전자운끼리 반발해서 다른 것이 된다). 문제는 복수의 전자를 어느 원자궤도에 넣어야만 하는 가 이다. 이것을 전자배치라고 한다. 기저상태의 원자를 이루기 위해서는 모든 전자를 $1s$ 궤도에 넣으면 될 듯 하지만 그렇지 못하다. 다전자원자의 전자배치에 관해서는 "파울리(Pauli)의 원리"라는 규칙이 있다.

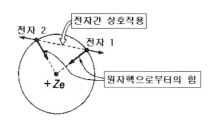

그림 2.15 전자간 상호작용

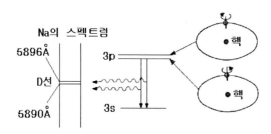

그림 2.16 스핀양자수의 도입

(2) 스핀양자수와 파울리(Pauli)의 원리

나트륨이 발하는 황색광은 $3p$ 궤도의 전자가 $3s$ 궤도로 이동할 때 방출된다고 생각된다. 이 휘선(나트륨의 D선이라고 함)은 본래 1선이어야만 하지만, 분광기를 이용해서 살펴보면 5896Å과 5890Å 2선의 휘선으로 되어 있음을 알 수 있다(그림 2.16). 이것은 $3p$ 궤도의 에너지준위가 매우 작은 차이의 2개의 준위로 되어 있다고 생각할 수 있다. 이것을 설명하기 위해서 우렌벡(Uhlenbeck)과 가우드스미트(Goudsmit)는 그림 2.16과 같이 제4의 양자수를 도입하였다.

전자는 전하를 지니고 있기 때문에 자전을 하면 작은 자석이 된다. 자전의 방향은 시계방향과 반시계방향 2종류가 있으며, 자전의 방향에 따라서 자석의 NS의 방향도 2가지가 된다. 이와 같은 전자자석이 전자의 궤도운동에 의해서 발생하는 약한 자계 중에 있게 되면, 자전의 방향에 의해서, 매우 작기는 하지만 에너지의 차이를 수반하게 된다. 이것이 $3p$ 준위의 분열원인이 된다. 나트륨의 D선은 $3p$ 전자의 자전방향이 시계방향인 원자와 반시계방향인 원자가 거의 같은 수로 존재하기 때문에 발생한다고 생각된다.

이 제4의 양자수 m_s를 스핀(spin) 양자수라고 부르며, m_s는 $+\frac{1}{2}$, $-\frac{1}{2}$중에서 어느 한 가지 값만을 취하게 된다. 이것을 고전적으로 표현하면, 자전의 방향이 시계방향인 전자와 반시계방향인 전자에 대응하고 있다고 한다(상대론적 양자역학에서는 자전을 고려하지 않고도 스핀양자수가 도출됨). 이와 같은 스핀양자수의 도입에 의해서, 수소원자 또는 수소유사 원자의 양자상태는 n, l, m_l, m_s 4개의 양자수에 의해서 지정된다.

다전자 원자의 전자배치에 관한 파울리의 제안은, "동일 원자내의 2개의 전자는 n, l, m_l, m_s 4개의 양자수가 동일한 상태를 취할 수 없다"로, 이것을 파울리의 원리라고 한다. 즉, n, l, m_l로 결정되는 1개의 원자궤도에는 최대 2개의 전자만이 들어갈 수 있다는 것이 된다. 이 경우, 1개는 $m_s = +\frac{1}{2}$ (up-spin이라고 하며, ↑로 표시), 또 1개는 $m_s = -\frac{1}{2}$ (down-spin이라고 하며, ↓로 표시)이 된다. 다전자 원자의 전자배치는 파울리의 원리에 의해서 에너지가 낮은 원자궤도로부터 순서대로 2개씩 들어가게 된다.

다전자 원자의 경우, 원자궤도를 그룹으로 나누어 각각의 그룹을 전자각이라고 부른다. 표 2.1에서와 같이 주양자수 n이 동일한 원자궤도그룹을 주각이라고 하며, $n=1$, 2, 3, …에 대응하여, K각, L각, M각, …이라고 부른다. 동일한 주각에 속하는 전자는 에너지도 원자핵으로부터의 평균거리도 거의 동일하다. 또, 각각의 주각은 l값이 다른 부각으로 구성되고, 부각에는 $l=1$, 2, 3, …에 대응하여, s, p, d, …라는 기호를 사용한다.

(3) 다전자 원자의 에너지준위

다전자원자 이론에 있어서, 전자간의 상호작용을 고려하면 어떻게 될 것인가. 여기에는

표 2.1 전자각의 구성

주각	양자수		부각	궤도수	전자수	
	n	l				
K	1	0	1s	1	2	2
L	2	0	2s	1	2	8
		1	2p	3	6	
M	3	0	3s	1	2	18
		1	3p	3	6	
		2	3d	5	10	
N	4	0	4s	1	2	32
		1	4p	3	6	
		2	4d	5	10	
		3	4f	7	14	

근사적인 취급이 필요하며, "어떤 궤도의 전자에 대해서 생각할 때, 그것외의 전자는 정지된 전자운으로서 영향을 미친다"고 생각하는 방법이다. 예를 들어, Li 원자의 $2s$ 궤도의 에너지준위를 생각해 보자. $2s$ 전자는 $+3e$의 원자핵과 $1s$ 궤도에 있는 2개의 전자가 형성하는 전자운의 영향을 받아서 운동한다. 이 원자핵과 전자운을 멀리서 보면, $+3e$의 원자핵에 $-2e$의 전자가 달라붙어, 원자핵은 수소원자와 같이 $+e$의 전하만을 지니고 있는 것처럼 보인다.

반대로, 원자핵에 가까운 곳에서 보면, 원자핵은 거의 $+3e$의 전하를 지닌 것과 같이 보인다. 즉, 생각하고 있는 전자의 위치로부터 안쪽에 있는 전자운은 원자핵의 $+$전하를 소거하는 것과 같은 일을 한다. 이러한 현상을 차폐(screening 또는 shielding)라고 부른다 (그림 2.17). 만약에 $1s$ 궤도의 2개의 전자에 의한 차폐가 완전하다면, Li의 $2s$ 궤도의 에너지는 수소원자의 $2s$ 궤도의 에너지와 동일하게 될 것이고, 차폐가 불완전하다면 $2s$ 전자는 Li 원자핵의 $+3e$의 영향에 의해서 수소의 $2s$ 궤도보다 낮은 에너지를 갖게 될 것이다.

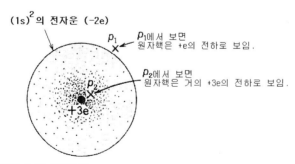

그림 2.17 차폐효과

조금 더 구체적으로 예를 들면, He의 경우 각 전자는 실효적인 핵전하로서 Z^*(유효핵전하, effective nuclear charge)가 1.7 정도의 +전하가 기여한다. 즉 완전한 차폐인 1도 아니고, 전혀 차폐되지 않은 2도 아니다. $Z^* = Z - S$로 할 때, S를 차폐상수라 하며, He^+(1전자)에서는 다른 전자에 의한 차폐가 없기 때문에 이 전자는 $Z = 2$의 +전하가 기여한다.

S의 개략적인 계산값은 슬레이터 규칙(Slater's rule) ①~⑤로부터 구할 수 있다.

① 궤도를 $[1s]$ $[2s, 2p]$ $[3s, 3p]$ $[3d]$ $[4s, 4p]$ $[4d]$ $[4f]$ $[5s, 5p]$…와 같이 분류할 때, 문제가 되는 전자가 속해있는 그룹(n)보다 우측(외측)에 있는 전자의 차폐는 무시한다.

② 문제의 전자가 소속하는 그룹 내의 다른 전자는 0.35만 S에 기여한다(동일 그룹의 전자의 차폐는 효율이 좋지 않다. $1s$의 경우는 예외로 0.30).

③ $n-1$의 그룹의 각 전자는 0.85의 기여를 한다.

④ $n-2$와 그 이상 그룹의 각 전자는 1(완전한 차폐).

⑤ 문제의 전자가 $[nd]$나 $[nf]$의 경우, ③과 ④는 성립하지 않으며, 그 앞의 각 전자는 모두 1의 기여를 한다.

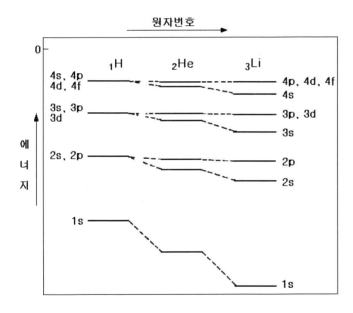

그림 2.18 수소, 헬륨, 리튬의 에너지준위
- $1s$ 준위는 원자번호의 증가와 함께 감소(핵의 +전하가 크게 되므로)
- s 궤도는 p, d, f와 비교해서 차폐가 불완전하여, 에너지준위가 낮아진다.
  주양자수가 작을수록, 원자번호가 클수록 감소정도가 크다.

차폐효과는 구성하고 있는 궤도의 형태에 따라 다르다. $2s$ 궤도는 원자핵 근처에 들어갈 확률이 크므로 차폐효과가 작아서 에너지준위가 내려간다. 한편 $2p$ 궤도는 원자핵 근처로 들어갈 확률이 작으므로 차폐효과가 크고 따라서 에너지준위는 수소원자의 경우와 거의 비슷하다. 다전자 원자의 에너지준위가 주양자수 n 만이 아니고, 방위양자수 l에도 의존하는 이유가 여기에 있다. 원자번호가 증가함에 따라 에너지준위가 어떻게 변화하는 가를 그림 2.18에 나타내었다.

화학결합에 직접 관여하는 것은 최외각에 있는 에너지가 높은 궤도이며, 이것을 원자가궤도 (valence orbital)이라고 하며, 그 전자를 가전자(valence electron) 또는 원자가전자라고 한다.

다전자 원자의 에너지준위의 절대적인 값은 원자에 따라 다르지만, 에너지준위의 높이의 순서는 거의 모든 원자에서 공통적이다. 에너지준위의 높이는, 주각에서는 K⟨L⟨M⟨ ···의 순서로 높고, 주각이 같을 경우의 부각은 s⟨p⟨d⟨ ···의 순서로 높아져서 $1s$≪$2s$≪$2p$≪$3s$≪$3p$≪$4s$≅$3d$⟨$4p$≪$5s$≅$4d$⟨$5p$≪$6s$≅$4f$≅$5d$⟨$6p$≪$7s$≅$5f$≅$6d$ 와 같이 된다. 이 순서는 여러 가지 실험결과로부터 구한 것이며, 이것을 그림으로 나타낸 것이 그림 2.19이다.

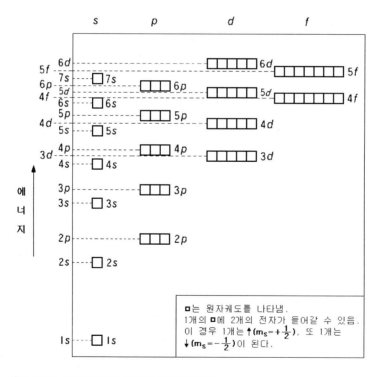

그림 2.19 다전자원자의 궤도에너지(기저상태)

(4) 주기율표와 전자배치

원자번호 Z의 중성원자는 Z개의 전자를 가지고 있다. 이들의 전자를 파울리의 원리에 따라서 에너지가 낮은 궤도로부터 순서대로 2개씩 채워 가면 기저상태의 원자가 형성된다. 이때 "복수의 전자가 에너지가 동일한 복수의 궤도(축퇴(degenerate)되어 있다고 함)에 들어갈 경우 기저상태에서는 서로 다른 궤도에 스핀을 평행으로 해서 들어간다"라는 훈트 (Hund)의 규칙이 적용된다. 이것은 동일한 궤도에 2개의 전자가 들어가면, 전자간의 척력으로 인해 에너지가 증대되지만, 만약 2개의 전자가 다른 궤도에 들어가면 전자간의 척력이 작아지고 에너지의 증대가 없다는 것을 의미한다. 특히 근접한 에너지준위가 관계하는 원자의 전자배치는 실험결과 없이는 결정하지 못한다.

러시아의 화학자 멘델레프(Mendeleev)는, 원소를 원자번호순으로 나열하면 물리적·화학적 성질이 유사한 원소가 주기적으로 나타나는 것을 발견하여, 원소의 주기율표를 발표하였다(1869년). 그러나 왜 그러한 주기성이 나타나는 것인가에 대해서는 알지 못하였다. 금세기에 들어와서야 그 이유가 명확해졌고, 주기율표에 최외각의 전자배치를 기입하여 사용하게 되었다.

● **전형원소** : 동족원소의 최외각에 있는 전자배치는 동일하다.

1A: Li,Na,K 등(알칼리 금속): 최외각 $(ns)^1$: 1가의 양이온으로 됨(전부 금속).
2A: Be,Mg,Ca 등(알칼리토류 금속): 최외각 $(ns)^2$: 2가의 양이온으로 됨(전부 금속).
2B: Zn,Cd,Hg 등(아연족): 최외각 $(ns)^2$의 내측이 d^{10}: 저융점 금속.
3B: B,Al,Ga 등(알루미늄족): 최외각 $(np)^1$: 양성원소이며, B이외는 금속.
4B: C,Si,Ge 등(탄소족): 최외각 $(np)^2$: 원자가가 4이며, Si, Ge는 반도체.
5B: N,P,As 등(질소족): 최외각 $(np)^3$: 원자가가 3이며, 원자번호가 큰 것은 금속.
6B: O,S,Se 등(산소족): 최외각 $(np)^4$: 원자가가 2이며, 원자번호가 큰 것은 금속.
7B: F,Cl,Br 등(할로겐족): 최외각 $(np)^5$: 1가의 음이온으로 됨(전부 비금속).
0: Ne,Ar,Kr 등(불활성 가스): 최외각 $(np)^6$: 원자가가 0이며, 단원자분자로 존재.

● **천이원소** : 최외각이 $(1s)$ 또는 $(1s)^2$, 그 내측의 d각, f각이 불완전한 전자배치를 하며, 주기율표의 횡방향으로 유사한 성질의 원소를 배열한다. Sc, Ti, V, Y, Zr, Nb 등이 속하며, 단체는 고융점의 단단한 금속이 되며, 배위결합을 형성하기 쉽다, 이온은 유색이다.

(5) 이온화 에너지

양이온을 형성하기 위해서는 중성원자로부터 전자 1개를 제거하면 된다. 그러나 전자는 원자핵에 속박되어 있기 때문에 제거 시에 에너지가 필요하게 된다. 즉 기저상태에 있는 기체상의 원자로부터 전자 1개를 제거하여 양이온이 되는데 필요한 에너지를 이온화 에너지(ionization energy)라고 한다. 다전자 원자의 경우, 가장 에너지가 높은 궤도에 있는 전자(최외각 전자) 1개를 제거하는데 필요한 에너지를 이온화 에너지라고 한다. 따라서 이온화 에너지를 알면 최외각의 궤도에너지 E_n 은 E_n = - (이온화 에너지)로 구할 수 있다(그림 2.20). 이온화 에너지의 단위는 보통 eV ($=1.60\times10^{-19}$〔J〕)를 사용한다.

이온화 에너지는 원자번호의 증가와 함께 주기적으로 변화한다. 그림 2.21은 제1·제2주기 원소의 이온화 에너지와 그로부터 추정되는 궤도에너지를 나타낸다. 이온화 에너지의 특징은 이 궤도에너지 그림으로부터 설명할 수 있다.

● He이나 Ne과 같이 이온화 에너지가 큰 원소는 최외각 궤도의 에너지가 낮다는 것, 즉 최외각 전자는 원자핵에 의한 속박이 강하고, 양이온으로 되기 어렵다는 것을 나타낸다.

● Li이나 Na과 같이 이온화 에너지가 작은 원소는 최외각 궤도의 에너지가 높다는 것, 즉 최외각 전자는 원자핵에 의한 속박이 약하고, 양이온으로 되기 쉽다는 것을 나타낸다.

● 동일한 주기에서는, 이온화 에너지는 원자번호와 함께 증가하고, 제0족(희가스)에서 최대로 된다. 이것은 원자핵의 +전하가 증가하면 전자를 끌어당기는 힘이 강해지고, 모든 궤도의 에너지가 낮아지기(최외각 궤도의 에너지도 감소) 때문이다.

● 원자번호가 증가했는데도 이온화 에너지가 감소하는 것은 각각의 이유가 있다.

$_2$He → $_3$Li : 최외각 궤도가 $1s$ 로부터 $2s$ 로 이동하여, $1s$ (He)〈$2s$ (Li)가 되어.

$_4$Be → $_5$B : 최외각 궤도가 $2s$ 로부터 $2p$ 로 이동하여, $2s$ (Be)〈$2p$ (B)가 되어.

$_7$N → $_8$O : $_7$N과 $_8$O의 기저상태의 전자배치를 보면, $_7$N에서는 3개의 $2p$ 전자가 $2p_x$, $2p_y$, $2p_z$ 의 다른 궤도에 들어가 있지만, $_8$O에서는 $2p$ 전자가 4개로 되기 때문에 어느 궤도에는 2개의 전자가 들어가야만 한다. 1개의 궤도에 2개의 전자가 들어가면 전자간의 척력으로 인해서 궤도의 에너지가 증가한다. 그 증가량이 핵전하 증가에 따른 궤도에너지 감소량보다 크면 결과적으로 $2p$(N)〈$2p$(O)가 된다.

(6) 전자친화력

대부분의 중성원자는 가까이에 있는 전자를 취하는 능력을 가지고 있다. 자유로운 전자가 원자에 속박 당하게 되면 에너지를 방출하게 된다. 즉 진공 중에서 기저상태의 기체원자가 전자를 받아 음이온이 될 때 발생하는 에너지를 전자친화력(electron affinity)이라고 한다. 이 전자친화력은 전자를 취해서 생성한 음이온으로부터 전자를 제거하는데 필요한 에너지(음이온의 이온화 에너지)와 동일하다. 단위는 eV 를 사용한다. 전자친화력은 음이온으로 되기 쉬운 정도를 나타내지만 그 측정이 매우 어려워서 이온화 에너지의 경우만큼의 상세한 자료는

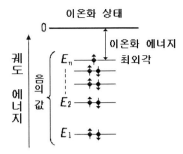

그림 2.20 이온화 에너지

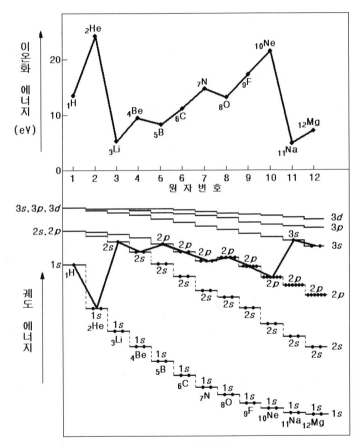

그림 2.21 이온화 에너지와 최외각 궤도의 에너지

없다. 표 2.2에 주요 원소의 전자친화력을 나타내었다. 표로부터 할로겐원소(F, Cl, Br, I)가 특히 큰 전자친화력을 갖는 것을 알 수 있다. 또, Be, Ne, Mg 등은 −의 전자친화력을 갖는데, 이것은 에너지를 가하지 않으면 음이온으로 되지 않는 것을 나타낸다.

표 2.2 전자친화력 (단위: eV)

원자	전자친화력	원자	전자친화력	원자	전자친화력	원자	전자친화력
H	0.747	C	1.24	Na	0.47	S	2.33
He	0.19	N	0.05	Mg	− 0.32	Cl	3.81
Li	0.82	O	1.47	Al	0.52	Br	3.56
Be	− 0.19	F	3.58	Si	1.46	I	3.29
B	0.33	Ne	− 0.57	P	0.77		

(7) 전기음성도

전기음성도(electronegativity, χ)는 분자 중에서 결합에 사용되는 전자밀도를 원자쪽으로 끌어당기는 능력의 척도로, 이것이 클수록 원자는 분자 중에서 −로 분극한다. 원자끼리 결합할 때 전자의 공유가 발생하는데, 원자의 전자친화력이 클수록 또 이온화 에너지가 클수록 전자를 잡아당기는 능력은 당연히 클 것이다. 따라서 전자친화력과 이온화 에너지의 합이 전기음성도의 척도가 될 것이다(멀리켄(Mulliken)의 설). 그러나 데이터가 불충분하기 때문에 다음에 설명하는 폴링(Pauling)의 값이 잘 이용되고 있으며, 최근에는 Z^*/r^2에 비례한다는 올레드-로초(Allred-Rochow)의 값도 이용되고 있다(표 2.3). 여기서 Z^*는 유효핵전하(effective nuclear charge), r은 공유결합반경이다. 그러나 2가지를 혼합해서 사용할 수는 없다.

표 2.3 Pauling(상단) 및 Allred-Rochow(하단)의 전기음성도

	1	2	3	4	5	6	7	8	9	10	11	12	13	14	15	16	17	18
1	H 2.20 2.20																	He 5.50
2	Li 0.98 0.97	Be 1.57 1.47											B 2.04 2.01	C 2.55 2.50	N 3.04 3.07	O 3.44 3.50	F 3.98 4.10	Ne 4.84
3	Na 0.93 1.01	Mg 1.31 1.23											Al 1.61 1.47	Si 1.90 1.74	P 2.19 2.06	S 2.58 2.44	Cl 3.16 2.83	Ar 3.20
4	K 0.82 0.91	Ca 1.00 1.04	Sc 1.36 1.20	Ti 1.54 1.32	V 1.63 1.45	Cr 1.66 1.56	Mn 1.55 1.60	Fe 1.83 1.64	Co 1.88 1.70	Ni 1.91 1.75	Cu 2.00 1.75	Zn 1.65 1.66	Ga 1.81 1.82	Ge 2.01 2.02	As 2.18 2.20	Se 2.55 2.48	Br 2.96 2.74	Kr 3.00 2.94
5	Rb 0.82 0.89	Sr 0.95 0.99	Y 1.22 1.11	Zr 1.33 1.22	Nb 1.60 1.23	Mo 2.16 1.30	Tc 1.90 1.36	Ru 2.20 1.42	Pd 2.28 1.45	Pd 2.20 1.35	Ag 1.93 1.42	Cd 1.69 1.42	In 1.78 1.46	Sn 1.96 1.72	Sb 2.05 1.82	Te 2.10 2.01	I 2.66 2.21	Xe 2.66 2.40
6	Cs 0.79 0.86	Ba 0.89 0.97	La 1.10 1.08	Hf 1.30 1.23	Ta 1.50 1.33	W 2.36 1.40	Re 1.90 1.46	Os 2.20 1.52	Ir 2.20 1.55	Pt 2.28 1.44	Au 2.54 1.42	Hg 2.00 1.44	Tl 2.04 1.44	Pb 2.33 1.55	Bi 2.02 1.67	Po 2.00 1.76	At 2.20 1.90	Rn 2.06
7	Fr 0.70 0.86	Ra 0.90 0.97	Ac 1.10 1.00															

폴링은 일반적으로 분자 A-B의 결합에너지 E_{A-B} 가 분자 A-A의 결합에너지 E_{A-A} 와 분자 B-B의 결합에너지 E_{B-B} 의 기하평균 $(E_{A-A} \cdot E_{B-B})^{1/2}$ 보다 큰 것은 A-B결합에 이온결합성의 기여가 있기 때문으로 생각하였고, 그 차이가 A원자와 B원자의 전기음성도의 차이 $(\chi_A - \chi_B)$ 의 제곱에 비례하는 것으로 해서

$$C(\chi_A - \chi_B)^2 = E_{A-B} - (E_{A-A} \cdot E_{B-B})^{1/2} \qquad C = 96.5 \; [kJ/mol] \qquad \cdots \cdots (2.23)$$

을 얻었다. 여기서 E 는 $[kJ/mol]$ 단위로, F의 χ 를 3.98로 하고 다른 것들은 상대적으로 정해진다. 올레드-로초는 폴링의 값에 근사하도록

$$\chi = 0.744 + 0.359 Z^* / r^2 \qquad \cdots \cdots (2.24)$$

를 제안하였다. 여기서 공유결합반경 r 은 $[Å]$ 단위이다.

멀리켄의 생각으로부터 알 수 있듯이, 이온화 에너지와 전자친화력이 클수록 전기음성도는 커지기 때문에, 일반적으로 전기음성도는 주기표에서 동일 주기의 우측으로 갈수록 커지고, 동일 족에서는 아래로 갈수록 작아진다. F는 Cl보다 전자친화력이 작음에도 불구하고 전기음성도가 Cl보다 큰 것은 F의 이온화 에너지가 크기 때문이다(식(2.24)에서는 r 이 작다).

이러한 일반적인 경향에 따르지 않는 것은 역시 $4p$ 가 순차적으로 점유되는 제4주기 13족 이하의 원소이다. 앞서 설명한 바와 같이 $3d$ 전자의 차폐효율의 낮음으로 인해 이온화 에너지도 전자친화력도 크다. 따라서 제3주기의 동족 원소와 근접 내지는 그보다 큰 전기음성도를 갖는다(예를 들어 Al⟨Ga, Si⟨Ge). 제6주기에서도 차폐효율이 낮은 $4f$ 전자로 인해 동일한 현상이 나타나며, 제5, 제6주기 원소간의 전기음성도 차이는 작거나 역전된다(In⟨Tl, Sn⟨Pb). 그 결과 동족에서 비교하면 제4와 제6주기의 원소의 화학적 거동(원자크기, 화합물 구조 등)이 각각 제3과 제5주기의 원소와 유사한 경향이 있다. 단, 16, 17족으로 가면 d, f 전자의 낮은 차폐효율의 효과가 희박해져서(p 전자의 차폐가 중요하게 됨) 일반적인 경향으로 돌아간다.

10, 11, 12족에서도 동일한 원인으로 인해 아래로 내려갈수록 전기음성도가 증가한다. 고주기일수록 전기적 음성이 되기 때문에 할로겐화물이나 산화물은 1, 2족과는 다르게 아래로 내려갈수록 공유결합성이 증가한다. 예를 들어 CuBr(ZnS 구조)이나 AgBr(NaCl 구조)은 공유결합성이 강해서 물에 난용이지만, KBr(NaCl 구조)이나 RbBr(NaCl 구조)는 전형적인 이온결정으로 물에 잘 용해한다. 마찬가지로 $HgCl_2$ 는 공유결합성이 강해서 수중에서 거의 해리하지 않지만, 같은 제6주기의 $BaCl_2$ 는 이온결합성이 강해서 수중에서 수화에 의해 완전히 해리한다. 11족 원소는 전자친화력이 크기 때문에 이온화 에너지가 작은 분만큼 전기음성도가 크며, 반대로 12족 원소에서는 전자친화력이 음의 값을 나타내지만 이온화 에너지가 크기 때문에 적절한 전기음성도를 갖는다.

천이금속의 전기음성도는 폴링의 값에서는 동일 주기에서 오른쪽으로 갈수록 Z^*의 증대에 의해 약간 커지는 경향을 나타내지만, 불규칙적인 부분도 있다. 동족에서 아래로 내려갈수록 전형원소와 다르게 약간 커진다. d, f 전자의 차폐효율이 낮은 것이 그 원인이 되지만, 값이 금속답게 비교적 작다(천이금속에서는 원자가궤도가 핵으로부터 떨어져있어 내측의 ns, np 전자가 효과적으로 핵전하를 차폐하기 때문에 전자친화력도 이온화 에너지도 비교적 작다). 란타노이드, 악티노이드에서는 1.1~1.3 정도이다.

전기음성도가 큰 원소(주기표에서 우측상단)는 그 원자가궤도(s, p)의 에너지가 낮고, 원자핵에 강하게 끌어당겨지고 있기 때문에 그 분포가 집중되어 있다(동일 주기에서 비교하면 원자크기가 작게 된다). 또한 s 궤도쪽이 핵 가깝게 분포되기 때문에 특히 에너지가 낮고, ns 궤도와 np 궤도의 에너지 차이는 크다. 이러한 원소는 국재화한 공유결합을 이루기 쉽다. 또한 많은 원자가 모여도 큰 밴드갭으로 인해 전도성이 없기 때문에 예를 들어 단체는 비금속적이 된다. 물론 결합상대가 전기적으로 양성이라면 음이온이 되는 경우도 있다.

반대로 전기음성도가 작은 원소(주기표에서 좌측하단)는 전기적으로 양성이며, 원자가궤도 에너지가 높고, 핵인력이 약해서 그 분포가 넓게 분산되어 있으며(동일 주기에서 비교하면 원자크기가 크게 된다), ns 궤도와 np 궤도의 에너지 차이는 작다. 이와 같은 원소는 양이온으로 되어 이온결합을 하던가, 또는 단체에서는 전기전도성이 있는 금속결합을 한다(궤도가 넓어서 많은 원자간에서 비국재화한 궤도의 중첩이 발생하여 전자로 부분적으로 점유된 밴드를 구성한다).

중간적인 전기음성도를 갖는 원소의 단체는 반도체적 성질을 갖는 반금속(아금속)이 된다. 궤도의 넓음에 따라 결합의 비국재화가 일어나 많은 원자가 결합한 폴리머상으로 되지만 ns 궤도와 np 궤도가 적당한 에너지 차이를 갖기 때문에 밴드갭이 존재한다. 일반적으로 전기음성도가 1.9~2.2 사이의 값을 갖는 원소의 단체(B, Si, Ge, As, Sb, Te 등)는 반금속으로 보아도 무방하다.

전기음성도는 원자의 산화상태, 그 원자에 결합한 그룹의 성질, 혼성양식 등에도 영향 받는다. 폴링의 값은 일반적으로 볼 수 있는 최대의 산화수 상태에 대응한다. 예를 들어 Tl^{3+}의 전기음성도는 2.04이지만, Tl^+에서는 1.62가 된다. 산화수가 증가하면 전자를 잡아당기는 능력이 증가하기 때문에 일반적으로 전기음성도가 커진다. H_2S, SO_2, SCl_4에서는 S의 산화수와 혼성은 각각 $-2(sp^3)$, $+4(sp^2)$, $+4(sp^3d)$이며, 전기음성도는 각각 2.2, 3.4, 3.2가 된다. 에너지가 낮은 s 궤도의 혼성비율이 클수록 전기적 음성이 된다(s 혼성비율은 각각 25, 33, 20%).

2.4 단체와 화합물의 결합성

(1) 단체의 결합성

전형원소의 단체 및 화합물이 구성하는 결합과 구조는 그 원소의 전기음성도과 밀접한 관련이 있다. H 이외의 1, 2족은 전기적 양성이며 단체는 금속이고, 18족은 단원자분자이므로, 여기서는 13~17족의 단체를 비교해 보기로 한다.

우선 13족에서는 최초의 B는 금속이 되기에는 전기적 음성이기 때문에 단체는 공유결합성인 20면체 B_{12} 단위끼리 결합한 구조가 된다(반금속, 반도체). Al 이후에서는 전기적 양성이 되기 때문에 단체는 금속이 된다(Be와 Al의 대각관계). 단 Ga는 예외적으로 전기음성도가 크기 때문에 공유결합한 Ga_2의 단위가 결합한 것과 같은 구조가 된다(고체 I_2와 유사). 따라서 융점이 29.8℃로 주기표에서 바로 아래인 In(156.6℃), 대각관계인 Sn(232℃)과 Bi(271.4℃)과 비교시 이상적으로 낮다.

14족에서는 13족보다 전반적으로 전기적 음성이기 때문에, C는 공유결합성 비금속(다이아몬드, 흑연), Si(B와 대각관계)와 Ge(다이아몬드 구조)는 반도체(반금속), Sn은 반금속과 금속의 중간(여러 종류의 동소체가 있음), Pb는 금속이 된다.

15족은 더욱 전기적 음성이기 때문에, N의 단체는 공유결합성의 이원자분자 N≡N(국재화한 σ결합 및 π결합을 갖음)이지만, 약간 전기음성도가 작아진 P에서는 궤도가 넓어져서 π결합이 불리하게 되어 공유결합성의 사면체인 P_4(각 P는 단결합으로 3배위) 등으로 된다. 여기까지가 비금속이다. 즉, 15족에서는 N, P까지가, 14족에서는 C까지가 비금속이며, 13족에서는 전형적인 비금속의 단체는 없다. 말할 필요없이 1, 2족의 단체는 H를 제외하고 모두금속이다. 더욱 전기적 양성인 As, Sb는 흑인구조와 비슷한 층상구조(폴리머)이며(As_4, Sb_4분자로부터 이루어진 결정도 존재한다. Bi_4는 없음), 궤도가 넓어지기 때문에 결합이 비국재화되어 금속성을 나타내게 된다(반금속). Bi(동일한 구조)에서는 더욱 국재화가 진행되어 금속으로 된다.

16족에서도 O(O_2), S(환상 S_8)는 비금속, Se는 중간적, Te가 되면 금속성을 나타내기 시작해서, 최후의 Po는 금속이 된다. 즉, 주기표에서 우측으로 갈수록(전기적 음성이 될수록), 고주기에서 금속성으로 된다(전기적 음성이기 때문에 국재화한 공유결합이 언제까지나 우세). 예를 들어 17족에서는 금속이 없고 모두가 국재화한 공유결합의 이원자분자이다. 단, 고체 I_2중에서는 궤도가 넓어져있기 때문에 분자간에 비교적 강한 결합이 있어서 어느 정도의 비국재화를 볼 수 있다. 반대로 좌측하단으로 갈수록 금속성을 나타낸다. 이와 같이 주기표에서 우측하단쪽으로의 대각선상에 위치하는 원소들은 전기음성도와 원자크기가 비슷하기 때문에 유사한 거동을 나타내는 경우가 많다(이를 대각관계라고 한다). 한편, 천이금속은 전기음성도가 낮아 말 그대로 금속이다.

(2) 화합물중의 결합성

A-B결합은 χ_A 와 χ_B 의 차가 클수록 당연히 이온결합성을 나타내게 된다. 1.7 정도의 전기음성도차를 경계로 어느 쪽의 결합이 우세한지를 판정할 수 있다. 예를 들어 HCl에서는 2.20-3.16= -0.96으로 H-Cl결합은 주로 공유결합적이다. HCl을 물에 용해시키면 H^+와 Cl^-이온으로 해리하기 때문에 HCl은 이온결합성이 강할 것으로 생각하기 쉬우나, 이 경우 해리는 이온의 수화에 의해 안정화되기 때문에 발생하는 현상이다. 결합의 이온성을

$$1 - \exp\{-0.25 \ (\chi_A - \chi_B)^2\} \qquad\qquad \cdots\cdots \ (2.25)$$

로 판단하는 경우도 있다. 예를 들어 앞서의 HCl에서 χ_H=2.20, χ_{Cl}=3.16이므로 식(2.25)로부터 계산하면 0.206, 즉 이온성은 20.6%가 된다. HF, HBr, HI에서는 각각 54.7, 13.4, 5.2% 이다. 즉, 결합은 HF〉HCl〉HBr〉HI의 순서로 강하며, 이 순서로 산으로서는 약하다.

비교적 전기적 음성인 할로겐이나 산소와의 화합물의 결합을 주기표로 비교해 보기로 한다. 우선 좌측하단의 전기적 양성인 원소는 이온결정이 된다. 전기적 음성인 H를 제외한 1, 2족에서는, 2족의 처음인 가장 전기적 음성인 Be의 할로겐화물만이 극성을 지닌 공유결합을 형성하기 때문에 그 단위가 집합한 폴리머상의 고체(예를 들어 $(BeCl_2)_n$)를 생성한다. 1, 2족의 수소화물도 H_2와 BeH_2 이외는 같은 양상의 이온성(염기성)이다. 단, LiH나 MgH_2에도 어느 정도 공유결합성이 있지만, Li나 Mg 이후의 할로겐화물은 이온결합성이 강하다(Li와 Mg의 대각관계). 산화물에서는 BeO만 공유결합성을 갖은 양성산화물이지만(대각관계의 Al_2O_3도 양성), Li, Mg 이후의 산화물은 이온성이 주가 되는 염기성이 된다.

13족의 처음인 B의 할로겐화물 BX_3은 B가 전기적 음성이기 때문에 공유결합성의 분자(B를 중심으로 한 평면삼각형 구조, 강한 π결합이 가능)가 되지만, Al 이후는 전기음성도가 내려가 B와 다르게 π결합의 영향이 작아지기 때문에(제3주기 원소이므로 궤도가 넓어져서 π결합의 중첩이 나빠진다) 많은 원자와 결합하여 원자가가 확장하는 경향이 크게 나타나서, Be와 마찬가지로(대각관계) 공유결합성의 폴리머로 된다. 예를 들어 고체 $AlCl_3$ 중에서 Al은 6개의 Cl로 둘러싸인다. 단, In이나 Tl까지 가면 특히 낮은 산화수(1)를 취하면 점점 전기적 양성이 되기 때문에(크기도 증가), 배위수가 많은 이온결정이 된다(예를 들어 InCl(NaCl 구조, 6배위), TlF(CsCl 구조, 8배위)). 그런데 산화물은 B_2O_3(산성)에서도 Tl의 산화물에서도 공유결합성의 폴리머 단체가 된다. 물론 Al과 Ga의 산화물은 양성, In과 Tl은 염기성으로 변화하며, 최후의 저산화수인 Tl_2O 등은 매우 큰 이온성(강염기성)을

나타낸다.

14족에서는 전기음성도가 더욱 올라가서, 그 할로겐화물은 공유결합성 분자로 된다. 주기표를 내려가면 또한 낮은 산화수를 취하면, 궤도가 넓어지고 원자크기도 커지기 때문에 극성의 어느 공유결합성 분자가 집합해서 13족과 같이 폴리머 단체가 된다(예를 들어 $(SnCl_2)_n$, PbF_4 등). 14족의 수산화물도 공유결합성이 강한 분자가 된다(CH_4, NH_3, H_2O, HF 및 각각에 대응하는 고주기 원소의 수산화물). 14족의 산화물에서는 최초의 C만이 공유결합성 분자(CO, CO_2)를 형성하고, 그 뒤는 거의 공유결합성인 폴리머 단체가 된다(예를 들어 약산성인 $(SiO_2)_n$). 궤도가 넓어지고 다중결합보다는 단결합에 의해 서로 연결된 배위수가 큰 구조를 취하게 된다(SiO_2와 B_2O_3의 대각관계, 산성산화물). 그 밖에 사면체상의 SiO_4 단위가 1~4개의 O를 공유한 중합체의 염(폴리규산염)이나 Si의 일부를 Al로 치환한 알루미노규산염 등이 여러 종류의 광물로서 천연적으로 존재한다(모래의 성분).

15족의 할로겐화물에서는 더욱 전기적 음성으로 되기 때문에 공유결합성 분자(삼각추 구조의 PCl_3, 삼각양추 구조의 PF_5 등)가 많아지지만, 고주기의 Sb, Bi에서는 상온에서 폴리머 단체(6배위 SbF_5, BiF_5 등)가 된다. 산화수가 낮은 BiF_3는 Bi의 산화수가 낮고 F가 전기적 음성이기 때문에 이온결합성(9배위)을 나타내게 된다. 산화물은 14족과 거의 같으며, N만이 공유결합성 분자를 생성하고 그 밖의 것은 거의 공유결합성인 폴리머 단체가 된다. As, Sb에서는 보통의 산화에서는 As_2O_3나 Sb_2O_3이 되지만, 아래로 내려갈수록 불활성 전자쌍 효과에 의해 +5의 높은 산화수를 취하기가 어렵게 된다. Bi_2O_3은 BiO_5를 단위로 하는 층상구조로 이온성이 강한 염기성 산화물이다.

16족의 산화물은 O, S까지는 공유결합성 분자(V자형 O_3, SO_2), 그 이후는 15족과 마찬가지로 폴리머 단체가 되며, 할로겐화물은 대체적으로 분자성이지만(예를 들어 V자형의 SCl_2, 팔면체구조의 SF_6), 주기의 아래쪽 원소이기 때문에 산화수가 줄면 폴리머 고체로 된다. 예를 들어 SeF_4는 SF_4와 유사해서 분자성이지만, $SeCl_4$, TeF_4, $TeCl_4$는 폴리머 고체이다. 주기를 내려가면 역시 궤도가 넓어져서 큰 배위수를 취하며 고체가 되는 것이다.

17족에서는 Br까지의 산화물은 분자성이지만, I의 산화물은 공유결합성 폴리머(I_2O_5 등) 이다. 할로겐화물은 중심의 할로겐의 산화수가 높기 때문에 거의 공유결합성인데(BrF_3, IF_7 등), 역시 주기의 아래쪽 원소는 집합체(예를 들어 I_2Cl_6는 2양체 단위로 구성)를 형성하기 쉽다. 그러나 전기적 음성이기 때문에 이온성의 것은 없다.

18족의 화합물은 모두 공유결합성 분자이다.

지금까지 설명한 일반적인 경향은, 동일한 할로겐일지라도 전기음성도의 크기에 따라 결합 방식이 다른 경우가 있다. 예를 들어 $AlCl_3$은 공유결합성이지만 AlF_3(6배위)은 이온결합성이 강하고, BiF_3은 이온결합성이지만 $BiCl_3$은 분자성, PbF_2는 이온성이지만 $PbCl_2$는 폴리머상이다. 또한, 오른쪽 족(18족 제외)이 되면, 할로겐화물은 할로겐의 크기가 커질수록 입체적으로 조합되고 중심원자는 높은 산화수를 취할 수 없게 된다. 즉, $EX_n \rightarrow EX_{n-2} + X_2$의 반응이 일어나기 쉽고, 그 결과 산화수가 작아져서 폴리머 고체로 되는 경향이 커진다.

2.5 산화수와 원자가

(1) 산화수와 원자가

NH_3의 경우, N과 H의 전기음성도가 각각 3.04와 2.20이기 때문에 $N^{\delta-}-H^{\delta+}$ 와 같이 분극하고 있다. +로 분극한 원자에는 +의 산화수(정수)를, -로 분극한 원자에는 -의 산화수를 할당한다고 하면, N은 -3, H는 +1의 산화수를 갖게 된다. 단, 산화수는 형식적인 것이지, NH_3이 N^{3-} 와 $3H^+$ 로부터 되는 이온성 화합물을 나타내는 것은 아니다. 전기음성도차(0.84는 1.7보다 작다)로부터 알 수 있듯이, 이것은 전형적인 공유결합성 화합물이다. 실제로 동일한 구조로 보이는 NF_3에서는 그 전기음성도로부터 형식적으로 N은 +3, F는 -1의 산화수를 갖게 된다. 전기음성도차는 1.7보다 작은 0.94이지만 분극은 역으로 $N^{\delta+}-F^{\delta-}$ 로 된다. F_2N-NF_2 에서는 전기적 음성인 F가 -1의 산화수이기 때문에 각 N은 +2의 산화수를 갖는다. F-N=N-F에서는 N의 산화수는 +1이 된다.

즉, 산화수는 형식적인 수치이지만 가전자수를 계산하거나 산화환원반응에서 주고받는 전자수를 생각할 때 매우 편리하다. 예를 들어, MnO_4^-와 CrO_4^{2-}(사면체구조)의 Mn과 Cr의 산화수는 각각 +7과 +6이 된다(O는 -2). SO_4^{2-}이온에서 1개의 O를 동족의 S로 치환한 $S_2O_3^{2-}$ 에서 S의 산화수는 +2가 아니고, 중심의 S는 SO_4^{2-} 에서의 S와 같은 +6, O와 치환된 S는 O와 같은 -2가 된다.

한편, 이러한 분자의 결합을 보면 어느 경우에서도 N원자는 3개의 결합을, H와 F는 1개의 결합을 갖는다. 따라서 N의 원자가(valence)는 3, H와 F는 1이라고 한다. 1, 2, 13족의 전형원소는 각각 1, 2, 3의 원자가(산화수)를 취하지만, 이것만(H 이외)의 결합에서는 옥텟(octet) 규칙(분자중의 각 원자 주위의 총전자수가 8이 될 때, 그 분자는 안정하다는 규칙)을 만족시킬 수 없기 때문에 특별한 결합 또는 구조를 취하는 경우가 많다.

14~17족에서는, 최고 원자가는 각각 족의 번호에서 10을 뺀 4부터 7까지의 값이지만, 결합에 사용되지 않는 고립전자쌍(lone pair, lp)을 1조 가짐에 따라 2씩 적은 원자가를 취한다. 예를 들어, 14족에서 CH_2의 C는 원자가 2, 15족에서 NH_3의 N은 원자가 3(lp 1조), 16족에서 SF_4의 S는 원자가 4(lp를 1조, 총가전자수가 10으로 옥텟을 초과), H_2O와

SCl_2에서의 O와 S는 원자가 2(lp 2조), 17족에서 IF_5, IF_3, ICl의 I의 원자가는 각각 5, 3, 1(lp는 각각 1, 2, 3조) 이다. IF_5, IF_3에서도 총가전자수는 각각 12, 10으로 옥텟을 초과한다. 가전자수로부터의 예측에 일치하는 원자가를 갖는 15족 이후의 화합물(예를 들어 PH_5, SF_6, IF_7)에서는 당연히 옥텟을 초과한다. 이러한 화합물을 초원자가 화합물이라고 한다.

13~16족의 고주기 원소는 불활성 전자쌍 효과로 인해 가전자수로부터 예상되는 것보다 2개 작은 산화수를 취하는 경우가 많다. 예를 들어, P의 산화물로 P_4O_6과 P_4O_{10}이 존재하는데, As, Sb, Bi 등에서 일반적으로 얻을 수 있는 산화물은 M_2O_3이다. 또한, $PbCl_4$는 50℃에서 환원적 탈리가 발생하여 $PbCl_2$와 Cl_2로 분해한다. 고주기 원소에서, s 전자를 가전자로 사용하기 위해서 필요한 에너지(승위 에너지)를 그 결과 발생하는 결합생성에 의해 조달할 수 없기 때문이다. PbF_4나 PbO_2와 같이 전기적 음성이며 산화되기 어려운 가전자궤도가 집중되어 있는 F나 O와의 화합물이 되면 결합이 강하고 높은 산화상태를 안정화시킬 수 있다.

(2) 초원자가

15, 16, 17족 원소가 각각 5, 4와 6, 3과 5와 7의 원자가를 취하면, 원자 주위의 총가전자수는 8을 넘는다. 또한, 13, 14족에서도 AlF_6^{3-}, SiF_5^- 등과 같은 음이온이 되면 옥텟을 초과한다. 이와 같은 원자가를 초원자가(hyper valence)라고 한다.

15족 화합물을 예를 들면, NO_3^-는 (^-O-)N($=O$)$_2$로 생각하면 N의 원자가는 5, N의 주위는 10 전자로도 보인다(실제로는 (^-O-)$_2$N$^+$($=O$)로 N$^+$의 원자가가 4로 옥텟규칙을 만족시키고 있다). 삼각양추구조의 PF_5 등은 P의 원자가가 5로 총가전자수가 10개인 전형적인 초원자가 화합물이다.

13~16족에서는 앞서 설명한대로 불활성 전자쌍 효과에 의해 고주기가 되면 결합이 약해져서 고원자가의 화합물은 안정성이 저하한다. 그러나 17족 할로겐에서는 최고원자가가 7이 되어, 크기가 큰 할로겐이 아니면 입체적으로 그 주위를 많은 원자로 배치시키기가 곤란하기 때문에, 주기가 내려갈수록 원자가가 커진다. 예를 들면, IF_7은 존재하지만, Cl과 Br에서는 ClF_5, BrF_5까지만 존재한다. IF_7에서는 I와 F의 전기음성도차가 크기 때문에 이온결합의 기여로 인해 비교적 강한 7개의 I-F의 결합에너지로 승위에너지를 조달할 수 있기 때문이다.

그러나 O를 포함하는 다중결합 화합물에서는 원자가에 비해 배위수가 적기 때문에 앞서의 입체적인 요인은 중요치 않게 된다. 그 결과, X_2O, XO_2, X_2O_6, X_2O_7 등이 X=F, Cl에서는 존재하지만, X=Br, I에서는 비교적 불안정하다. 즉, 입체효과가 무시될 경우에는 불활성 전자쌍 효과가 보여 진다.

지금까지의 원자가 개념은 분자에 있어서는 이해하기 쉽지만 이온결정 또는 분자간 상호작용이 강한 분자성 결정 등에 있어서는 문제가 있다. 예를 들어, SbF_5에서는 PF_5에와 마찬가지로 Sb의 원자가가 5로 생각하게 되는데(물론 기체의 경우는 5), 액체나 고체상태에서는 일부의 F가 2개의 Sb를 가교하며 각 Sb는 6개의 F와 결합하고 있기 때문에 Sb의 원자가(배위수)는 6, 가교의 F의 원자가는 2로 생각할 수 있다.

(3) 천이금속의 산화수와 원자가

천이금속에서는 당연히 족의 번호가 최대의 산화수가 되겠지만, 2개의 s전자가 빠져 +2의 산화수를 취하는 경우가 많다(3족과 4족은 폐각의 안정성을 위해 d전자도 방출해서 각각 +3, +4를 취하는 경우가 있다). 천이금속에서도 주기표에서 오른쪽으로 갈수록 d전자의 낮은 차폐효과로 인해 유효핵전하 Z^*가 커지며(이온화 에너지가 커진다), 높은 산화수는 취하기 어렵게 된다.

제1천이금속에서는 MnO_4^- 즉 Mn^{7+}까지가 족번호에 해당하는 최대의 산화수를 취하게 되는데, Fe에서는 +8은 무리로 FeO_4^{2-} 즉 Fe^{6+}까지가 최고이며, Ni과 Cu에서는 +4가 한계이다. 주기표에서 아래로 내려가면, 큰 핵전하로 인해 s, p궤도가 수축해서 핵전하를 차폐하기 때문에 이온화 에너지가 작아지며, 높은 산화수 상태가 상대적으로 안정하게 된다. 예를 들어, 8족의 Ru와 Os에서는 +8의 RuO_4와 OsO_4가 존재하지만, FeO_4는 존재하지 않는다. 또한, CrO_4^{2-}, MnO_4^-는 강한 산화제이지만, MoO_4^{2-}, WO_4^{2-}, ReO_4^-는 약한 산화제이다. 높은 산화수를 안정화시키기 위해서는 전기적 음성인 F원자나 원자가에 비해 크기가 작은 전기적 음성인 O원자와 화합물을 생성시키면 된다.

2.6 원자반경과 이온반경

(1) 원자반경

원자 주위에는 전자운이 있기 때문에 이 전자운의 넓이가 원자의 크기를 결정한다. 동일 주기에서 주기표의 오른쪽으로 가면 유효핵전하 Z^*가 커지기 때문에 궤도(전자운)는 수축하고, 따라서 원자의 크기는 작아진다(희가스는 예외). 즉, 전자수가 1개씩 증가하는 효과보다 Z^*의 증대효과가 커서 크기가 작아지는 것이다. 천이금속이나 13족 이후에서는 d, f전자의 차폐효과가 나빠져서 이러한 경향이 눈에 띈다. 이러한 수축을 4f궤도가 순차적으로 점유되는 란타노이드계열에서는 란타노이드수축(lanthanoid contraction), 5f궤도가 점유되는 악티노이드계열에서는 악티노이드수축(actinoid contraction)이라고 한다. 동일한 주기라면 전기음성도가 클수록 반경은 작아진다.

동일 족에서 주기표의 아래쪽으로 가면, 전자가 핵으로부터 떨어진 분포를 갖는 궤도(n이 크다)를 점유하기 때문에 원자크기가 커진다. 그러나 d, f 전자의 차폐효율이 낮기 때문에, 특히 제4주기와 6주기의 13족 이후에서는 Z^*가 커지고, 그로 인해 크기는 각각 제3주기와 5주기의 원소와 비교시 그다지 크지 않다. 현저한 예로, 13족의 Ga는 Al보다 공유결합반경 및 금속결합반경이 작고, 14족의 Ge는 Si보다 반데르발스 반경이 작다. 단, 16, 17족으로 갈수록 p 궤도의 차폐효율의 낮음이 영향을 주어 정상적인 경향으로 돌아오게 된다.

원자의 크기기를 구체적으로 나타낸 원자반경에는 반데르발스 반경(van der Waals radius)과 공유결합반경(covalent radius)이 있다. 반데르발스 반경(표 2.4 참조)은 원자간 결합이 없을 때의 최근접 거리의 1/2에 해당되며, 공유결합반경(표 2.5 참조)보다 크다. 원자간 거리가 반데르발스 반경의 합보다 짧을 경우 그 원자간에 결합(상호작용)이 있다고 말할 수 있다.

동일한 원자가 단결합(공유결합)으로 결합한 분자의 핵간거리의 1/2을 그 원자의 (단결합) 공유결합반경이라고 한다. 단, 어느 화합물의 결합거리를 사용했는지에 따라 다소 다르기 때문에, 다른 두 원자의 공유결합반경의 합이 그 두 원자간의 결합거리의 좋은 근사가 될 수 있도록(가능한 가성성이 성립) 선택한다. 다중결합은 대응하는 단결합보다 짧다. 예를 들어, N≡N은 1.10Å, HN=NH는 1.25Å의 결합거리를 갖으며, 이들의 1/2이 N의 다중결합반경이 된다. 평균적으로 C-C는 1.54Å, C=C는 1.34Å(방향족에서는 1.40Å), C≡C는 1.21Å이다.

원자의 혼성이나 배위수가 변하면 반경도 약간 변화한다. sp^3 혼성, sp^2 혼성, sp 혼성의 C는 각각 0.77, 0.73, 0.70Å의 단결합반경을 갖는다. s 궤도의 기여가 클수록 반경은 감소하고, 배위수 및 고립전자쌍이 증가할수록 배위자 및 고립전자쌍간의 반발로 인해 결합거리는 길어진다. 또한, 앞서 설명한대로 원자간의 전기음성도차가 클수록 이온결합성의 기여로 인해 결합이 강해지며, 실제 결합거리는 가성성으로부터의 예상값보다 더 짧아진다. 예를 들어, SiF_4 중의 Si-F의 실측 결합거리는 1.55Å으로, 표 2.5로부터 계산한 1.89Å보다 매우 짧다.

표 2.4 반데르발스 반경 (Å)

H 1.20				He 1.40
	C 1.70	N 1.55	O 1.52	F 1.47	Ne 1.54
	Si 2.10	P 1.80	S 1.80	Cl 1.75	Ar 1.88
	Ge 1.87	As 1.85	Se 1.90	Br 1.85	Kr 2.02
	Sn 2.17	Sb 2.00	Te 2.06	I 1.98	Xe 2.16

표 2.5 공유결합반경(상단)과 금속결합반경(하단) (Å)

H 0.37																	
Li 1.34 / 1.52	Be 1.25 / 1.11											B 0.90	C 0.77	N 0.75	O 0.73	F 0.71	
Na 1.54 / 1.86	Mg 1.45 / 1.60											Al 1.30 / 1.43	Si 1.18	P 1.10	S 1.02	Cl 0.99	
K 1.96 / 2.31	Ca 1.97	Sc 4.36	Ti 1.45	V 1.31	Cr 1.25	Mn 1.12	Fe 1.24	Co 1.25	Ni 1.25	Cu 1.28	Zn 1.20 / 1.33	Ga 1.20 / 1.22	Ge 1.22	As 1.22	Se 1.17	Br 1.14	
Rb 2.47	Sr 2.15	Y 1.78	Zr 1.59	Nb 1.43	Mo 1.36	Tc 1.35	Ru 1.33	Rh 1.35	Pd 1.38	Ag 1.44	Cd 1.49	In 1.63	Sn 1.40 / 1.41	Sb 1.43 / 1.45	Te 1.35	I 1.33	
Cs 2.66	Ba 2.17	La 1.87	Hf 1.56	Ta 1.43	W 1.37	Re 1.37	Os 1.34	Ir 1.36	Pt 1.39	Au 1.44	Hg 1.50	Tl 1.70	Pb 1.75	Bi 1.56			

La 1.87	Ce 1.83	Pr 1.82	Nd 1.81	Pm 1.80	Sm 1.79	Eu 1.98	Gd 1.79	Tb 1.76	Dy 1.75	Ho 1.74	Er 1.73	Tm 1.72	Yb 1.94	Lu 1.56
Ac 1.88	Th 1.80	Pa 1.61	U 1.38	Np 1.30	Pu 1.6	Am 1.81								

*란타노이드, 악티노이드는 금속결합반경만을 나타내었다.

금속의 경우에는 금속결정중의 원자간 거리로부터 반경을 구하기 때문에 금속결합반경이라고 한다(표 2.5 참조). 금속결정의 대부분은 육방최밀(배위수 12), 입방최밀(배위수 12), 체심입방(배위수 8) 구조이기 때문에, 체심입방의 경우에서는 배위수를 보정해서 비교할 필요가 있다.

(2) 이온반경

이온결정에 있어서 최근접 이온간의 거리가 그 두이온의 반경의 합과 같다고 가정하고, 성분이온에 반경을 할당한 것이 이온반경(ionic radius)이다. 최근에는 배위수 6의 O^{2-}이온의 반경을 1.26Å으로 한 샤논(Shannon)의 값을 이용하는 경우가 많다(표 2.6과 2.7 참조). 이온을 둘러싸는 반대 전하의 이온수(배위수)가 증가하면 그들간의 반발로 인해 이온간 거리가 넓어져서 이온반경도 커지게 된다. 예를 들어, 4배위의 O^{2-} 이온의 반경은 1.24Å으로 알려져 있다.

중성원자로부터 전자를 제거하면 유효핵전하 Z^*가 증가하기 때문에 전자운은 수축하고, 양이온반경은 본래 중성원자의 반경보다 작아진다. 반대로 음이온에서는 Z^*가 감소하고 전자간 반발도 증가하기 때문에 전자운이 넓어지고, 이온반경은 중성원자보다 커지게 된다. 따라서 이온반경은 동일원소에서는 정전하가 클수록 작아지고, 동일한 전자배치를 갖는 이온에서는 음전하가 클수록(정전하가 작을수록) 크다. 또한, 동일 주기의 이온에서 전하가 같으면 주기표의 오른쪽으로 갈수록(전기음성도가 클수록) 반경이 감소하고, 동일족의 이온에서 전하가 같으면 주기표의 아래로 내려갈수록 증대하는 것은 원자반경의 경우와 같은 이유이다. 또한, 13족 이후에서는 동족의 제3과 제4주기, 제5와 제6주기 사이에서는 같은 전하의 이온크기의 차는 그다지 크지 않으며, 제5와 제6주기의 제2, 제3천이금속 이온에도 크기차이는 적다. 이것도 d, f 전자의 차폐능력이 낮기 때문이다.

천이금속 이온에서는 배위수뿐만 아니고 스핀상태에 의해서도 반경이 변화한다. d 전자의 평행스핀이 최대로 되는 고스핀 배치에서는 d 전자 주위의 음이온(배위자)의 전자와의 반발로 인해 저스핀 배치와 비교시 결합거리가 길어지기 때문에 반경이 커진다(표 2.7 참조).

표 2.6 전형원소의 이온반경 (Å)

Li^+ 0.90 0.73(4)	Be^{2+} 0.59 0.41(4)	B^{3+} 0.41 0.25(4)	C^{4+} 0.30 0.29(4)	N^{3+} 0.90 N^{3-} 1.32(4) N^{5+} 0.27	O^{2-} 1.26 1.24(4)	F^- 1.19 1.17(4)
Na^+ 1.16 1.13(4)	Mg^{2+} 0.86 0.71(4)	Al^{3+} 0.675 0.53(4)	Si^{4+} 0.540 0.40(4)	P^{3+} 0.58 P^{5+} 0.52 0.31(4)	S^{2-} 1.70 S^{4+} 0.51 S^{6+} 0.43	Cl^- 1.67 Cl^{7+} 0.22(4)
K^+ 1.52 1.65(8)	Ca^{2+} 1.14 1.26(8)	Ga^{3+} 0.760 0.61(4)	Ge^{4+} 0.670 0.530(4)	As^{3+} 0.72 As^{5+} 0.60	Se^{2-} 1.84 Se^{4+} 0.64	Br^- 1.82 Br^{7+} 0.39(4)
Rb^+ 1.66 1.75(8)	Sr^{2+} 1.32 1.40(8)	In^{3+} 0.94 0.76(4)	Sn^{4+} 0.83 0.69(4)	Sb^{3+} 0.90 Sb^{5+} 0.74	Te^{2-} 2.07 Te^{4+} 1.11	I^- 2.06 I^{7+} 0.56(4)
Cs^+ 1.81 1.88(8)	Ba^{2+} 1.49 1.56(8)	Tl^{3+} 1.025 Tl^+ 1.64	Pb^{4+} 0.915 Pb^{2+} 1.33	Bi^{3+} 1.17 Bi^{5+} 0.90	Po^{4+} 1.08 Po^{6+} 0.81	At^{7+} 0.76

*괄호안의 숫자는 배위수를 나타낸다(괄호가 없는 경우는 6배위).

표 2.7 천이금속의 이온반경 (Å)

Sc^{3+} 0.885 1.010(8)	Ti^{2+} 1.00 Ti^{3+} 0.810 Ti^{4+} 0.745	V^{2+} 0.93 V^{3+} 0.780 V^{4+} 0.72 V^{5+} 0.68	Cr^{2+} 0.87(LS) 0.97(HS) Cr^{3+} 0.775	Mn^{2+} 0.81(LS) 0.97(HS) Mn^{3+} 0.72(LS) 0.785(HS)	Fe^{2+} 0.77(4) 0.75(LS) 0.92(HS) Fe^{3+} 0.69(LS) 0.75(HS)	Co^{2+} 0.72(4HS) 0.79(LS) 0.885(HS) Co^{3+} 0.685(LS) 0.75(HS)	Ni^{2+} 0.83 0.69(4) 0.63(4SQ) Ni^{4+} 0.62(LS)	Cu^{2+} 0.71(4) 0.63(4SQ) 0.87	Zn^{2+} 0.74(4) 0.880
Y^{3+} 1.040 1.159(8)	Zr^{4+} 0.86 0.92(7) 0.98(8)	Nb^{3+} 0.86 Nb^{4+} 0.82 Nb^{5+} 0.78	Mo^{3+} 0.83 Mo^{4+} 0.79 Mo^{5+} 0.75 Mo^{6+} 0.73	Tc^{4+} 0.785 Tc^{5+} 0.74 Tc^{7+} 0.40	Ru^{3+} 0.82 Ru^{4+} 0.760 Ru^{5+} 0.705	Rh^{3+} 0.805 Rh^{4+} 0.74 Rh^{5+} 0.69	Pd^{2+} 1.00 0.78(4SQ)	Ag^+ 0.81(2) 1.14(4) 1.29	Cd^{2+} 0.92(4) 1.09
La^{3+} 1.172 1.300(8) 1.41(10)	Hf^{4+} 0.85 0.97(8)	Ta^{3+} 0.86 Ta^{4+} 0.82 Ta^{5+} 0.78	W^{4+} 0.80 W^{5+} 0.76 W^{6+} 0.74 0.56(4)	Re^{4+} 0.77 Re^{5+} 0.72 Re^{6+} 0.69 Re^{7+} 0.67 0.52(4)	Os^{4+} 0.770 Os^{5+} 0.715 Os^{6+} 0.685 Os^{7+} 0.665 Os^{8+} 0.53(4)	Ir^{3+} 0.82 Ir^{4+} 0.765 Ir^{5+} 0.71	Pt^{2+} 0.94 0.74(4SQ) Pt^{4+} 0.765	Au^+ 1.51 Au^{3+} 0.82(4SQ) 0.99	Hg^+ 1.33 Hg^{2+} 1.10(4) 1.16
Ac^{3+} 1.26									

*괄호안의 숫자는 배위수를 나타낸다(괄호가 없는 경우는 6배위).
*SQ는 평면정방형구조, LS는 저스핀상태, HS는 고스핀상태를 나타낸다.
*제2, 제3천이금속은 저스핀상태이다.

2.7 결합에너지

분자A-B에 있어서 그 결합을 절단시켜 A와 B로 파열시키는데 필요한 에너지를 결합에너지(bond energy)라고 한다. 이 값이 클수록 결합은 강하다. 단, 이 A-B단위를 갖는 어떠한 화합물로부터 값을 얻었는지에 따라 결합에너지값은 다르기 때문에 일반적으로는 평균값을 지칭한다. 일례로 H_2O를 OH와 H로 개열시키는 데는 494[kJ/mol], OH를 O와 H로 개열시키는 데는 424[kJ/mol]의 에너지가 필요하다. 즉, H_2O를 O와 2H로 개열시키기 위해서는 이들 값의 합에 상당하는 에너지가 필요하다. 따라서 2개의 평균 459[kJ/mol]이 O-H의 결합에너지가 된다. 또한, PCl_3와 PCl_5로부터 구한 P-Cl의 결합에너지는 322와 259[kJ/mol]이다. 이것은 배위수가 많을수록 결합거리가 길어지고, 또 PCl_5에서는 5개의 결합에 대해 P가 사용할 수 있는 원자가궤도는 4개밖에 없기 때문에 PCl_3(3개의 결합에 대해 3개의 궤도를 사용하는 2중심결합) 보다 결합이 약하기 때문이다. 이러한 초원자가 화합물의 결합에너지는 별도로 하고, 표 2.8에 평균의 단결합 에너지를 나타내었다.

표 2.8 원자간의 단결합 에너지 (kJ/mol)

	H	C	Si	Ge	N	P	As	O	S	Se	F	Cl	Br	I
H	436	414	318	285	389	326	297	459	347	276	569	432	366	298
C		347	305	213	305	268	201	358	272	243	490	326	272	213
Si			226	176	335	—	—	452	226	—	598	402	310	234
Ge				188	255	—	—	360	—	—	473	339	280	213
N					129	200	—	163	—	—	280	188	—	—
P						209	—	368	—	—	498	322	268	184
As							180	331	—	—	464	310	255	180
O								142	—	—	185	205	—	201
S									264	—	326	255	213	—
Se										172	285	243	—	—
F											158	255	238	278
Cl												242	218	209
Br													192	176
I														151

다중결합
C=C 598, C≡C 813, C≡O 1072, C=O 695, C=N 616,
C≡N 866, N=N 418, N≡N 946, Si=Si 315,
Ge=Ge 272, P=P 310, P≡P 471, O=O 495, S=S 517

1) 동일 원자간의 단결합

동일 원자간의 단결합에너지는 동족에서 주기표의 아래쪽으로 갈수록 작아진다. 이것은 주기표의 아래쪽으로 내려가면 원자가 커지기 때문에 결합거리가 길어짐과 함께 원자가궤도가 넓어지고, 궤도간의 유효적인 중첩이 일어날 수 없기 때문이다. 예를 들면, C-C〉Si-Si〉Ge-Ge, F-F〉Cl-Cl〉Br-Br〉I-I가 된다. 13족에서도 B-B(301[kJ/mol])가 최대가 된다.

여기서 제2주기 15~17족 원소(N, O, F)는 예외이다. 이들 작은 원자가 단결합하면 원자상에 존재하는 고립전자쌍간의 반발로 인해 결합이 약하기 때문이며, F_2가 반응활성인 주원인이기도 하다. 제3주기 이후의 원자에서는 크기가 크기 때문에 이 효과를 그다지 볼 수 없다. 또 14족 원소의 화합물은 일반적으로 고립전자쌍을 갖고 있지 않기 때문에 정상적인 경향을 나타낸다.

2) 이종 원자간의 단결합

A-B간의 단결합에너지는 A-A와 B-B의 단결합에너지의 평균보다 크다. 일례로 C-Cl 결합에너지(326〔kJ/mol〕)는 C-C와 Cl-Cl의 결합에너지의 평균(295〔kJ/mol〕 또는 기하평균 290〔kJ/mol〕) 보다 크다. 이는 C와 Cl의 전기음성도 차이로 인한 이온성의 기여로 볼 수 있다. 또한, C-F〉C-Cl〉C-Br〉C-I와 같이, 한쪽을 고정시키고 동족에서 주기표의 아래쪽으로 가면 결합에너지가 작아진다. 전기적 양성이 되어 궤도가 넓어져 궤도의 중첩이 나쁘게 되며, 게다가 중첩된 궤도간의 에너지 차이가 커서 상호작용이 약해지기 때문이다(궤도간 상호작용의 크기는 그 궤도간의 에너지 차이에 반비례한다). 단, $2s$, $2p$-$3s$, $3p$ 간의 상호작용과 $3s$, $3p$-$3s$, $3p$ 간의 상호작용에서는 궤도의 에너지차는 $3s$, $3p$-$3s$, $3p$ 쪽이 작지만, 집중하고 있는 $2s$, $2p$ 궤도가 중첩이 좋기 때문에 $2s$, $2p$-$3s$, $3p$ 쪽의 결합이 강하다. 일례로, F-Cl〉F-Br, Cl-Cl〉Cl-Br〉Cl-I〉Br-Br이 된다. 그런데 F-I 결합은 $2s$, $2p$-$5s$, $5p$ 간의 상호작용이 커서 F-Cl, F-Br 결합보다 강하다.

3) 천이금속의 결합

d궤도가 원자가궤도가 되는 천이금속에서는 일반적으로 반대의 경향을 나타낸다. 즉, nd궤도는 ns, np궤도와 비교해서 분포의 극대가 외측에 있기 때문에(큰 핵전하로 인해 s, p궤도가 수축하고 그 차폐에 의해 d궤도가 넓어진다), $3d$, $4d$, $5d$로 될수록 결합상대의 원자궤도와의 중첩이 좋아져서 결합이 강해진다. 또한, 결합상대는 주기표의 아래쪽으로 갈수록 그 궤도의 에너지가 높아지며, 분포는 넓어진다. 그 결과 에너지적으로 d궤도에 근접하는 이점은 있지만, 결합길이가 길어져서 궤도간의 중첩은 나빠진다. 따라서 결합력의 경향은 예측하기 어렵지만, 주기를 너무 내려가면 내각의 전자들이 서로 반발하기 때문에 결합은 약해진다.

4) 다중결합

여기에는 p궤도나 d궤도를 사용한 π결합과 d궤도간의 σ결합이 있다. 일반적으로 π결합은 σ결합보다 약하다. 관여하는 궤도가 집중해 있고 가깝게 접근이 가능한 제2주기 원소에 있어서 π결합은 특히 유효하다. 주기를 내려가면 궤도가 넓어지고 원자크기의 증대에 의해 결합거리가 길어지기 때문에 π형의 중첩은 나빠지고, 많은 수의 σ결합을 하게 된다. 즉,

π결합은 제2주기 원소〉제3주기 원소 순으로 크다.

천이금속에서는 d궤도가 외측에 분포하고 있기 때문에 π결합이 중요하다. 특히 배위자의 p(또는 π)궤도와 d궤도와의 π결합이 종종 관측되어 진다. 천이금속 화합물에서 금속간의 σ결합도 가능하지만 매우 약하다.

C-C, C=C, C≡C의 결합에너지를 비교하면, π결합이 1개 증가함에 따라 251, 215〔kJ/mol〕의 증가를 볼 수 있는데, 이것이 π결합에너지이다. Si-Si, Si=Si에서는 89〔kJ/mol〕의 증가를, N-N, N=N, N≡N에서는 259, 528〔kJ/mol〕의 증가를 볼 수 있다. C와 Si를 비교하면, σ, π결합 모두 C가 강하다. 이는 C가 사용하는 $2s$, $2p$궤도가 Si가 사용하는 $3s$, $3p$궤도보다 집중하고 있고, 유효한 중첩이 가능하기 때문이다. 마찬가지로 $2s$, $2p$를 사용하는 원자에서도, 주기표의 우측에 있는 원소일수록 유효핵전하가 커서 분포가 집중하고 있어서 σ, π결합이 강해질 것이다. 그러나 제2주기 원소에서는 고립전자쌍간의 반발도 중요하다. 예를 들면, σ단결합은 C-C〈N-N〈O-O의 순으로 강할 것으로 예상되지만, 실제로는 반대이다. N이나 O상의 고립전자쌍간의 반발로 인해 결합이 약해지고, 특히 크기가 작은 O에 있어서 그 효과는 매우 크다. 단, 단결합에서 반발의 원인이 되는 고립전자쌍의 수는 이중결합이 되면 감소하게 된다. 따라서 O의 안정한 단체는 O=O이고, N=N으로부터 N≡N으로 되면 고립전자쌍간의 반발이 더욱 완화되기 때문에 증가분 528〔kJ/mol〕은 1개의 π결합으로는 대단히 강하다.

고립전자쌍의 반발효과가 거의 없는 제3주기의 P에서는 π결합에 의한 증가분은 101, 171〔kJ/mol〕에 지나지 않는다. 고립전자쌍의 반발해소에 의한 안정화도 적고 본래 $3p$-$3p$간의 π결합이 약한 것이 원인이다. 따라서 P는 N과는 반대로 다중결합 보다는 많은 단결합을 형성하게 된다. Si에서도 증가분이 89〔kJ/mol〕로 Si=Si결합은 그다지 안정하지 못 하다.

C에서는 증가분이 251, 215〔kJ/mol〕로 C-C간의 π결합은 매우 강하고, 원자가가 확장되기 어렵기 때문에 많은 수의 C=C 또는 C≡C결합을 갖는 화합물이 비교적 안정적으로 존재한다.

이종 핵원자간의 다중결합에 있어서도 같은 경향을 볼 수 있으며, π결합은 제2주기끼리〉제2주기와 제3주기간〉제3주기끼리의 순으로 강하다.

Chapter 3

무기 고체 결정

재료는 여러 가지 특성과 성질을 나타낸다. 물질을 이해하기 위해서는 재료가 어떠한 구조를 갖는가에 대한 정확한 이해가 필요하다. 무기결정에서의 단위구조는 원자 또는 이온이다. 이것은 10^{-8}〔㎝〕, 즉 〔Å〕 오더의 크기이다. 앞장에서 설명한 바와 같이, 이런 원자 또는 이온이 어떠한 결합을 하고, 어떠한 기하학적 배치를 취하는 가를 보면, 결정에서는 3차원적인 주기배열을 하고 있는 것에 반해, 유리나 비정질 물질에서는 배열에 주기성이 없다(그림 3.1). 결정 중에는 원자, 이온이 이상적인 배열을 취하지 않는 부분이 존재하는데, 이것을 격자결함이라 하며 결정의 성질에 큰 영향을 미친다.

결정의 크기는 작을 경우 〔Å〕 이하도 되는데, 무기고체결정에서 일반적으로 문제가 되는 것은 1〔㎛〕 전후이다. 즉, 1〔㎛〕 정도 크기의 결정에는 원자가 10000×10000×10000개, 즉 1조개 정도가 있는 것으로 된다. 무기고체결정의 대부분은 이렇게 작은 결정이 집합해서 구성된다. 따라서 어떠한 집합방법을 취하는가가 재료의 성질을 결정하는 요인이 된다. 재료의 특성은 재료가 치밀한지, 다공질성인지, 그 기공크기는 큰지, 기공의 모양은 어떠한지, 표면은 평활한지 등에 의해서도 대단히 큰 영향을 받는다.

본 장에서는 무기고체결정의 구조 및 그 결함에 대해 생각해 보기로 한다.

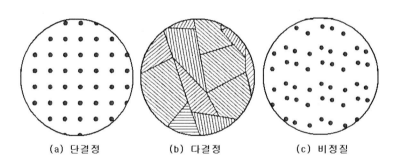

(a) 단결정   (b) 다결정   (c) 비정질

그림 3.1 결정의 종류

3.1 결정

단결정은 원자 또는 분자가 규칙적으로 배열된 것이지만, 많은 경우 정도의 차이는 있지만 불순물을 내포하고 있던가, 결정격자에 결함이 있던가, 원자배열에 불완전성이 존재하기도 한다. 이러한 불규칙성이 전혀 없는 것을 완전결정(perfect crystal) 또는 이상결정(ideal crystal)이라고 한다. 그림 3.2에 그 예를 나타내었듯이, 이러한 결정의 경우에는 굵은

선으로 나타낸 것이 규칙적으로 반복해서 적층되어 있다. 여기서 구성의 기초단위가 되는 것을 단위격자(unit cell)라고 한다.

단위격자의 원자 또는 분자는 각 모서리에 따른 기본병진벡터 a, b, c를 이용해서

$$v = n_1 a + n_2 b + n_3 c \qquad (n_1, n_2, n_3는\ 정수) \qquad \cdots\cdots (3.1)$$

로 표현되는 벡터 v에 존재한다. 이러한 3개의 벡터 a, b, c로 구성되는 그림 3.3에 나타낸 평행육면체를 단순기본격자(primitive cell)라고 한다. 이 단순기본격자의 경우에서는 평행육면체의 정점에만 원자가 존재하며, 이 점을 격자점(lattice point)이라 하고, 격자점의 집합을 공간격자(space lattice)라고 한다.

결정의 형태가 다르면 이러한 단순기본격자의 형태가 다르게 된다. 실존하는 7개의 결정계의 형상을 그림 3.4에 나타내었고, 표 3.1에 단순기본격자의 기하학적 치수를 나타내었다. 실제 결정에서는 표 3.1에 나타낸 것처럼 정점에만 원자가 존재하는 단순기본격자 이외로 그림 3.5에 나타낸 것과 같이, 면의 중심, 체적의 중심에도 원자가 존재하는 경우가 많다. 단순기본격자와 함께 이러한 것들을 총칭해서 단위격자라고 한다. 단위격자에는 그림 3.5 및 표 3.2에 나타낸 것들이 있다. 실제 결정에서는 표 3.1의 결정계와 표 3.2의 단위격자의 조합 모두가 존재하는 것이 아니고, 표 3.3에 나타낸 조합만이 존재하며, 이것을 브라베(Bravais) 14격자라고 한다.

그림 3.2 완전결정

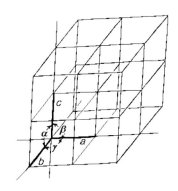

그림 3.3 단순기본격자

표 3.1 단순기본격자

결 정 계	기하학적 형태	
삼사정계 (triclinic)	$\alpha \neq 90^\circ$, $\beta \neq 90^\circ$, $\gamma \neq 90^\circ$	$c \leq a \leq b$
단사정계 (monoclinic)	$\alpha = \gamma = 90^\circ$, $\beta \neq 90^\circ$	$c \leq a$ (b는 임의)
사방정계 (orthorhombic)	$\alpha = \beta = \gamma = 90^\circ$	$c < a < b$
능면체정계 (rhombohedral)	$\alpha = \beta = \gamma \neq 90^\circ$	$a = b = c$
정방정계 (tetragonal)	$\alpha = \beta = \gamma = 90^\circ$	$a = b \neq c$
육방정계 (hexagonal)	$\alpha = \beta = 90^\circ$, $\gamma = 120^\circ$	$a = b$ (c는 임의)
입방정계 (cubic)	$\alpha = \beta = \gamma = 90^\circ$	$a = b = c$

표 3.2 단위격자

종류	격자점의 위치
단순 (simple)	꼭지점
저심 (base-centered)	꼭지점과 상하면의 중심
면심 (face-centered)	꼭지점과 면의 중심
체심 (body-centered)	꼭지점과 체적의 중심

표 3.3 실존하는 결정계

결정계	단위격자			
삼사정계	단순			
단사정계	단순	저심		
사방정계	단순	저심	면심	체심
능면체정계	단순			
정방정계	단순			체심
육방정계	단순			
입방정계	단순		면심	체심

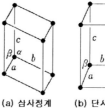
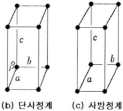

(a) 삼사정계 (b) 단사정계 (c) 사방정계

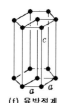

(d) 능면체정계 (e) 정방정계 (f) 육방정계

(g) 입방정계

그림 3.4 결정격자의 형상

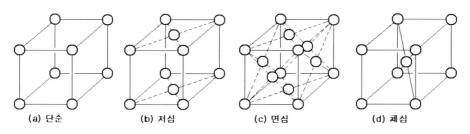

(a) 단순　　(b) 저심　　(c) 면심　　(d) 체심

그림 3.5 단위격자

　　결정을 취급할 때 중요한 또 한 가지 개념으로 결정면이 있다. 일반적으로 결정면은 밀러지수(Miller index)로 나타낸다. 결정내의 면을 나타내기 위해서는 그림 3.6과 같이 3개의 결정축 x, y, z를 설정하고, 각축 방향의 격자상수(lattice constant)를 각각 a, b, c로 하면, 이들의 정수배로 결정축을 자르는 면을 생각하면 된다. 그림 3.6에서는 $x_1=n_1a$, $y_1=n_2b$, $z_1=n_3c$가 된다. 여기서 n_1, n_2, n_3은 0 및 + 또는 −의 정수이다. 따라서 격자상수란 결정축 방향의 격자점간의 거리를 의미한다. 평행한 면은 전부 동등하다고 생각할 수 있기 때문에, 면을 지정하는 것은 그 면의 법선방향을 결정하는 것이 된다. 법선 N과 x, y, z축이 형성하는 각을 a, β, γ라고 하면,

$$\cos\alpha = \frac{OO'}{n_1 a}, \quad \cos\beta = \frac{OO'}{n_2 b}, \quad \cos\gamma = \frac{OO'}{n_3 c} \qquad \cdots\cdot (3.2)$$

가 된다. 따라서

$$a\cos\alpha : b\cos\beta : c\cos\gamma = \frac{1}{n_1} : \frac{1}{n_2} : \frac{1}{n_3} = h : k : l \qquad \cdots\cdot (3.3)$$

으로 얻어지는 비로 면의 법선방향, 즉 면을 나타낼 수 있다. 여기서 h, k, l은 이 비가 얻어지는 공약수로 밀러지수라고 한다. 그림 3.7에 입방정계의 결정격자에 있어서 결정면의 표시방법을 나타내었다.

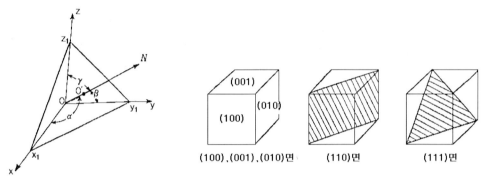

그림 3.6 결정면의 표시

그림 3.7 입방정계에서의 면 표시

3.2 결정구조

(1) 원자의 충전

전기적으로 양성인(이온화 에너지가 작은) 원소는 비국재화한 금속결합을 하는 것도 가능하지만, 전자를 방출해서 양이온이 될 수도 있다. 반대로 전기적으로 음성인(전자친화력이 큰) 원소는 국재화한 공유결합도 가능하지만, 전자를 받아서 음이온이 될 수도 있다. 이러한 이온은 그 전하간 정전기력에 의해 집합하여 이온결정이 된다. 따라서 전기음성도 차이가 큰 원자간에서는 이와 같은 결합이 일어나기 쉽다.

이온결정 중에서는 1개의 이온은 복수개의 반대전하 이온에 의해 둘러싸여 있다. 이 반대전하 이온수를 중심이온의 배위수라고 하며, 배위수는 주로 2가지 이온의 반경비(r_A/r_X)에 의해 결정된다. 앞서 2장에서 설명하였지만, 일반적으로 음이온은 양이온의 이온반경에 비해 매우 크다. 따라서 무기고체결정에서는 대부분의 경우 +전하를 갖는 작은 양이온이 −전하를 갖는 큰 음이온 최밀충전의 간극에 들어간다고 생각할 수 있다. 이온을 강한 구체로 가정하고, 음이온 및 양이온의 반경을 각각 r_X, r_A로 하면, 8면체 간극에는 $0.414r_X$의 r_A가, 4면체 간극에는 $0.225r_X$의 r_A가 들어간다(그림 3.8).

음이온과 양이온이 서로 접촉하고 있다는 가정 하에 이와 같이 되지만, 이들은 반경비가 작은 쪽의 한계이다. 즉, 이보다 값이 조금 크면 음이온끼리 서로 접촉하지 못하게 되지만, 음이온과 양이온은 변함없이 접촉할 수 있기 때문이다. 예를 들어, 배위수가 6인 경우에서 한계반경비가 0.414이므로, 반경비가 이보다 크고 입방체의 한계반경비 0.732보다 작으면 8면체 배위를 취하게 된다. 4면체에서는 한계반경비가 0.225이므로 0.225~0.41에서는 4면체 배위를 취한다. 앞서 설명하였지만, 일반적으로 음이온의 크기가 크기 때문에 음이온이 형성하는 간극에 양이온이 들어가는 것을 생각하였는데, 양이온이 형성하는 간극에 음이온이 들어가도 마찬가지이며, 다만 이 경우에는 반경비를 r_X/r_A로 하고 안티(anti)를 접두어로 붙인다.

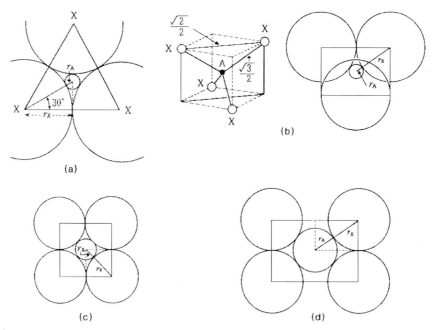

그림 3.8 이온반경비(r_A/r_X)과 배위수
(a) 3배위 : rA/rX= 0.155~0.225 (이론비 0.155)
(b) 4배위 : rA/rX= 0.225~0.414 (이론비 0.225)
(c) 6배위 : rA/rX= 0.414~0.732 (이론비 0.414)
(d) 8배위 : rA/rX= 0.732~1.000 (이론비 0.732)

반경비로부터의 예상과 실제의 구조가 항상 일치하는 것은 아닌데, 이는 이온을 분극하지 않은 강한 구체로 생각하였고, 공유결합성을 완전히 무시하였기 때문이다.

음이온의 집합방법은 1장에서 간략히 설명하였지만, 그림 3.9에 나타낸 바와 같이, 우선 제1층이 A로 표시한 구의 정렬이 되고, 다음 층은 제1층 이온의 바로 위(그림 중의 A 위치)가 아니고, 3개의 A구 사이의 B 또는 C 위에 쌓여야 보다 치밀하게 된다. 제2층에서는 B나 C나 안정도에 차이가 없으므로 편의상 B에 놓기로 하면, 제3층을 C 또는 A의 위치에 쌓이게 하면 가장 치밀한 적층이 된다. 제3층이 C라면 제1층부터 ABC순이 되고, A라면 ABA가 된다. ABCABC…의 충전방식은 면심입방충전방식(FCC) 또는 입방최밀충전방식(CCP), ABABAB…의 충전방식은 육방최밀충전방식(HCP)으로 부른다.

(2) 대표적인 결정구조

음이온이 어떤 형식으로 배열하는가가 결정되고, 다음으로 양이온(r_A)과 음이온(r_X)의 이온반경비가 결정되면, 그 화합물이 이상적인 경우에 취하는 결정구조를 매우 높은 확률로 추정할 수 있다. 표 3.4에 일반적인 결정구조를 나타내었다.

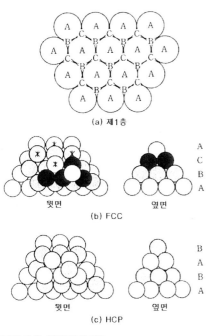

(a) 제1층

윗면　옆면

(b) FCC

윗면　옆면

(c) HCP

그림 3.9 최밀충전구조

표 3.4 결정구조와 배위수

조 성 M:양이온 X:음이온	배위수	결정구조
MX	4 : 4	섬아연광형, 우르쯔광형
	6 : 6	NaCl형
	8 : 8	CsCl형
MX_2	4 : 2	β-크리스토발라이트형
	6 : 3	루틸형
	8 : 4	형석형
MX_3	6 : 2	ReO_3형
M_2X	4 : 8	적동광형
	8 : 4	역형석형
M_2X_3	6 : 4	코런덤형, 희토류 C형
	7 : 4	희토류 A형
M_2X_5	6:2/6:3 혼합	Nb_2O_5형

1) MX 구조

$r_A/r_X = 0.225 \sim 0.414$: 섬아연광형, 우르쯔광형

$r_A/r_X = 0.414 \sim 0.732$: NaCl형

$r_A/r_X = 0.732 \sim 1.000$: CsCl형

● **섬아연광형(zinc blende형, β-ZnS형: 입방정계)** : 음이온이 CCP이고, 4면체 위치의 1/2에 양이온이 들어간 구조이다(그림 3.10). β-ZnS, GaSb, β-SiC, AgI, C-BN 등.

● **우르쯔광형(wurzite형, α-ZnS형: 육방정계)** : 음이온이 HCP이고, 4면체 위치의 1/2에 양이온이 들어간 구조(그림 3.11)로, 양이온 주위의 음이온으로 만드는 4면체의 정점은 모두 일정 방향을 향하고 있으며, 그 중 하나는 c축 방향을 향하고 있다. 따라서 c축 방향의 위로부터 본 모양과 아래로부터 본 모양이 다르며, 결정 자체에 앞뒤가 있다. α-ZnS, α-SiC(2H), AlN, BeO, ZnO 등.

● **NaCl형(rock salt형: 입방정계)** : 음이온이 CCP이고, 6배위 위치 모두를 양이온이 점유하는 구조이다. TiC, AgBr, KBr, LiF, NaCl, TiN, CaO, MgO, NiO, BiTe 등. 이 중에서 알칼리토류 금속의 산화물에서는 MgO만이 6배위의 이온반경을 만족시키며, 그 밖의 것은 양이온의 반경이 너무 커서 음이온위치에 O_2^{2-}와 같이 큰 이온이 들어가서 정방정계적인 왜곡된 과산화물을 형성하기 쉽다.

● **CsCl형(입방정계)** : 음이온이 입방체의 정점을 점유하고, 체심에 양이온이 들어간 구조이다. CsCl, TlI, NH₄Cl 등. 이 구조에서는 음이온은 단순입방충전하고 있어서 최밀충전방식보다 간극이 많다. 또한, 양이온 단순입방격자의 체심에 음이온이 들어간 구조로 볼 수 있다.

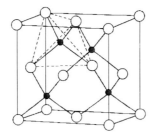

• 양이온 또는 음이온 ○음이온 또는 양이온

그림 3.10 zinc blende 구조

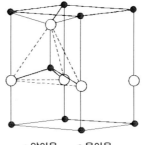

• 양이온 ○음이온

그림 3.11 wurtzite 구조

2) MX$_2$ 구조

$r_A/r_X = 0.225 \sim 0.414$: β-크리스토발라이트형

$r_A/r_X = 0.414 \sim 0.732$: 루틸형

$r_A/r_X = 0.732 \sim 1.000$: 형석형

● **β-크리스토발라이트형(β-cristobalite형: 입방정계)** : Si원자가 산소 4개와 결합해서 SiO$_4$ 4면체를 형성하고, 그 4면체를 하나의 단위로 하면, 섬아연광형 구조의 Zn위치를 Si가, S위치를 SiO$_4$ 4면체가 점유하는 구조가 된다. 실리카는 석영(quartz), 트리디마이트(tridymite), 크리스토발라이트의 3개 다형을 갖으며, 각각의 다형은 저온형(α)과 고온형(β)을 갖는다.

● **루틸형(rutile형, TiO$_2$형: 정방정계)** : 정방단위격자의 정점을 Ti이온이 점유하고, 중심을 왜곡된 TiO$_6$ 8면체가 점유하는 구조(그림 3.12)로, Ti이온은 4개의 최근점 O이온과 2개의 멀리 떨어진 O이온으로부터 구성되는 왜곡된 8면체로 둘러싸여 있다. CoF$_2$, NiF$_2$, CrO$_2$, CoF$_2$, α-MnO$_2$, SnO$_2$, TiO$_2$(rutile) 등.

● **형석형(CaF$_2$형: 입방정계)** : 섬아연광형 구조의 Zn위치를 Ca이온이, S위치를 F이온이 치환하고, 또한 S원자로 점유되지 않았던 4곳의 4면체 위치를 F가 점유한 구조이다(그림 3.13). Ca이온은 단위격자의 정점 및 면심을 점유하고, F이온은 Ca 4면체 중심에 들어간다. 구조의 중심에 큰 공간이 형성되어 있다는 것이 특징이다. ZrO$_2$(고온형), CoSi$_2$, CaF$_2$, SrCl$_2$ 등.

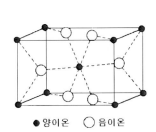

● 양이온 ○ 음이온

그림 3.12 rutile 구조

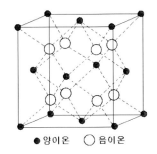

● 양이온 ○ 음이온

그림 3.13 CaF$_2$ 구조

3) MX$_3$ 구조

● **ReO$_3$형(입방정계)** : 앞서의 CsCl구조는 양이온이 형성하는 단순입방격자의 체심을 음이온이 점유하는 반면, ReO$_3$형 구조는 단순입방격자의 모서리의 중점을 음이온이 점유하는 구조, 즉 뒤에서 설명할 페로브스카이트 구조에서 체심 이온이 없는 구조이다(그림 3.14). MoF$_3$, ReO$_3$ 등.

4) M₂X 구조

● 적동광형(입방정계) : 입방단위격자의 정점을 O이온이 점유하고, 그 중심을 Cu_4O 4면체 단위가 점유하는 구조(그림 3.15)이며, 간극이 매우 많아서 양이온이 쉽게 움직일 수 있다. Ag_2O, Cu_2O 등.

● 역형석형(입방정계) : 형석형 구조의 영이온 위치에 음이온이, 음이온 위치에 양이온이 들어간 구조이다. Li_2O, Na_2O, K_2O 등.

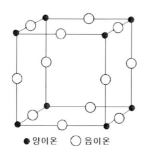

●양이온 ○음이온

그림 3.14 ReO₃ 구조　　　　**그림 3.15 적동광형 구조**

5) M₂X₃ 구조

● 코런덤형(Corundum형, α-Al₂O₃형: 삼방정계) : O이온은 거의 HCP이며, 양이온은 그 6배위 위치의 2/3를 점유한 구조이다(그림 3.16). $\alpha\text{-}Al_2O_3$, Cr_2O_3, V_2O_3, $\alpha\text{-}Fe_2O_3$.

● 희토류 C형(Y₂O₃형: 입방정계) : 이 구조는 형석형 구조, 즉 CaF_2에서 Ca^{2+} 대신에 3가의 양이온이, F^-의 3/4을 O^{2-}가, 나머지 F^-의 1/4은 비어있는 구조이다(그림 3.17). As_2Mg_3, Y_2O_3, $\beta\text{-}Mn_2O_3$ 등.

● 희토류 A형(La₂O₃형: 삼방정계) : 이 구조는 양이온의 크기가 커져서, 희토류 C형이 왜곡되어 7배위로 된 구조이다(그림.3.18). Th_2O_3, Ac_2O_3, La_2O_3, Pr_2O_3 등.

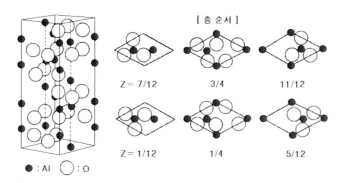

[층 순서]

Z = 7/12　　　3/4　　　11/12

Z = 1/12　　　1/4　　　5/12

●: Al　○: O

그림 3.16 Corundum 구조

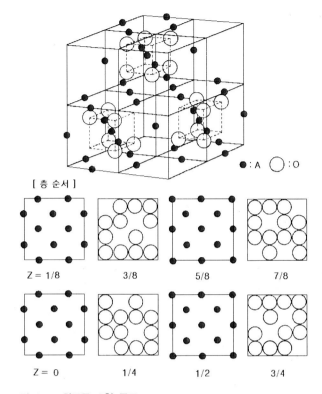

[층 순서]

Z = 1/8   3/8   5/8   7/8

Z = 0   1/4   1/2   3/4

●: A   ◯: O

그림 3.17 희토류 C형 구조

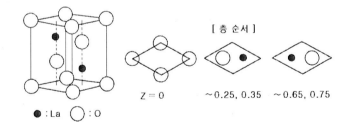

[층 순서]

Z ≒ 0   ~0.25, 0.35   ~0.65, 0.75

●: La   ◯: O

그림 3.18 희토류 A형 구조

6) 2종 이상의 양이온을 갖는 복합 산화물 구조

● **일메나이트형(ilmenite형, FeTiO₃형: 삼방정계)** : 이것은 코런덤형 구조의 단위격자의 c축을 따라 2종류의 이온이 점유한 구조이다(그림 3.19). α-Al₂O₃ 중의 Al을 적당한 크기와 전하를 지닌 2종류의 작은 이온으로 치환한 구조인데, 규칙성이 있는 것은 2종류 이온의 전하가 다르기 때문이다. 2종류의 양이온으로 치환하는 데는 2가지 방식이 있다. Fe^{2+}가 존재하는 층과 Ti^{4+}가 존재하는 층이 상호 중첩된 것이 제1방식으로 MgTiO₃,

$MnTiO_3$, $FeTiO_3$, $LiTaO_3$ 등이 속한다. 또 하나의 방식은 동일한 층내에 2종의 양이온이 공존하는 것으로 $LiSbO_3$가 있다.

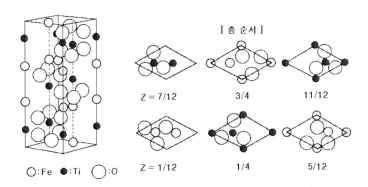

[층 순서]

Z = 7/12   3/4   11/12

Z = 1/12   1/4   5/12

○:Fe ●:Ti ◯:O

그림 3.19 ilmenite 구조

● **페로브스카이트형(perovskite형, $CaTiO_3$형, ABX_3 : 입방정계)** : 일메나이트형과 마찬가지로 ABX_3 조성인데, A이온의 크기가 O이온과 같은 정도까지 커질 때 생성된다(그림 3.20). 즉, 입방단위격자의 체심을 A이온이, 정점을 B이온이, 모서리의 중심을 X이온이 점유한 구조(A-type)이며, X는 거의 O 또는 F이온이다. A이온을 단위격자의 정점에 놓으면, B이온은 체심, X이온은 면심을 점유하는 입방격자로 나타낼 수 있다(B-type). A이온은 12배위, B이온은 6배위가 되며, A이온과 B이온은 합해서 +6의 전하를 지니면 된다. A, B로 1가와 5가, 2가와 4가, 3가와 3가의 조합이 알려져 있다.

그림 3.20에 나타낸 바와 같이, (r_B+r_O) 2선과 (r_A+r_O)로 직각이등변 삼각형을 만들고 있으므로 $r_A+r_O = \sqrt{2}(r_B+r_O)$의 관계가 성립한다. 그러나 실제 결정은 이 조건을 항상 만족시키지는 않고, $r_A+r_O = t\sqrt{2}(r_B+r_O)$로 나타내면, 대부분의 경우 $0.7 < t < 1.0$의 범위를 취한다. 여기서 t는 허용인자(tolerance factor)라고 하며, $t=1$이면 이상형, $t > 1$이면 r_B가 너무 작고, $t < 1$이면 r_A가 너무 작은 것을 의미한다.

페로브스카이트형을 취하는 화합물은 온도에 의해 대칭성이 변화한다. $BaTiO_3$의 경우, 삼방(-80℃) → 사방(5℃) → 정방(120℃) → 입방(1460℃) → 육방으로 전이한다. 삼방, 사방, 정방의 각 구조는 입방정을 약간 왜곡시킨 구조이다. 이러한 왜곡은 강유전성 등의 물성과 연관이 깊다. 입방으로부터 육방으로의 전이에서는 CCP배열이 파괴되고 만다. $BaTiO_3$, $CaTiO_3$, $SrZrO_3$, $PbZrO_3$, $SrTiO_3$, $PbTiO_3$ 등이 속한다.

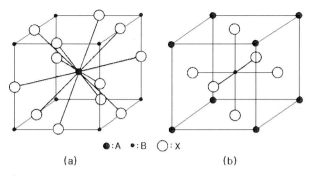

●:A •:B ◯:X

(a)   (b)

그림 3.20 perovskite 구조
(a) A-type
(b) B-type

● 스피넬형(spinel형, MgAl$_2$O$_4$형, AB$_2$X$_4$: 입방정계) : O이온의 CCP배열을 기본구
조로 해서, 그 6배위 위치의 1/2과 4배위 위치의 1/8에 양이온이 규칙적으로 배치되어
있는 구조이다(그림 3.21).

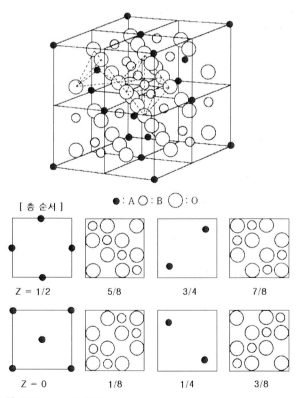

●:A ◯:B ◯:O

[층 순서]

Z = 1/2   5/8   3/4   7/8

Z = 0   1/8   1/4   3/8

그림 3.21 spinel 구조

음이온은 1개의 A이온과 3개의 B이온에 의해 둘러싸여있고, B-X-B의의 각도는 약 90°, A-X-B는 약 125°이다. 단위격자 한 변의 길이를 a, O의 위치를 지정하는 파라미터 u (이상적 구조에서는 3/8의 값을 취한다)를 이용하면, A-X의 거리는 $\sqrt{3}\,a(u-1/4)$, B-X는 $a(5/8-u)$가 된다. A가 2가, B가 3가인 것인 가장 일반적이며, 그 밖에 A가 4가, B가 2가 등의 것도 있다. 특히, A이온, 즉 수가 적은 양이온이 A위치를 점유하고, B이온이 B위치를 점유하는 것을 정스피넬이라고 하고, B이온의 1/2이 A위치를, A이온과 나머지 1/2의 B이온이 B위치를 점유하는 것을 역스피넬이라고 한다. 실제로는 양자의 중간인 것도 존재한다. $MgAl_2O_4$, $ZnFe_2O_4$ 등은 정스피넬, $NiFe_2O_4$, $MnFe_2O_4$ 등은 역스피넬, $MgFe_2O_4$, $CuAl_2O_4$형 등은 중간구조이다.

3.3 결정의 불안전성

지금까지 설명한 결정에서는 원자가 격자점에 정지하고 있는 것으로 생각하였다. 그러나 실제로는 원자자신은 열에너지를 받아 격자점을 중심으로 진동하고 있다. 또한, 원자의 배열에 결함이 있던가, 어긋남이 발생하던가, 결정이 유한의 크기이므로 표면에서는 특이한 상태를 형성하기도 한다. 이러한 것을 총칭해서 결정의 불안전성(imperfection) 또는 격자결함(lattice defect)라고 한다(표 3.5).

표 3.5 결정의 불안전성(격자결함)

종 류	명 칭
전자적 결함	자유전자(free electron) 자유정공(free hole)
점결함(point defect)	침입형 원자(interstitial atom) 치환형 원자(substitutional atom) 이종원자(foreign atom) 공격자(vacancy) 색중심(color center) 음향양자(phonon)
복합결함(extende defect)	클러스터(cluster) 전단구조(crystallographic shear structure) 블록구조(block structure)
선결함(line defect)	전위(dislocation)
면결함(plane defect)	표면(surface) 입계(grain boundary)

표 3.5로부터 알 수 있듯이 여러 가지 불안전성이 존재하는데, 뒤에서 설명할 다이오드, 트랜지스터, 광도전셀, 그 밖의 반도체 장치 등의 동작특성에 원자적인 불안전성이 어떠한 영향을 갖는지가 문제가 된다. 또한, 결정구성의 원자로부터 전자가 이탈해서 자유전자로 되고, 정공을 남기는 것도 불안전성의 일종인데, 이것은 반도체에서 적극적으로 이용되는 현상으로, 이 현상이 있기 때문에 현재의 반도체공학이라는 학문이 출현하였고, 반도체공업이 현재와 같이 발전하게된 것이다.

(1) 점결함과 부정비화합물

점결함에는 격자위치가 비어있는 공격자, 격자간 위치에 들어간 침입형 원자, 불순물, 서로 다른 2개의 원자가 위치를 교환한 치환원자, 점결함이 쿨롱력 등에 의한 상호작용으로 회합한 것이 있다. 특히 이온결정에서 양이온이 격자간으로 이동해서 정규의 격자점이 공격자로 되어 있는 것을 프렌켈 결함(Frenkel defect), 양이온과 음이온이 공격자쌍을 생성한 경우를 쇼트키 결함(Schottky defect)이라고 한다.

여기서, 이온결정 MX를 예로 해서 크뢰거-빙크(Kröger-Vink)의 결함표시법에 대해 설명하고자 한다. 공격자는 V를 이용해서 양이온공격자는 V_M, 음이온공격자는 V_X와 같이 나타내고, 양이온 및 음이온 침입형(격자간) 이온은 각각 M_i, X_i로 나타낸다. 만약 M이 +2가, X가 -2가라면, M이 빠지면 +2가였던 격자점이 0가로 되어 실제로는 +의 전하가 2개 감소한 것이 되므로, V_M의 우측상단에 V_M''과 같이 2개의 ′을 붙인다. 또한 X가 빠지면 -의 전하가 2개 감소하므로 실제로는 +의 전하가 2개 증가하는 것이 되므로 $V_X^{\bullet\bullet}$로 표기한다. M이 격자간에 들어가 이온화되면 2개의 전자를 전도대에 방출해서 M_i는 +2가가 되므로 $M_i^{\bullet\bullet}$와 같이 2개의 ˙을 붙인다. 역으로 X_i의 경우에는 2개의 정공을 생성시키면서 -2가로 되므로 X_i의 우측상단에 2개의 ′을 붙여 X_i''로 나타낸다. 예를 들어, MX형 결정에서의 쇼트키결함은 V_M'-$V_X^{\bullet}$의 쌍으로, 프렌켈 결함은 V_M''-$M_i^{\bullet}$의 쌍 또는 $V_X^{\bullet}$-X_i'의 쌍으로 나타낼 수 있다. 실제, 쇼트키 결함은 NaCl, MgO 등의 이온결정에서, 프렌켈 결함은 격자간 위치가 비교적 큰 CaF_2, Y_2O_3 또는 양이온의 분극이 큰 AgBr, AgCl 등에서 볼 수 있다.

전자적 결함에는 부정비성화합물(nonstoichiometric compound)에 있어서 정비조성으로부터의 벗어남이나 다른 원자가화합물의 고용에 의한 결함생성에 따라서 여분으로 생성하는 전자나 정공이 있다. 이 경우, 전자나 정공의 위치가 불확정이기 때문에 각각 단독으로 e' 및 $h^{\bullet}$의 기호를 사용한다. 부정비성화합물은 기체분자의 출입에 의해 결함이 발생하고, 그 반응의 평형상수에 의해 결정되는 부정비량 δ를 갖는다.

부정비성화합물에 있어서 정비조성으로부터의 어긋남은 금속과잉형, 금속부족형, 음이온 과잉형, 음이온부족형의 4종류가 있으며(그림 3.22), 그 물성에 대해서는 다음 장에서 설명하기로 한다.

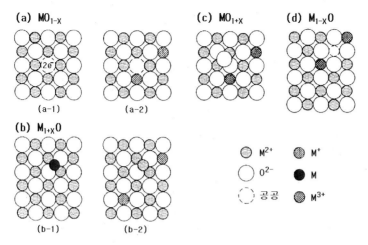

그림 3.22 2원계 산화물에서 가능한 부정비성 구조
(a) 금속과잉(음이온 공격자형)
　(a-1) 전기적 중성을 유지하는 2개의 전자가 공격자에 국재화한 경우
　(a-2) 전자는 양이온과 회합하여 M+로 환원
(b) 금속과잉
　(b-1) 침입형(격자간) 원자
　(b-2) 원자는 M2+로 이온화되고, 2개의 방출전자는 2개의 양이온과
　　　　회합하여 M+로 환원
(c) 금속부족(격자간 음이온형)
　　격자간 음이온은 2개의 M3+이온에 의해 전하보상
(d) 금속부족(양이온 공격자형)
　　양이온 공격자는 2개의 M3+이온에 의해 전하보상

1) 침입형 원자(격자간 원자)

그림 3.23에 나타낸 바와 같이, 격자점이 아닌 틈새에 원자가 침입한 경우, 이 원자를 침입형 원자 또는 격자간 원자라고 한다. 이 경우, 격자틈새에 들어가기 때문에 반경이 큰 원자는 들어가기 어렵다. 예를 들어, 알칼리할로이드(M^+X^-)의 경우에는 할로겐원자 X는 커서 격자간에 들어갈 수 없고, 격자간 위치를 점유하는 것은 알칼리금속원자로 제한된다.

2) 이종원자(불순물 원자)

결정구성의 모체가 되는 원자 외에 다른 종류의 원자가 함유되는 경우가 있는데, 이 다른 원자를 이종원자 또는 불순물 원자(impurity)라고 한다. 이러한 이종원자는 결정의 격자점에 있는 모체원자와 치환해서 들어가는 경우(치환형 원자)와 앞서 설명한 격자간 위치에 들어가는 2가지 경우가 있다(그림 3.24).

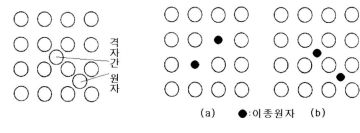

**그림 3.23 침입형 원자(격자
간 원자)**

(a)　●:이종원자　(b)

**그림 3.24 이종원자(불순물 원자)
(a) 치환형　(b) 침입형**

3) 공격자(공공)

그림 3.25에 나타낸 바와 같이 원자의 배열에서 빠진 부분이 있는 경우, 이 빠진 격자점을 공격자 또는 공공이라고 한다. 이온결정의 경우에는 격자점에 있는 원자는 이온화되어 있기 때문에 양이온이 빠진 양이온공격자와 음이온이 빠진 음이온공격자가 있다. 이 2가지가 동수로 존재하면 물질의 전기적 중성이 유지되지만, 어느 한쪽이 많으면 전기적 중성을 유지하기 위해서 더욱 불안전성이 더해진다.

그림 3.26은 양이온공격자를 나타낸 것이다. MX형의 이온결정에서 X원자가 많은 경우(또는 M원자가 부족한 경우)에는 결정격자 중에 양이온공격자가 형성된다. 이 공격자는 그림 3.26(a)에 나타낸 바와 같이, 과잉의 X원자로부터 정공을 빼앗아 포획하고 있다. 앞서 설명한 바와 같이, 이온결정의 금속원자는 격자간 위치에 들어갈 수 있기 때문에, 격자점에 있는 양이온 M^+가 격자점으로부터 격자간 위치로 이동하는 경우도 있다(프렌켈 결함).

음이온공격자의 경우에는 그림 3.27(a)와 같이 격자점에 금속원자 M이 들어가서 음이온공격자가 전자를 포획하는 경우와, (b)와 같이 음이온이 격자점으로부터 빠져나와 표면으로 나와 있는 경우(쇼트키 결함)가 있다.

2가 이온결정에 불순물로 1가 양이온을 첨가한 경우, 불순물이 들어가는 방법을 그림 3.28에 나타내었다. 예를 들어, $Zn^{2+}S^{2-}$에 Cu^+를 첨가한 경우에는 Zn^{2+}이온과 치환해서 Cu^+가 들어간다. 그러나 이러한 치환만으로는 양이온이 부족해서 물질의 전기적 중성을 유지할 수 없어서, 전하의 평형(charge balance)이 깨지고 만다. 따라서 그림 3.28의 (a)와 같이 Cu^+이온 2개로 음이온공격자 1개가 형성하게 된다. 또는 (b)와 같이 Cu^+이온 1개에 대해서 Al^{3+}와 같은 3가 양이온을 1개 첨가하면 전하평형이 된다. 또한, (c)와 같이 Zn^{2+}를 Cu^+로 치환함과 동시에 S^{2-}를 Cl^-와 같은 1가 음이온으로 동수 치환시키면 전하평형이 된다.

1가 이온결정에 2가 양이온을 첨가한 경우에는 그림 3.29와 같이 동수의 양이온공격자가 형성된다. 이와 같은 양이온공격자가 형성되는 방법에도 여러 가지 경우가 있다.

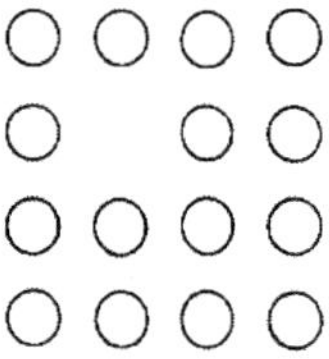

그림 3.25 공격자

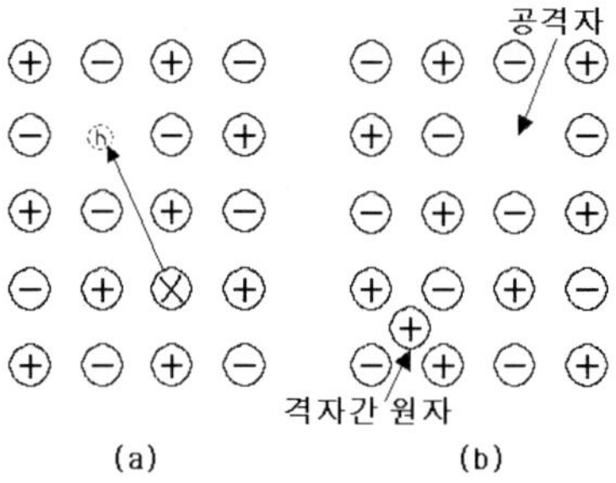

그림 3.26 양이온 공격자 (M+X-)
(a) 과잉의 X원자 (b) Frenkel 결함

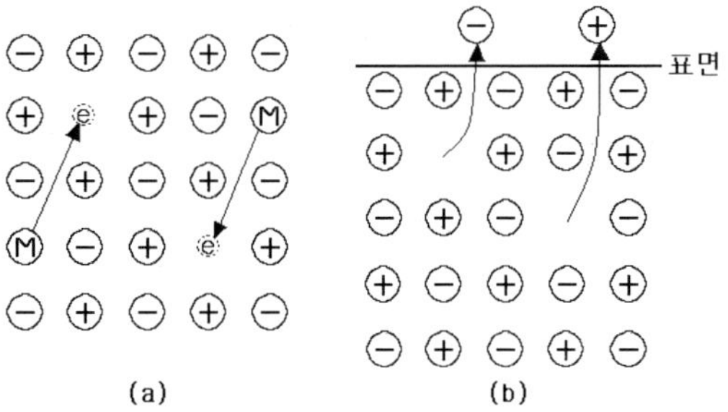

그림 3.27 음이온 공격자 (M+X-)
(a) 과잉의 M원자 (b) Schottky 결함

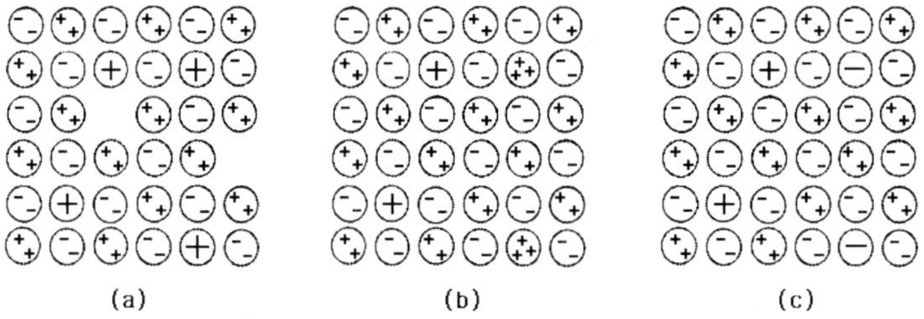

그림 3.28 이온결정에서 원자가가 다른 불순물의 고용

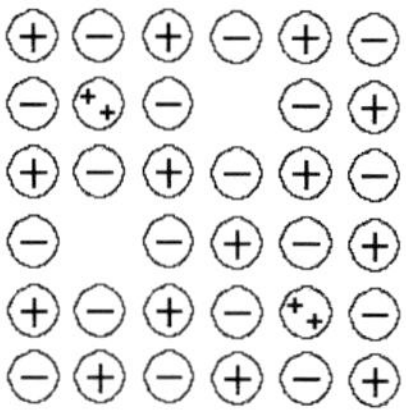

그림 3.29 1가 이온결정에 2가 양이온 첨가

4) 색중심

알칼리할로이드 결정에 X선을 조사하면 밝은 색을 띠는 것을 독일에서 최초 연구하였는데, 당시 이 색은 색중심(Farbenzentre, color center)으로 알려진 결함과 관계있는 것으로 생각하였다. 이 결함은 현재 F중심(F-center)으로 약칭하고 있다. 그 후 여러 가지 형태(자외선, X선, 중성자선)의 고에너지 광이 F중심을 형성하는 것을 알게 되었다. 색중심이 만드는 색은 모체결정 고유의 것이다. 예를 들어, NaCl은 짙은 황색이 들어간 오렌지색, KCl은 자색, KBr은 청녹색이다.

그 후, 색중심은 알칼리금속 증기 중에서 결정을 가열해도 형성되는 것이 발견되었다. 과잉의 알칼리금속원자는 결정 중에 확산하여 양이온 격자에 들어가고, 동시에 동수의 음이온 공격자가 생성된다. 알칼리원자의 이온화에 의해 생성한 전자는 그 음이온공격자에 포획된다(그림 3.30). 실제로는 어떤 알칼리금속을 사용하는 가는 문제되지 않는다. 가령 NaCl을 K와 함께 가열해도 색중심의 색은 변화하지 않는다. 이는 할로이드 모체결정 중의 음이온공격자에 포획된 전자 특유의 색이기 때문이다. 전자스핀공명(ESR)에 의한 연구에서 색중심이 실제로 공격자(음이온 격자)에 포획된 부대전자인 것이 확인되었다.

이 밖에도 많은 색중심이 알칼리할로이드 결정에서 나타난다. H중심(H-center)은 일례로 NaCl을 Cl_2 기체 중에서 가열하면 형성된다. 이 경우, $[Cl_2^-]$가 형성되어 1개의 음이온격자를 점유하게 된다(그림 3.30(b)). F중심과 H중심은 완전히 보색적이기 때문에, 만약 2가지가 만나면 서로 소색시킨다.

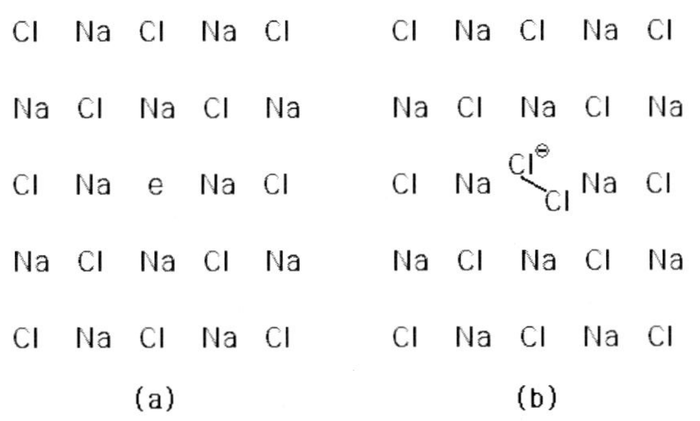

```
Cl  Na  Cl  Na  Cl        Cl  Na  Cl  Na  Cl

Na  Cl  Na  Cl  Na        Na  Cl  Na  Cl  Na
                                    Cl
Cl  Na  e  Na  Cl        Cl  Na    |   Na  Cl
                                    Cl
Na  Cl  Na  Cl  Na        Na  Cl  Na  Cl  Na

Cl  Na  Cl  Na  Cl        Cl  Na  Cl  Na  Cl

        (a)                       (b)
```

그림 3.30 색중심과 공격자
(a) F중심(음이온공격자에 포획된 전자)
(b) H중심(음이온공격자에 포획된 $[Cl_2^-]$이온)

5) 음향양자(포논)

결정의 격자위치에 있는 원자는 항상 진동하고 있어서, 양자역학적으로 $(n+1/2)hv$의 에너지를 갖는 파동이 된다. 여기서 h는 플랑크(Planck) 상수, v는 진동수, n은 0 또는 양의 정수이며, $h\nu/2$는 영점에너지(zero-point energy)로 불리는 양이다. 고전역학에서는 계의 에너지는 정지한 경우 최소가 되지만, 양자역학에서는 위치와 운동량 간의 불확정성 원리로 인해 정지한 상태는 실현되지 않고, 최저의 양자상태에서도 에너지는 고전역학에서의 정지상태보다 항상 크게 된다. 이것의 차를 영점에너지라고 한다. 진동의 중심의 위치에너지를 0으로 하면 영점에너지는 $h\nu/2$가 된다.

따라서 에너지에서 영점에너지를 빼면, $nh\nu$라는 에너지가 된다. 여기서 $h\nu$는 에너지 양자이므로 격자진동은 $h\nu$의 에너지를 지닌 양자 n개와 같은 값이 된다.

(2) 복합결합

1) 클러스터

클러스터(cluster)는 점결함이 미소영역에 부분적으로 규칙적으로 배열한 것이다. 일례로, $Fe_{1-\delta}O$에 존재하는 코흐(Koch) 클러스터를 그림 3.31에 나타내었다. NaCl형 구조 중의 양이온 6배위 위치 13개가 공격자로 되고, 4배위의 격자간 위치의 4개를 Fe^{3+}가 점유하는 구조가 단위로 되어있다(그림 3.31(a). 이 단위가 2×2×2개가 결합해서 (b)와 같이 결정 중에 분산되어 있다. 그 밖에 $UO_{2+\delta}$ 등에서 관측되는 윌리스(Willis) 클러스터도 있다.

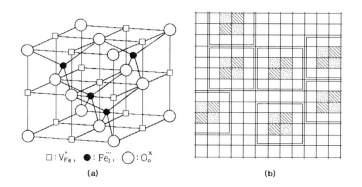

□ : $V_{Fe}^{''}$, ● : $Fe_{i_1}^{'''}$, ◯ : O_o^x

(a)　　　　　　　　　(b)

그림 3.31 $Fe_{1-\delta}O$의 Koch 클러스터
(a) 13개 VFe와 4개의 Fei로 구성되는 클러스터
(b) NaCl구조중에서 FeO Koch 클러스터 배열

2) 전단구조

음이온부족형인 루틸형 TiO_2를 환원처리하면, O이온공격자의 양이 증가하여 어느 면을 따라 공격자가 배열하게 되면, 그 면의 양쪽 결정은 공격자를 누르는 것처럼 서로 어긋나면서 새로운 면을 형성하게 된다. 이 면을 전단면이라고 하며, 이 면에서는 TiO_6 8면체가 정점공유에서 면공유로 변화함에 따라, 결합에 필요한 O이온의 수를 감소시켜서, O이온공격자의

증가를 구조적으로 완화시킨다. 이러한 결함구조를 결정학적 전단구조(crystallographic shear structure)라고 한다.

3) 블록구조

산소부족의 Nb_2O_5나 Nb와 Ti 또는 Nb와 W의 복합산화물에서는 결정학적 전단면이 서로 직각인 2조의 면으로 구성된다. 이 때, 사이에 있는 안전구조 영역은 무수의 박층으로부터 주상이나 블록상으로 변화한다. 이러한 구조는 2중전단(double shear) 또는 블록구조(block structure)로 알려져 있고, 블록단면의 크기에 의해 특징이 나타난다. 블록의 크기는 정점을 공유하는 8면체의 수로 나타낸다. 또한, 한 종류 크기의 블록으로 구성되는 층만 있는 것이 아니고, 보다 복잡한 구조를 취하는 것도 가능하다. 고체 전체의 조성은 블록의 크기로 결정된다.

(3) 선결함

점결함이 서로 독립하고 있는 것에 반해, 선결함은 점결함이 결정 중에 선상으로 배열한 것으로, 전위(dislocation)라고도 부른다. 전위는 결정성장에 따라서 생성되기도 하고, 결정이 전단응력의 작용으로 변형함에 의해 생성되는 1차원적인 결함이다.

그림 3.32에서 볼 수 있듯이, 결정의 일부에서 미끄럼이 발생한 것을 인상전위(edge dislocation)라고 하며, 그림 3.33과 같이 OE선에서 결정이 어긋난 경우를 나선전위(screw dislocation)라고 한다.

전위가 이동하는 것을 '결정이 미끄러진다'라고도 하지만, 미끄러진다고 말해도 임의로 미끄러지지는 않는다. 결정 중에 원자간 결합력이 약한 부분이 미끄럼면이 되며, 넘어야만 하는 에너지장벽이 가장 낮은 방향으로 미끄러진다. 그 미끄럼면과 미끄럼방향(미끄럼계)은 결정구조에 따라 다르며, 미끄럼계의 수가 많을수록 소성변형이 일어나기 쉽다. 다결정에서는 입계가 존재하기 때문에 전위가 입계를 관통해서 이동하지 않으면 소성변형은 일어나지 않는다(물론 입계가 미끄러져도 변형은 발생).

결국, 전위는 비평형적으로 도입되는 격자결합의 일종으로, 평형상태에서는 전위가 존재하지 않는 쪽이 안정하다. 그러나 전위는 일단 생성되면 완전히 제거하기가 어렵다. 특히 합성, 성형, 분쇄 등의 공정이 이용되는 세라믹스의 경우에는 공정조건에 따라 전위밀도나 분포가 현저하게 변화하며, 재료물성에 큰 영향을 미친다.

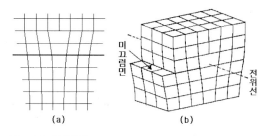

그림 3.32 인상전위

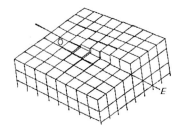

그림 3.33 나선전위

(4) 면결함

고체/액체, 고체/기체, 액체/기체의 경계면을 표면, 일반적인 이종물질간의 경계면을 계면, 결정방향이 다른 2개의 동일물질의 결정경계면을 입계라고 부른다. 이들의 구조는 당연히 결정 내부와는 다르기 때문에 면결함으로 분류된다.

1) 고체의 표면

고체의 표면은 내부에서의 원자배열의 연속성이 끊어진 부분으로, 생성직후의 자유표면인가, 가공한 표면인가에 따라 상태가 다르다. 예를 들면, 연마한 표면의 수십 Å정도까지의 내부층은 비정질 또는 미정질의 집합으로 알려져 있다. 또한, 기계적으로 가공하면, 표면과 가공기구와의 접촉마찰 등에 의해 화학반응을 일으켜 표면의 조성이 변화되거나 별도의 화합물이 생성되기도 한다(mechanochemical 효과).

고체의 표면은 반응성을 지니며, 물질에 의해 정도의 차이는 있지만 대기 중의 산소나 수증기와 같은 반응성이 높은 기체와는 빠르게 반응한다. 따라서 보통 상태에서는 소위 청정표면은 존재하기 어렵다. 또한, 고체의 표면에는 불순물이나 점결함이 집중하기 쉬우며, 표면전하의 부호와 그 크기에 따라 불순물 및 점결함의 종류 및 양이 변화한다.

2) 결정입계

그림 3.34에 나타낸 바와 같이, 평면상의 격자 불안전성을 결정입계(grain boundary)라

고 하며, 그림에서 볼 수 있듯이 인상전위가 종방향으로 작은 각도(Θ)로 접해 있는 구조를 하고 있다.

입계의 두께는 소성조건(온도, 시간, 분위기 등), 물질의 확산 또는 이동속도 등에 의존하며, 수십 Å부터 수 μm까지도 영향 받는다. 일반적으로 원자 또는 이온의 입계확산은 입내확산보다 빠르며, 불순물이 편석, 국재하기 쉽다. 따라서 융점이 입자보다 낮다. 또한, 전자의 포획중심이 많이 존재해서 퍼텐셜장벽을 형성하기 쉽다.

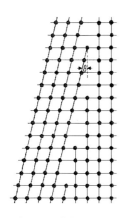

그림 3.34 결정입계

3.4 소결체 구조

(1) 소결체

분말을 성형한 뒤, 소성 또는 열처리해서 얻어지는 소결체는 일반적으로 그림 3.35에 나타낸 바와 같이 입자, 입계, 기공 등을 함유하는 복잡한 구조를 갖는다. 이들 입자, 입계, 기공의 크기, 양, 기하학적 분포에 의해 소결체의 물성은 변화한다. 특히, 기공에는 개기공(open pore)과 폐기공(closed pore)이 있다. 소결이 시작된 단계에서는 기공은 전부 개기공이며, 소결의 진행과 함께 개기공은 감소하고 폐기공이 증가한다. 그 폐기공은 소결 중에 들어간 분위기 기체나 시료로부터 분해, 증발된 기체성분을 내포하는 경우 많다.

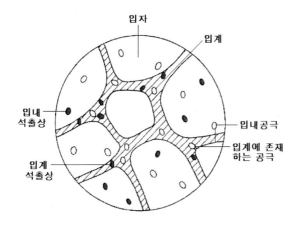

입자

입계

입내
석출상

입내공극

입계
석출상

입계에 존재
하는 공극

그림 3.35 소결체의 미세구조

(2) 다공질체

다공질체는 기공의 성질을 최대한 살릴 목적으로 제조한 재료로서, 본질적으로 기공의 양과 표면적 또는 기공의 분포와 형상이 문제가 된다. 전자를 제어해서 방진성, 흡음성, 단열성, 경량화, 완충성 등의 기능을, 후자를 적절하게 제어해서 이온교환능, 분해능, 선택흡 착성, 선택여과능 등의 기능을 지닌 다공질체를 얻을 수 있다.

(3) 박막

박막은 두께가 Å~μm 단위의 거의 2차원적인 물질이다. 원자배열의 관점으로부터 박막의 구조는 단결정, 다결정, 비정질로 분류된다. 단결정막 또는 배향성이 좋은 다결정막은 반도체, 자성체, 유전체 등의 재료로서, 비정질막은 보호막 등으로 사용된다. 단결정막이 성장할 때 그 원자배열이 기판의 원자배열과 2차원적인 관계가 있는 경우를 에피택시(eptaxy)라고 한다. 일반적으로 기판결정면의 격자간격과 성장결정의 격자간격과의 차이의 대소가 애피택 셜 성장의 용이함에 영향을 미친다.

(4) 복합재료

일반적으로 서로 다른 재료의 조합을 복합재료라고 한다. 2종의 물질을 복합한 구조를 그림 3.36에 나타내었다. (a)는 매트릭스 중에 입자를 분산시킨 구조, (b)는 매트릭스 중에 섬유를 분산시킨 구조, (c)는 종류가 다른 박판상의 것을 적층한 구조, (d)는 2종의 물질 중 어느 쪽이 매트릭스인지 판단할 수 없는 상태로 복합화 시킨 구조이다.

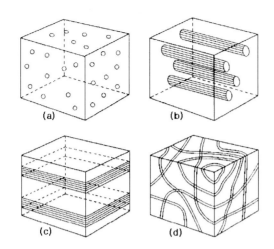

그림 3.36 복합체의 구조
(a)분산구조, (b)섬유구조, (c)적층구조, (d)망상구조

Chapter 4
고체물리의 기초

지금까지 화학결합 및 무기고체결정의 구조와 결함에 관해 알아보았다. 본 장에서는 전자물성의 기본이 되는 전자, 에너지대, 페르미준위에 대해 생각해 보기로 한다.

4.1 전자

(1) 전자(electron)

전자의 기본적인 성질 중 하나는 음의 전기를 띠고 있다는 것이며, 전자 한 개가 가지고 있는 전하량은 일반적으로 e로 표시된다. 전자의 전하는 밀리컨(Millikan)의 실험결과, 최소단위의 음전하($-e$)를 가진 소립자임이 밝혀졌으며, 전하량은

$$e = 1.602 \times 10^{-19} \quad [C] \qquad \cdots\cdots (4.1)$$

과 같다. 이것은 입자가 가지고 있는 전기량은 반드시 이 e값의 양 또는 음의 정수 배로 되어 있다는 것을 의미한다. 전자는 전기량뿐만 아니라 질량을 가지고 있는 소립자이며, 전자 한 개의 질량 m은 아주 작은 양으로 톰슨(Thomson)의 비전하 측정실험에 의해 밝혀졌다.

전자의 전하량과 질량의 비를 비전하량이라 하며 비전하는

$$\frac{e}{m_0} = 1.759 \times 10^{11} \quad [C/kg] \qquad \cdots\cdots (4.2)$$

가 되며, 따라서 전자의 정지질량 m_0는

$$m_0 = 9.109 \times 10^{-31} \quad [kg] \qquad \cdots\cdots (4.3)$$

이 된다. 양자역학은 물질 내에서 전자의 운동에 대한 역학적 개념을 고전역학과는 다른 유효질량(m^*)이라는 새로운 개념을 도입하였다. 질량 m인 전자가 가속도 a를 가지고 움직일 때 갖는 힘은 $F=ma$이다. 이 때, 질량 m은 외부로부터 받는 힘이 고려되지 않는 상태이다. 만일 이러한 것들이 고려된다면 질량은 본래의 값과는 차이가 나게 된다. 이처럼 물질 내에 존재하는 이온, 핵 및 다른 전자들로부터 미치는 힘이 고려된 질량을 유효질량 또는 실효질량이라 한다.

일반적으로 물체의 질량은 아인슈타인(Einstein)이 제창한 특수 상대성원리에 의해 속도

v가 광속도 c에 접근함에 따라 크게 됨을 알 수 있다. 따라서 전자가 광속도에 대해 무시 못 할 만큼 빠르게 움직이는 경우의 질량은 $\beta = v/c$로 두면 속도 v때의 운동상태에 있는 전자질량 m은

$$m = \frac{m_0}{\sqrt{1-\beta^2}} = \frac{m_0}{\sqrt{1-(\frac{v}{c})^2}} \qquad \cdots\cdots (4.4)$$

로 나타낸다. 따라서 전자가 빠른 속도로 운동하는 경우에는 질량으로서 식(4.4)를 이용해야 한다. 식(4.4)에서 속도가 크면 클수록 질량이 크게 된다는 것은 에너지와 질량이 같은 종류의 것이라는 것을 의미한다. 이러한 관계를 계산으로 유도해 보기로 한다.

즉, 식(4.4)는 $v \ll c$로 하고 이항정리에 의해 전개하여 제3항 이하를 무시하면,

$$m \simeq m_0 + \frac{\frac{1}{2}m_0 v^2}{c^2} \qquad \cdots\cdots (4.5)$$

와 같은 근사식을 얻을 수 있다. 여기서 $(1/2)m_0 v^2$은 속도 v로 운동하는 물체가 가지는 운동에너지이므로, 이를 E로 나타내면,

$$m \simeq m_0 + \frac{E}{c^2} \qquad \cdots\cdots (4.6)$$

으로 된다. 즉, 운동에너지 E를 가지고 있기 때문에 그 물체의 질량도 E/c^2만큼 증가하고 있는 것이다. 따라서 질량을 측정하는 것은 그 물체의 에너지량을 측정하는 결과가 되며, 질량을 에너지 단위로서 표시하면 다음과 같은 아인슈타인식이 유도된다.

$$E = mc^2 \qquad \cdots\cdots (4.7)$$

(2) 전자볼트(electron Volt, eV)

에너지 단위로는 MKS 단위계의 Joule과 cgs 단위계의 erg를 사용하고 있다. 그러나 전자의 에너지는 매우 작은 양으로 이와 같이 큰 단위를 사용하면 불합리한 경우가 많기 때문에, 전자에 대한 에너지 단위로는 전자볼트(eV)라는 단위를 쓰고 있다. 1〔eV〕의 의미는 전자 한 개가 1〔V〕의 전압으로 가속되었을 때, 전자가 갖는 운동에너지를 뜻한다. 따라서

$$1〔eV〕 = 1.602 \times 10^{-19}〔C〕 \times 1〔V〕 = 1.602 \times 10^{-19}〔J〕 \qquad \cdots\cdots (4.8)$$

이며, $1〔J〕 = 0.63 \times 10^{19}〔eV〕$가 된다.

(3) 전계내의 전자운동

1)전자의 가속도 운동

전계의 세기가 일정한 전계를 균등전계라 하며, 이러한 균등전계는 두 극판 사이의 거리가 극판의 넓이에 비하여 매우 짧은 평행한 평판 사이에 전압을 공급함으로서 얻을 수 있다. 이 균등전계 내에서 운동하는 전자의 작용은 물리학에서 취급하는 지구 중력장 내의 낙하물체에 작용하는 것과 유사하다.

전계가 작용한 두 극판 사이에 정전하인 입자가 놓여 있을 때, 이 입자가 받는 힘 F는

$$F = eE \qquad \cdots\cdots (4.9)$$

이며, 전자의 전하량 $-e$를 고려하면,

$$F = -eE \qquad \cdots\cdots (4.10)$$

이 된다. 여기서 뉴턴(Newton)의 운동법칙을 적용하면,

$$F = ma = -eE \qquad \cdots\cdots (4.11)$$

이 되며, 여기서 m은 낙하물체의 질량이고, $-$는 힘 F와 전계 E의 방향이 반대임을 나타낸다. 따라서 전자가 받는 가속도 a는

$$a = -\frac{e}{m}E \quad [m/s^2] \qquad \cdots\cdots (4.12)$$

가 된다.

2)전자의 등가속도 운동

균등전계 E가 공급되어 있는 전장에서 전자의 운동은 시간 t와 위치 x에 따라 변하지 않으므로 식(4.12)의 가속도 a는 상수가 된다. 따라서 이 균등전계 내에서 운동하는 전자는 등가속도 운동을 하게 된다. 이 때, 가속도 a가 시간의 함수이면 다음 식을 적분함으로써 속도 및 이동거리를 구할 수 있다.

$$a_x = \frac{dv_x}{dt}, \quad v_x = \frac{dx}{dt} \qquad \cdots\cdots (4.13)$$

식(4.13)을 변형시키면,

$$-\frac{e}{m}E_x = \frac{dv_x}{dt} \qquad \cdots\cdots (4.14)$$

가 되고, 양변에 $v_x \cdot dt$ 를 곱하여 적분한다.

$$-\frac{e}{m}\int_{x_0}^{x}E_x dx = \int_{v_{x_0}}^{v_x}v_x dv_x \qquad \cdots\cdots (4.15)$$

식(4.15)의 좌변에서 전위의 정의에 따라 처음 위치 x_o 와 이동거리 x 사이의 전위 V 는

$$V = -\int_{x_0}^{x}E_x dx \qquad \cdots\cdots (4.16)$$

이 되며, 식(4.15)와 (4.16)에서

$$eV = \frac{1}{2}m(v_x^2 - v_{x_0}^2) \ [J] \qquad \cdots\cdots (4.17)$$

이고, 초기속도 $v_{X0}=0$라고 가정하면,

$$eV = \frac{1}{2}mv^2 \ [J] \qquad \cdots\cdots (4.18)$$

을 얻을 수 있으며, 식(4.18)에서 전자의 이동속도 v 는

$$v \fallingdotseq 5.93 \times 10^5\sqrt{V} \ [m/s] \qquad \cdots\cdots (4.19)$$

이다. 또한, 식(4.16)에서 전계와 전압과의 관계를 정리하면,

$$V = -\int_{x_0}^{x}E_x dx = -E_x(x-x_0) \ [V] \qquad \cdots\cdots (4.20)$$

$$E_x = -\frac{V}{x-x_0} \qquad \cdots\cdots (4.21)$$

이고, 여기서 $x - x_o$ 가 두 평행 평판간의 거리 d 라고 하면,

$$E_x = -\frac{V}{d} \ [V/m] \qquad \cdots\cdots (4.22)$$

가 되며, 이를 전계 내 임의의 점에 있어서 전위구배(potential gradient)라고 한다.

4.2 에너지 밴드

(1) 독립원자의 에너지 준위

단독으로 존재하는 원자에 있어서는 전자들이 각각 허용된 에너지 준위에만 존재한다. 이 때 에너지 상태를 원자핵으로부터의 거리의 함수로 나타내면 그림 4.1과 같다. 그림에서 점 A는 원자핵의 위치를 나타내며, 이 점에서 멀어질수록 전자의 에너지가 증가함을 알 수 있으며, $E=0$인 상태는 전자가 원자핵의 구속에서 완전히 벗어난 상태를 의미한다. n은 주양자수를 나타내며, 곡선은 전자의 퍼텐셜(전위)에너지 분포를 나타낸다.

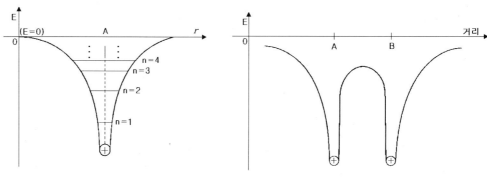

그림 4.1 에너지 준위도

그림 4.2 퍼텐셜 에너지 분포

(2) 원자의 결합에 의한 에너지 밴드

두 원자가 전자궤도에 상호영향을 미칠 정도로 가까운 거리로 접근하게 되면 원자가 독립적으로 존재할 때와는 다르게, 궤도전자의 운동상태가 다른 쪽 원자의 영향 때문에 그림 4.2와 같이 변화하게 된다. 그림에서 두 원자핵 사이의 전위 장벽이 낮아져 있는데 이것은 두 원자핵에 의한 전위가 서로 중첩되었기 때문이다. 따라서 두 원자핵 사이의 전위(potential) 언덕보다 높은 에너지 준위에 있는 전자는 두 원자핵 사이를 이동할 수 있게 된다. 이러한 전자는 각각의 원자핵에 구속되어 있는 것이 아니라 두 원자핵이 이룬 원자계(또는 결정계)에 구속된 형태로 되며 두 원자를 결합시키는 역할을 하게 된다.

이러한 체계에 있어서 결정을 이루는 각각의 원자에 대한 전자의 에너지 준위는 독립적인 원자로 존재할 때는 같은 종류의 준위에 존재했지만 결정을 이룬 다음에는 두 개의 전자가 같은 에너지 준위를 차지할 수 없게 된다. 그러므로 결합하는 원자의 수만큼 같은 준위가 여러 개로 분리되는 것이다. 즉 N개의 원자가 결합된 결정 내에서의 에너지 구조는 각

원자가 단독으로 존재할 때의 에너지 준위가 각각 N개로 갈라진 모양이 된다(그림 4.3).

실제의 결정에서는 에너지 준위의 수가 대단히 많으므로 에너지 준위 사이의 간격은 대단히 작게 된다. 따라서 에너지 준위가 연속적으로 분포되어 있다고 볼 수 있다. 이와 같이 막대한 수효의 에너지 준위가 좁은 에너지 폭에 분포하는 것을 에너지 밴드(energy band) 또는 에너지대라고 한다. 그림 4.4에 결정에 있어서의 전위분포와 에너지 밴드 구조를 나타내었다.

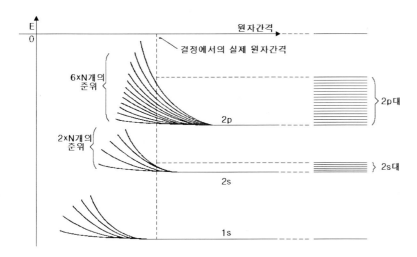

그림 4.3 에너지 준위의 갈라짐

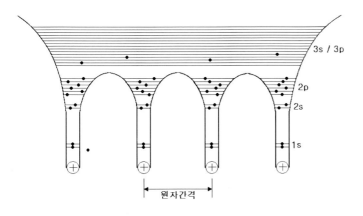

그림 4.4 전자의 에너지 분포와 에너지 밴드 구조

(3) 에너지대의 종류

앞서 설명한 것처럼 결정 내의 전자는 특정한 핵뿐만 아니라 존재하는 전체의 핵의 영향을 받으며 원자의 간격이 가까워지면 다른 핵의 영향으로 전자에게 허용되는 에너지 준위는 원자가 단독으로 있는 경우와는 달리 한 준위가 여러 준위로 갈라져 넓은 띠(대) 구조(band structure)를 갖게 된다. 에너지 밴드는 전자의 존재를 허용할 수 있는 대(band)란 의미로 허용대(allowed band)라 한다. 허용대와 허용대 사이에는 에너지 준위가 없으므로 그와 같은 에너지 준위를 갖는 전자는 존재할 수 없다. 전자의 존재가 금지되어 있다는 의미로 이 에너지 범위를 금지대(forbidden band) 또는 금제대라고 한다. 일례로 Si 결정의 격자상수점에서의 에너지 밴드 구조를 그림 4.5에 나타내었다.

에너지 밴드는 다음과 같이 분류한다.

● **충만대(filled band)** : 허용궤도가 전자로 완전히 채워진 에너지대로 이곳의 전자는 안정된 상태에 있어서 전기의 전도에 기여할 수 없게 된다.

● **가전자대(valence band)** : 원자들이 결합하여 결정을 이룰 때 결합에 직접 참여한 가전자들에 의해서 형성된 에너지대로 에너지대의 일부가 비어 있어 전자의 이동이 가능하게 되므로, 이곳의 전자는 외부로부터의 힘을 받으며 쉽게 전기전도에 기여할 수 있다.

● **전도대(conduction band)** : 가전자대에 있던 전자가 외부의 힘(열, 전기, 광 등)을 받아 원자핵의 구속력으로부터 벗어나 결정 내를 자유로이 이동할 수 있는 자유전자의 상태로 존재하는 에너지대로 이곳의 전자들의 이동에 의해 전류가 흐르게 된다.

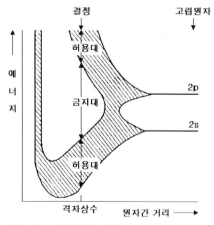

그림 4.5 에너지대의 형성

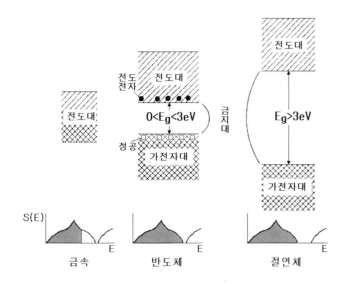

그림 4.6 에너지밴드 구조

● **금지대(forbidden band)** : 가전자대와 전도대 사이에 전자가 존재할 수 없는 영역으로 이 금지대의 폭을 에너지 갭(energy gab)이라 한다. 가전자대의 전자가 전도대로 올라가 전기전도에 기여하기 위해서는 이 금지대의 폭(가전자가 원자간의 결합을 벗어나 자유전자가 되는데 필요한 에너지) 이상의 에너지가 요구되며, 이러한 에너지의 폭은 eV의 단위로 나타낸다.

일반적으로 도체(conductor)와 반도체(semiconductor) 및 절연체(insulator)를 그림 4.6과 같이 금지대의 폭으로 구분할 수 있다. 절연체의 최외각 궤도는 전자로 완전히 채워져 있으며 금지대의 폭이 3〔eV〕이상인 반면, 반도체 Si의 경우 금지대의 폭은 1.1〔eV〕, Ge의 경우는 0.7〔eV〕로 절연체 보다 훨씬 작음을 알 수 있고, 도체의 경우는 가전자대와 전도대가 일부 겹쳐져 있어 금지대의 폭에 관계가 없으므로 전기 전도성이 좋다. 일반적으로 반도체의 금지대의 폭은 온도의 함수로

$$E_g(T) = E_g(0) - \frac{\alpha T^2}{T + \beta} \qquad \cdots\cdots (4.23)$$

과 같이 온도상승과 함께 감소한다. 여기서 a, β는 반도체의 종류에 따라서 정해지는 상수이다.

실제 반도체의 에너지대 구조는 이와 같이 간단하지 않고 결정의 대칭성이나 퍼텐셜 에너지를 고려한 슈뢰딩거의 파동방정식의 해에서 얻어지는 전자의 에너지 E와 파수벡터 k의 관계를 나타내는 $E-k$의 곡선으로 주어진다. 대표적인 반도체 재료인 Si, Ge, GaAs의 에너지대 구조를 그림 4.7에 나타내었다. 가전자대는 어느 것도 $k = (0,0,0)$에 존재하나

전도대는 결정에 따라 다르고 Ge는 〔111〕방향에 등가적인 것이 8개, Si 나 Ge에서는 〔100〕 방향에 6개의 곡(valley)이 존재하고 GaAs에서는 등가에너지면이 구면이지만 Si과 Ge은 회전타원체이다. 이러한 E-k 곡선의 전도대의 아랫면, 가전자대의 윗면을 단순히 수평으로 늘려서 에너지의 상관관계를 나타낸 것이 그림 4.8의 일반적인 에너지대 구조표시법이다.

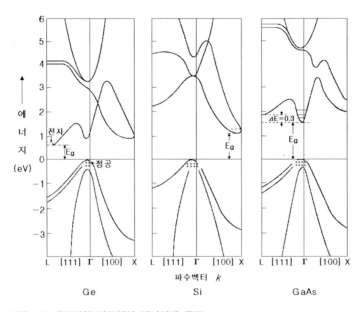

그림 4.7 대표적인 반도체의 에너지대 구조

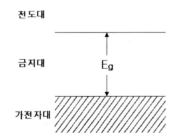

그림 4.8 에너지대 구조의 표시법

4.3 페르미 준위

금속의 원자량을 M, 로슈미트(Loschmidt)수를 N_L, 금속밀도를 ρ라고 하면, 금속의 자유전자밀도 N_0는 원자 1개당 자유전자 1개를 주는 것으로 생각해서

$$N_0 = \frac{N_L \rho}{M} \qquad \cdots\cdots (4.24)$$

으로 나타낼 수 있다. 일례로 Cu의 경우, 원자량 $M=63.5$, 밀도 $\rho=8.9$이므로, N_L(0℃, latm의 기체 1㎤ 중에 함유되어 있는 분자수)$=6\times10^{23}[1/cm^3]$을 적용시키면, $N_0=8.4\times10^{22}[1/cm^3]$이 된다. 즉, 금속 중의 자유전자수는 $10^{22}\sim10^{23}[1/cm^3]$이 된다.

한편, 0℃, 1기압의 기체 1㎤ 중의 분자수 N_g는

$$N_g = \frac{P}{kT} = \frac{1.01\times10^6[dyne/cm^2]}{273[K]\times1.38\times10^{16}[erg/K]} = 2.7\times10^{19}\ [1/cm^3] \qquad \cdots\cdots (4.25)$$

가 된다. 따라서 금속 중의 자유전자밀도는 표준상태의 기체의 분자밀도와 비교하면 매우 크기 때문에, 양자역학적인 통계론이 필요하게 된다.

어떠한 전자계의 경우에서도 에너지 E와 $E+dE$ 간에 있는 전자의 수 $n(E)dE$는

$$n(E)dE = S(E)f(E)dE \qquad \cdots\cdots (4.26)$$

으로부터 얻어진다. 여기서 $S(E)$는 단위부피, 단위에너지 당 가능한 상태의 수, 즉 상태밀도 (state density)이며, $f(E)$는 다른 에너지를 갖는 다수의 전자집단이 있을 때 어떤 에너지의 전자가 몇 개 있는가를 나타내는, 즉 전자의 에너지 분포를 나타내는 분포함수이다.

전자는 하나의 에너지 상태에는 하나밖에 들어갈 수 없다. 따라서 절대영도에서는 전자가 에너지가 낮은 상태에서 순서대로 점유되어 페르미 준위(Fermi level)라 부르는 에너지 준위까지의 모든 상태를 점유한다. 페르미 준위보다 높은 에너지 상태에는 전자가 전혀 존재하지 않는다. 물론 전자의 수가 많아지면 페르미 준위도 높게 된다.

절대영도 이상($T \rangle 0K$)에서는 전자에 열에너지가 주어지므로 페르미 준위 보다 낮은 에너지 상태에서 페르미 준위보다 높은 상태로 여기되는 전자가 있게 된다. 따라서 절대영도일 때와는 다르게 페르미 준위보다 낮은 상태에도 비어져 있게 되며 페르미 준위보다 높은 상태에도 전자가 들어있게 된다.

온도가 높을수록 여기가 활발해져 페르미 준위보다 낮은 상태에서 비어짐이 많게 되고 페르미 준위보다 높은 상태를 점유하는 전자의 수가 증가하게 된다. 이와 같이 전자가 각각의

에너지 상태를 점유하는가는 온도에 따라 다르다.

앞서 설명한대로, 금속의 자유전자밀도($10^{28} \sim 10^{29} [\mathrm{m}^{-3}]$)는 표준상태의 기체의 분자밀도 $2.7 \times 10^{25} [\mathrm{m}^{-3}]$에 비해 매우 크기 때문에, 금속 내부의 자유전자는 기체분자에 적용하는 맥스웰-볼쯔만(Maxwell-Boltzmann) 통계로 다룰 수 없고, 양자학적인 통계, 즉 페르미-디락(Fermi-Dirac) 통계를 적용하게 된다. 이 통계는 다음의 두 가지의 제한을 기초로 해서 성립되어 있다.

제한 ① : 전자의 파동적 성질 때문에 에너지 준위가 양자화 되어 $E + dE$ 간에 허용되는 에너지 준위수가 제한된다. 이로부터 단위에너지 당 취할 수 있는 상태수 즉, 상태밀도가 정해진다.

제한 ② : 파울리(Pauli)의 배타율에 의해 $E + dE$ 간에 허용되는 에너지를 갖는 전자수가 제한되어 전자가 에너지 E의 상태를 점유하는 확률이 결정된다.

제한 ①에 의해 입방체 속에 들어있는 전자를 양자론적으로 해석하여, 상태밀도 $S(E)$는 다음과 같이 주어진다.

$$S(E)dE = 4\pi \left(\frac{2m^*}{h^2}\right)^{3/2} E^{1/2} dE \qquad \cdots\cdots (4.27)$$

여기서 m^*는 전자의 유효질량이다.

제한 ②에 의해 에너지 E의 점유확률 $f(E)$는 다음과 같이 나타낸다. 금속 내부에서의 자유전자의 운동을 통계학적으로 취급한 어떤 에너지 E 준위 내에 전자가 존재할 확률분포함수 $f(E)$는 페르미-디락 분포함수에 의하여

$$f(E) = \frac{1}{1 + \exp\left(\dfrac{E - E_f}{kT}\right)} \qquad \cdots\cdots (4.28)$$

과 같다. 여기서 k는 볼츠만 정수, T는 절대온도이다. 이 함수는 그림 4.9와 같은 에너지 분포를 갖는다. 여기서 E_f는 페르미 준위(Fermi level)이며, 식(4.28)에서 $E = E_f$이면,

$$f(E) = \frac{1}{1 + e^{\frac{0}{kT}}} = \frac{1}{1+1} = \frac{1}{2} \quad (\text{단}, \ T > 0[K]) \qquad \cdots\cdots (4.29)$$

로 되는 것으로부터 알 수 있는 바와 같이 절대온도 T에 관계없이 점유확률이 $1/2$로 되는 에너지 준위를 의미한다. $T = 0[K]$에서는 $E \leq E_f$에서 $f(E) = 1$(페르미 준위 이하는 전자로 충만 되어 있다), $E > E_f$에서 $f(E) = 0$(페르미 준위 이상은 전자가 존재하지 않는다)으로

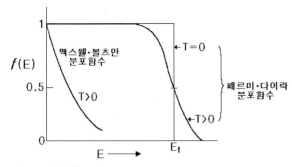

그림 4.9 분포함수

되므로 페르미 준위는 절대영도에서는 전자가 점유하는 최대 에너지를 나타내고 있다. 그림 4.9에 페르미-디락 분포함수와 기체분자론에서 이용되는 맥스웰-볼츠만 분포를 나타내었다.

반도체에서는 식(4.28)에 있어서 $E - E_f \gg kT$가 성립하는 경우가 많고, 이 경우 페르미-디락 분포는 $f(E) \propto exp(-E + E_f/kT)$ 로 된다. 이것은 고전적인 기체분자의 분포를 나타내는 맥스웰-볼츠만 분포함수와 같은 형이다. 실제로는 $E - E_f \rangle 3kT$ 정도이면 거의 성립된다. 계 전체가 열평형 상태에 있으면 그 계를 구성하는 전자 전체는 최저 에너지 상태에 있으나, 페르미-디락 분포에서는 모든 전자가 최저 에너지 상태에 있는 것이 아니고, 파울리 배타율에 따른 에너지 준위의 낮은 쪽에 모여 있다. 따라서 금속중의 자유전자밀도 n 은

$$n = \int n(E)dE = \int S(E)f(E)dE \qquad \cdots\cdots (4.30)$$

으로 주어진다. 절대영도인 경우에는 $E \leq E_{f0}$ 로 $f(E) = 1$, $E \geq E_{f0}$ 에서 $f(E) = 0$이므로

$$n = 4\pi(\frac{2m^*}{h^2})^{3/2}\int_0^{f_0} E^{1/2}dE \qquad \cdots\cdots (4.31)$$

이 된다. 따라서 절대영도에서의 페르미 준위 E_{f0} 는

$$E_{f_0} = \frac{h^2}{2m^*}(\frac{3n}{8\pi})^{2/3} \qquad \cdots\cdots (4.32)$$

가 되어 자유전자밀도 n 으로 정해지게 된다. 절대영도 이상인 경우 식(4.30)을 계산해서 $E_f \gg kT$로 하면

$$E_f \simeq E_{f_0}[1 - \frac{\pi^2}{12}(\frac{kT}{E_{f_0}})^2] \qquad \cdots\cdots (4.33)$$

로 되어, 페르미 준위는 절대영도인 경우보다 조금 작게 된다.

Chapter 5

반도체의 기초

본 장에서는 지금까지 설명하였던 화학결합, 결정구조 및 에너지밴드를 기반으로 해서 전자재료를 이해하는데 필수적인 각종 전도기구에 대해 생각해 보기로 한다.

5.1 금속의 전기전도

(1) 금속결정체

금속이나 반도체와 같은 결정체는 원자들의 최외각 전자, 즉 가전자들의 교환으로 결정체가 이루어져 있으므로, 이들 가전자들을 어떤 특정원자에 속해 있는 것이 아니고 결정체 내에 있다고 보는 것이 타당하다. 특히 금속결정은 그림 5.1과 같이 자유롭게 움직이는 전자군(그림의 흰 부분) 속에 원자핵에 강하게 속박된 전자들로 이루어진 무겁고 고정된 양이온(그림의 그늘진 부분)들이 3차원적으로 규칙적인 배열을 하는 것으로 볼 수 있다.

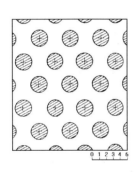

그림 5.1 금속결정체(Na)의
전하 분포(Å 단위)

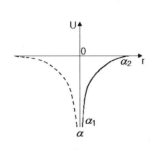

그림 5.2 위치에너지를 거리의 함수로
표시한 그래프

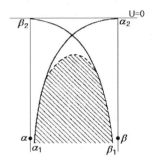

그림 5.3 위치에너지의 합성

1) 금속 내 전자의 위치에너지

금속 내에 전계를 형성하는 이온들은 3차원적 격자로 구성되어 있으므로, 금속 내의 어느한 점에 놓여있는 전자의 위치에너지는 이들 각 이온들에 의한 위치에너지의 총합이 되지만, 편의상 1차원적 이온배열만 고찰하기로 하고, 고찰하는 점에서 멀리 떨어진 이온들에 의한 위치에너지는 매우 작으므로 무시하고 가까이 있는 이웃 두 이온들에 의한 위치에너지만 합해서 구하기로 한다. 먼저 원자번호 Z인 고립된 한 원자핵으로부터 거리 $r[m]$ 떨어진 점에 놓여 있는 전자의 위치에너지 U 는

$$U = qV = -eV \qquad \cdots\cdots (5.1)$$

로, 전위 V는

$$V = -\int_{\infty}^{r} E\,dr = -\int_{\infty}^{r} \frac{Ze}{4\pi\epsilon_0 r^2}\,dr = +\frac{Ze}{4\pi\epsilon_0}\frac{1}{r} \qquad \cdots\cdots (5.2)$$

로 나타낼 수 있으므로,

$$U = \frac{-Ze^2}{4\pi\epsilon_0 r} \qquad \cdots\cdots (5.3)$$

이 된다.

위치에너지 U를 거리 r의 함수로 나타내면 그림 5.2와 같으므로, 이웃 두 원자핵에 의한 위치에너지를 합성하면 그림 5.3과 같게 된다. 그러므로 금속 내의 1차원 격자로 배열된 원자핵에 의한 위치에너지 분포는 그림 5.3을 반복해서 나타내면 되지만, 표면에서는 표면 밖에 원자핵이 없으므로 합성되지 못하고, 그림 5.4의 오른쪽 부근과 같이 언덕을 이루게 된다. 이것을 금속표면의 위치에너지 장벽이라 한다.

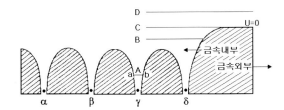

그림 5.4 금속표면의 위치에너지 장벽

2) 속박전자와 자유전자

역학적 총 에너지는 운동에너지와 위치에너지의 합이므로,

$$E = \frac{1}{2}mv^2 + U \qquad \cdots\cdots (5.4)$$

이고, 다음 식과 같이 된다.

$$\frac{1}{2}mv^2 = E - U \geqq 0 \qquad \cdots\cdots (5.5)$$

따라서 식(5.5)로부터 입자의 총 에너지가 위치에너지보다 작지 않을 경우에만 입자의

운동이 가능하다. 이 개념을 금속 내 전자에 도입하면 금속 내 전자운동의 윤곽을 알 수 있다. 먼저 총 에너지준위가 그림 5.4의 A인 전자는 점 a와 b 사이만을 운동할 수 있다. 이러한 전자는 특정 원자핵에 속박되어 있으므로 속박전자(bound electron)라고 부른다.

그러나 총 에너지준위가 B인 전자는 금속 내를 자유롭게 운동할 수 있는 자유전자(free electron)가 된다. 그러나 이 전자도 금속표면 밖으로는 운동할 수 없고, 금속표면에 도달하면 위치에너지 장벽을 넘지 못하고 다시 금속내부로 되돌아간다. 에너지준위가 D인 전자는 금속표면을 뚫고 쉽게 금속 밖으로 이탈할 수 있다.

속박전자는 외부에서 전계를 인가하여도 전기전도에 기여하지 못하므로, 금속 내 자유전자만 생각한다면 금속 내에서의 위치에너지는 표면을 제외하고는 대체로 균일하다고 볼 수 있다. 또한 위치에너지는 그 차이만이 물리적 의미를 가지므로 0준위는 임의로 택해도 무방하다.

3) 전자 방출

금속내부의 자유전자들은 에너지를 공급하면 금속 밖으로 탈출하게 된다. 이러한 현상을 전자방출(electron emission)이라 한다. 이는 전자에 공급되는 에너지의 형태에 따라 열전자 방출, 광전자 방출, 2차 전자 방출, 전계방출 등으로 구분할 수 있다.

● **열전자 방출** : 금속 내의 자유전자의 에너지 분포는 페르미-디락분포에 따르며, 온도가 올라감에 따라 보다 큰 에너지를 갖는 전자들이 증가하여, 결국 전위장벽보다 높은 에너지준위로 올라가 금속의 결합으로부터 탈출하게 된다. 이러한 현상을 열전자 방출(thermionic electron emission)이라고 한다.

금속표면의 단위면적당 단위시간에 방출되는 열전자 방출 전류 i_{th} 는

$$i_{th} = SAT^2 e^{-e\varphi/kT} \qquad \cdots (5.6)$$

이 되며, 여기서 A 는 금속의 종류에 따라 결정되는 상수, T 는 절대온도, ϕ 는 일함수[eV], k 는 볼쯔만 상수(1.38×10^{-23}[J/K]), S 는 열전자 방출 면적이며, 이를 리차드슨-더쉬맨(Richardson-Dushman) 식이라고 한다. 이 식으로부터 온도가 높을수록 열전자 전류는 증가하며, 온도를 일정하게 유지할 때 일함수가 작을수록 열전자 전류가 커짐을 알 수 있다.

● **광전자 방출** : 진동수 v인 광자는 hv의 에너지를 갖고 있다. 따라서 광을 고체에 조사하면 이 광 에너지가 고체에 전달되어 전자가 방출되는데, 이 현상을 광전자 방출(photo-electron emission)이라고 한다. 광의 진동수가 낮아서 $hv < e\phi$인 경우는 광전자

방출이 일어나지 않으며, 임계주파수(threshold frequency) 이상일 때만 광전자 방출이 일어난다.

임계주파수를 ν_t 라고 하면

$$\nu_t = \frac{e\phi}{h} \qquad\qquad \cdots\cdots (5.7)$$

이며, 임계파장 λ_t 는

$$\lambda_t = \frac{c}{\nu_t} = \frac{ch}{e\phi} \doteqdot \frac{12,400}{\phi}\,[\text{Å}] \qquad\qquad \cdots\cdots (5.8)$$

이다.

● **전계 방출** : 금속표면에 강한 전계를 가하면 금속표면의 전위장벽이 낮아지고, 또한 그 폭도 좁아져 낮은 온도에서도 터널현상에 의해 전자가 방출된다. 이러한 현상을 전계방출이라고 한다.

● **2차 전자 방출** : 금속에 가속전자가 충돌할 때 자유전자가 방출되는 현상을 2차전자방출 (secondary electron emission)이라고 하며, 그 방출비 δ(방출되는 2차전자수와 1차전자수의 비)는 1차전자의 속도, 표면상태, 입사각, 재료종류 등과 관계된다.

(2) 금속의 도전 현상

금속이 도전성을 갖는 이유는 에너지밴드의 금지대 폭 E_g 가 0이므로 가전자대의 전자가 곧바로 전기전도에 기여하기 때문이다. 금속도체에 외부전계가 작용하면 금속내부의 자유전자가 쉽게 이동하여 전기전도현상이 일어나게 된다. 외부전계가 작용하지 않을 때는 임의 방향으로 열운동하며, 자유전자 전체의 방향과 속도를 평균하면 0이므로 외부전류는 존재하지 않는다.

길이가 $l[\text{m}]$인 금속도체에 $V[\text{V}]$의 전압을 공급하면 도체내부에는

$$E = \frac{V}{l} \quad [\text{V/m}] \qquad\qquad \cdots\cdots (5.9)$$

의 전계가 발생하며, 이 전계에 따라 자유전자는 힘 F를 받게 된다.

$$F = eE = ma \qquad\qquad \cdots\cdots (5.10)$$

이 힘 F를 받은 전자들은 결정격자 및 원자사이를 충돌, 재결합 등의 작용을 하면서 전계방향

과 반대로 이동하며, 이 속도를 드리프트 속도(drift velocity)라고 한다. 전자가 결정격자와 충돌하고 다음 충돌 때까지의 평균거리를 평균자유행정(mean free path), 이때의 평균시간을 평균자유시간(mean free time)이라고 한다. 충돌 전후의 속도를 각각 v_0, v_t 로 하고, 이때의 시간을 t, 드리프트속도를 v_d, 평균자유시간을 τ_e 라고 하면 식(5.10)에서

$$\begin{cases} v_d = \dfrac{v_0 + v_t}{2} = \dfrac{eE\,t}{m} \ [m/s] \\ \tau_e = \dfrac{t}{2} \ [\sec] \end{cases} \qquad \cdots\cdots (5.11)$$

이고, 식(5.11)에서의 드리프트 속도 v_d 를 다시 쓰면

$$\begin{cases} v_d = \dfrac{2e\tau_e E}{m} = \mu_n E \ [m/s] \\ \mu_n = \dfrac{2e}{m}\tau_e \ \ [m^2/V{\cdot}s] \end{cases} \qquad \cdots\cdots (5.12)$$

로 나타낼 수 있다. 여기서 μ_n 은 자유전자의 이동도(mobility) 이다.

길이 l[m], 단면적 A [m^2], 전류밀도 J [A/m^2]인 금속도체에 흐르는 전류 I[A]는

$$I = J{\cdot}A \ [A] \qquad \cdots\cdots (5.13)$$

이며, 전류밀도 J는

$$J = n\,e v_d \, [A/m^2] \qquad \cdots\cdots (5.14)$$

이다. 따라서 전류 I는

$$I = \dfrac{2ne^2\tau_e A}{ml} V \, [A] \qquad \cdots\cdots (5.15)$$

이며, 오옴(Ohm)의 법칙에 따른 저항 R [Ω]은

$$R = \dfrac{V}{I} = \dfrac{ml}{2ne^2\tau_e A} = \rho\dfrac{l}{A} \, [\Omega] \qquad \cdots\cdots (5.16)$$

이다. 즉, 금속도체 내부의 전기저항 R 은 도체의 길이에 비례하고 단면적 A 에 반비례한다. 여기서 ρ[Ωm]는 도체의 종류에 따라 결정되는 상수로서 저항률(resistivity)이라고 하며, 이 저항률의 역수를 도전율(conductivity, σ)라고 한다.

$$\sigma = \dfrac{1}{\rho} \, [\mho/m] \qquad \cdots\cdots (5.17)$$

식(5.16)에서 저항률 ρ는

$$\rho = \frac{1}{\sigma} = \frac{m}{2ne^2\tau_e} \ [\Omega m] \qquad \cdots\cdots (5.18)$$

로 나타낼 수 있다.

금속내부에 전계가 공급되면 많은 전자들이 다른 자유전자 또는 결정격자와 충돌하면서 갖고 있던 에너지를 잃게 된다. 이때 자유전자 1개가 자신이 갖고 있던 전체 에너지를 충돌 상대입자에게 전달하였을 경우, 이 에너지는 $v_d = eEt/m$와 식(5.12)로부터

$$\frac{1}{2}mv_d^2 = \frac{2e^2\tau_e^2}{m}E^2 \qquad \cdots\cdots (5.19)$$

가 된다. 이 전자들의 충돌은 1개의 전자가 $\tau_e[s]$ 동안 1회 충돌을 하므로 단위시간당 충돌횟수는

$$\frac{1}{t} = \frac{1}{2\tau_e} \qquad \cdots\cdots (5.20)$$

이 된다. 따라서 금속도체의 단위체적$[m^3]$당 전자수를 n 이라 하면, 1초 동안 충돌에 의한 전체 에너지 소모량 W 는

$$W = \frac{2e^2\tau_e^2 E^2}{m} \cdot \frac{nAl}{2\tau_e} \ [J] \qquad \cdots\cdots (5.21)$$

이고, 식(5.16)과의 관계에서

$$W = \frac{V^2}{R} = I^2 R \ [J] \qquad \cdots\cdots (5.22)$$

로 되며, 이를 주울(Joule)의 법칙이라 한다. 식(5.22)에서 알 수 있는 바와 같이 전자의 충돌량은 외부공급전압의 제곱에 비례하여 많아지며, 이는 격자의 열진동을 유발시켜 도체내의 온도를 상승시키는 요인이 되며, 이러한 온도상승은 금속도체의 저항을 증가시킨다. 따라서 만일 금속내 전자가 전계에 의하여 무제한으로 가속되면 금속은 무한히 큰 도전율을 가져야 되지만, 실제로는 전자가 금속의 결정격자에 충돌하여 그 운동이 방해되기 때문에 전자의 속도는 일정값으로 나타나고 도전율을 유한이다. 이와 같은 격자의 열진동은 온도가 낮아짐에 따라 저하하며, 절대온도 부근에서는 저항이 0으로 된다. 이것을 초전도(super conductivity)라고 한다. 이 현상은 전자와 격자 상호작용에 의하여 일어나는 것으로 해석되

며, Ga, Al, Pb, Hg 등에 이러한 성질이 있다.

전자의 평균자유행정을 l_e 라고 하면

$$l_e = v_d t = 2\tau_e v_d = \frac{k}{T} \qquad \cdots (5.23)$$

이므로 식(5.18)에서 저항률 ρ는

$$\rho = \frac{mv_d}{ne^2 k} T \quad \propto T \qquad \cdots (5.24)$$

로 나타낼 수 있다. 온도가 $t_0[\text{℃}]$에서 $t_1[\text{℃}]$으로 상승하였을 때의 저항을 각각 R_0, R_t 라고 하면, 실험적으로 R_t 는

$$R_t = R_0[1 + \alpha_0(t_t - t_0)] \ [\Omega] \qquad \cdots (5.25)$$

가 성립한다. 여기서 a_0는 $t_0[\text{℃}]$때의 저항온도계수로, 온도가 1℃ 증가함에 따라 증가하는 저항의 비율을 나타낸다.

(3) 전계내 캐리어 운동

1) 전자 및 정공의 열운동

앞서 설명한 바와 같이, 절대온도 0K에서 안정한 상태에 있던 반도체에 열에너지를 가하게 되면 열에너지에 의해 원자의 열진동이 일어나고, 이때 가전자에 가해진 힘은 전자를 가전자대에서 전도대로 올라가게 하고 정공을 남긴다. 이런 현상으로 인해 자유전자와 정공이라는 2종류의 캐리어가 생성되며, 이와 같이 열적으로 생성된 전자·정공쌍은 계속적으로 불규칙적 운동을 하게 되며, 결정구조를 통해 운동하는 자유전자는 정공과 만나 다시 재결합하기도 한다.

전자·전공쌍이 열적으로 생성되는 양은 온도와 결정체의 금지대폭의 크기에 의존하며, 생성률과 재결합률이 같을 때 그 물질은 열적평형상태(thermal equilibrium condition)에 있다고 한다. 그림 5.5는 온도 T[K]에서 열평형 상태에 있는 실제의 결정 안에서의 전자운동을 개략적으로 나타낸 그림이다.

전자의 이러한 상황은 본질적으로 불규칙한 열운동(thermal random motion)을 하고 있으며 평균적인 전자의 변위는 0이 되어 결과적으로 전류의 흐름은 없게 된다. 그림 5.5(a)에서 전자가 충돌점 사이에서 일련의 직선운동을 하고, 이때 직선길이를 l_1, l_2, l_3, $\cdots$, l_n, 이들 평균길이를 l이라고 할 때, 이 l을 평균자유행정(mean free path)이라고 한다. 또한

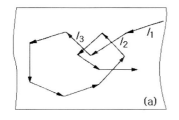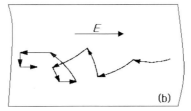

그림 5.5 결정 내에서 전자의 운동
(a)열평형 상태에서의 운동 (b)외부전계가 가해졌을 때의 운동

직선길이 l_1, l_2, l_3, $\cdots$, l_n을 통과하는데 걸리는 시간을 t_1, t_2, t_3, $\cdots$, t_n, 이들 시간의 평균을 t라고 할 때, 이 t를 평균자유시간(mean free time)이라고 한다.

그림 5.5(a)와 같이 전계가 인가되지 않은 고립된 결정체에서는 전자의 평균이동변위는 거의 0일 것이다. 이러한 전자들은 각 자유행정당 $(3/2)kT$ 만큼의 에너지를 얻는다. 통계열역학에 의하면 온도 T[K]에서 열평형상태에 있는 입자들은 질량에 관계없이 평균적으로 $(3/2)kT$의 열에너지를 가지고 있고 이에 대한 각 자유행정당 평균 열적속도는 다음과 같다.

$$\frac{1}{2}m^*v_T^2 = \frac{3}{2}kT \qquad \cdots\cdots (5.26)$$

$$v_T = \sqrt{\frac{2(\frac{3}{2})kT}{m^*}} \qquad \cdots\cdots (5.27)$$

여기서 m^*는 캐리어의 유효질량, k는 볼쯔만 상수, v_T는 상온에서 $10^6 \sim 10^7$[cm/sec] 사이의 값을 갖고, T는 절대온도이다.

2) 전계내 드리프트 운동

물체에 외부전계 E가 가해진 경우, 전자는 그 방향의 가속을 받게 되므로 운동궤도는 그림 5.5(b)와 같이 포물선운동을 한다. 충돌한 전자는 새로운 자유행정을 운동 시작하는데, 인가된 전압에 의해 전자는 양의 전극으로, 정공은 음의 전극으로 이동하려는 성질이 있어 전자는 평균적으로 전장의 방향으로 이동하게 되는 것이다.

캐리어의 이동도에 영향을 미치는 여러 가지 요인이 있지만, 주된 요인은 결정체의 결정구조 이다. 불순물이 들어 있거나 결정구조가 불완전하면 이는 캐리어의 운동을 방해하는 결과가 된다. 완전한 결정구조에서는 모든 원자들이 적합한 위치에 존재하며, 과잉원자가 존재하지 않아 캐리어가 결정체 내를 쉽게 운동할 수 있다. 즉 이동도가 높아진다.

또한 온도도 이동도에 영향을 주는 작은 요인이 된다. 가해진 열에너지의 일부는 원자핵에 가해져 원자핵의 진동이 발생하게 되며, 이러한 원자핵의 진동은 캐리어의 운동을 방해한다. 그러나 이러한 진동은 정상온도 범위에서는 아주 적기 때문에 반도체 장치의 정상동작 범위에서는 크게 영향을 주지 않는다.

전계가 아주 미약해서 불규칙 운동에 미치는 영향이 매우 적은 경우에서 전자의 평균자유시간은 $E = 0$ 일 때의 값 t_n과 같다고 할 수 있다.

5.2 도전율(conductivity)

도전율은 어떤 물질이 전류의 흐름을 허락해 주는 정도를 나타내는 것으로 전류의 흐름을 막는 정도를 나타내는 고유저항(specific resistance)과 반대의 개념이다. 전류의 흐름을 막는 정도가 높은 물질은 높은 고유저항을 갖게 되며 이와 같은 물질은 낮은 도전성을 갖게 된다.

절연체(부도체)는 비금속으로서 보통 $10^4 \sim 10^{16}$〔Ωm〕의 저항률을 가지며, 도체는 보통 금속으로 그 저항률은 거의 $10^{-8} \sim 10^{-5}$〔Ωm〕이다. 이 중간, 즉 $10^{-5} \sim 10^4$〔Ωm〕에 존재하는 물질은 Si, Ge 외에 Se이나 금속의 황화물, 산화물 등이며 중간 저항률을 지니기 때문에 반도체라고 한다(그림 5.6 참조). 반도체의 전도율은 캐리어(전자와 정공)의 전하밀도와 캐리어가 움직일 수 있는 이동도에 의존한다. 그러므로 이들의 값을 높여줄 필요가 있는 것이다.

그림 5.7은 단면적 A, 단위체적당 전자수 n, 단위체적당 정공수를 p라 하고 전계 E가 그림의 방향으로 향한다고 할 때, 정공과 전자는 서로 반대방향으로 움직이고 전하가 부(–)이기 때문에 전체전류는 전자전류와 정공전류를 합한 것이 된다. 즉, 1초에 P면을 횡단하는 전자수는 $A \cdot n \cdot v_n$ 이 된다. 그러므로 P면의 전자전류밀도는

$$J_n = \frac{I_n}{A} = env_n = en\mu_n E \qquad \cdots\cdots (5.28)$$

이때 P면에서 정공전류밀도는

$$J_p = \frac{I_p}{A} = epv_p = ep\mu_p E \qquad \cdots\cdots (5.29)$$

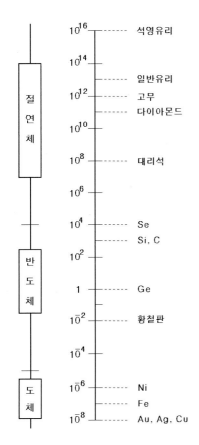

그림 5.6 각종 물질의 저항률

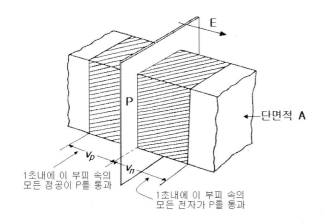

그림 5.7 도전율 계산을 위한 그림

따라서 전체전류 J는 두 가지 전류밀도를 합한

$$J = J_n + J_p = e(n\mu_n + p\mu_p)E \qquad \cdots\cdots (5.30)$$

이고, 도전전류의 전계는 다음과 같다.

즉 $J = \sigma E$, 여기서 σ는 도전율이므로

$$\sigma = e(n\mu_n + p\mu_p) \qquad \cdots\cdots (5.31)$$

이 되고, 고유저항률(resistivity)은

$$\rho = \frac{1}{\sigma} = \frac{1}{e(n\mu_n + p\mu_p)} \qquad \cdots\cdots (5.32)$$

가 된다.

지금까지 외부전계로 인해 캐리어가 이동하여 전류가 흐르는 현상에 대해 설명하였다. 그러나 전압이 인가되지 않았을 때에도 반도체내에 캐리어의 농도기울기가 존재할 경우 전하의 이동에 의한 전류가 흐를 수 있다. 이러한 전하의 이동에 의해 발생한 전류를 확산전류(diffusion current)라고 한다. 이러한 현상은 입자들이 농도가 높은 곳에서 낮은 곳으로 이동하여 균일하게 분포하려는 경향에 기인한 것이다.

확산에 의한 캐리어의 흐름은 트랜지스터 및 다이오드에 있어서 기본적인 중요성을 갖는다. 입자의 확산은 그들의 불규칙적인 열운동으로 인하여 나타나는 현상이며, 전자가 확산되는 정도, 즉 확산전류는 캐리어 농도의 기울기와 캐리어의 이동도에 의존한다.

즉, 전압이 인가되지 않았을 경우 농도기울기가 반도체내에 존재하면 반도체내에서 전하의 이동에 의한 전류가 흐를 수 있다. 확산전류는 전자, 정공, 이온, 원자, 분자의 구별 없이 농도가 높은 쪽에서 낮은 쪽으로 입자가 흐르고, 또는 2종의 혼합입자가 서로 그 농도를 일정하게 하려는 현상이라고 할 수 있다.

x 방향으로 $-dn/dx$ 이 되는 농도기울기에서, x 축에 수직으로 취한 단위면적을 통하여 1초간에 이동하는 입자수 N 은

$$N = -D\frac{dn}{dx} \qquad \cdots\cdots (5.33)$$

으로 나타낼 수 있고, $-$ 부호는 밀도가 감소하는 방향으로 이동이 일어남을 의미한다. 여기서 $D\,[\mathrm{m^2/s}]$는 확산계수(diffusion coefficient)로 입자가 결정내를 확산할 때 그 용이도를 나타내며, 이 확산계수에 그 장소에서의 기울기를 곱한 것이 그 곳에서의 확산속도 V_D 가

된다. 즉, $N = nV_D$이므로

$$V_D = -\frac{D}{n} \cdot \frac{dn}{dx} \qquad \cdots\cdots (5.34)$$

로 나타낼 수 있으며, 전자 및 정공의 확산밀도를 각각 V_{Dn} 및 V_{Dp}로, 확산계수를 각각 D_n 및 D_p로 하면, 전자 및 정공에 대한 확산전류밀도는 다음과 같다.

$$J_{D_n} = (enV_{D_n}) = eD_n\frac{dn}{dx} \qquad \cdots\cdots (5.35)$$

$$J_{D_p} = (epV_{D_p}) = -eD_p\frac{dp}{dx} \qquad \cdots\cdots (5.36)$$

확산전류와 드리프트 전류가 동시에 존재할 때, 전체전류는 두 전류를 합한 것이 된다.

$$J_n = en\mu_n E + eD_n\frac{dn}{dx} \qquad \cdots\cdots (5.37)$$

$$J_p = ep\mu_p E - eD_p\frac{dp}{dx} \qquad \cdots\cdots (5.38)$$

따라서 전자와 정공이 동시에 확산할 때 반도체의 전체전류는

$$J = J_n + J_p = eE(n\mu_n + p\mu_p) + e\left(D_n\frac{dn}{dx} - D_p\frac{dp}{dx}\right) \qquad \cdots\cdots (5.39)$$

로 되고, 이 때 확산이나 이동도는 어느 것이나 통계 열역학적 현상으로 서로 독립적일 수는 없고 이들 사이에 특정한 관계가 있다. 따라서 이동도와 확산정수 사이에는 다음과 같은 관계식이 성립한다.

$$\frac{D_p}{\mu_p} = \frac{D_n}{\mu_n} = \frac{kT}{e} \qquad \cdots\cdots (5.40)$$

여기서, D_p는 정공의 확산정수, D_n는 전자의 확산계수, μ_p는 정공의 이동도, μ_n은 전자의 이동도, k는 볼츠만 상수, T는 온도, e는 전자의 전하량이다. 식(5.40)을 아인슈타인의 관계식(Einstein's Relation)이라고 한다.

5.3 반도체의 종류

일반적으로 반도체는 도체와 절연체의 중간 정도의 도전율(저항률)을 갖는 물질을 말한다. 반도체의 도전율은 온도, 불순물 함유량, 여기상태에 따라 변화되며, 제어가 용이해서 널리 사용하게 되었다. 반도체로는 원소 반도체와 화합물 반도체가 있다. 원소 반도체는 단일 종류의 원자들로 이루어져 있으며, 대표적으로 Si와 Ge가 있다. 화합물 반도체는 2종 이상의 원소들로 이루어진 물질을 말하며 GaAs를 비롯하여 많은 종류가 있다(표 5.1 참조). 초기 반도체 재료로는 Ge이 많이 사용되었으나 현재에는 주로 Si을 이용하고 있으며 특히 기억소자, 전류소자 등의 IC 회로에 이용되고 있다. 한편, 화합물 반도체는 고속 스위칭소자 또는 광을 방출/흡수하는 소자에 이용되고 있다. 3-5족의 GaAs, GaP는 주로 발광다이오드(LED)에 사용되고 있다.

앞서 설명한 바와 같이, 반도체/도체/절연체로 구분할 수 있는 중요한 성질은 금지대의 폭으로, 그 폭은 반도체에서 흡수하거나 방출되는 광의 파장을 결정하는데 중요한 역할을 한다. 예를 들어 GaAs의 금지대폭은 1.43[eV]로 근적외선의 파장을 나타낸다. GaP의 금지대폭은 2.3[eV]로서 녹색 파장을 나타낸다. 다양한 반도체 금지대폭으로 발광 다이오드나 레이저는 적외선으로부터 가시광선에 이르는 다양한 파장을 만들 수 있다. 또한 반도체의 전자적, 광학적 성질은 불순물에 의하여 크게 영향을 받으며, 이 불순물 첨가량은 정밀하게 제어하여야만 한다. 이는 불순물이 반도체의 도전율을 광범위하게 변화시키고 심지어 음전하 캐리어에 의한 것에서 양전하 캐리어에 의한 것으로 반도체의 전도특성을 변화시킨다.

표 5.1 반도체의 종류

3족	4족	5족	6족	3-5족	2-6족
B	C			AlP	ZnS
Al	Si	P	S	AlAs	ZnSe
Ga	Ge	As	Se	AlSb	ZnTe
In		Sb	Te	GaP	CdS
				GaAs	CdSe
				InP	CdTe
				InAs	
				InSb	

(1) 진성 반도체(intrinsic semiconductor)

고체내의 전기전도는 도전성과 절연성으로 구분되고, 일반적으로 도체의 저항률은 $10^{-6} \sim 10^{-8}$[Ωm], 절연체는 10^{8}[Ωm] 이상이며, 반도체의 저항은 이들의 중간정도이다. 그러나 저항률의 크기만으로 반도체라 말할 수 없고, 에너지밴드 구조에 의한 전기전도를 고려해야만 한다. 앞서 설명한 바와 같이, 반도체는 기본적으로 공유결합을 한 정사면체 구조를 갖는다. 이 결합모양의 개략도는 그림 5.8(a)와 같고 에너지밴드 구조는 그림 5.8(b)와 같이 된다.

그림 5.8(b)에 있어서 가전자대와 전도대 사이의 금지대폭 E_g 는 공유결합의 세기를 나타낸다. E_g 가 그다지 크지 않은 경우 실온 정도의 열에너지로도 공유결합이 파괴되어 그림 5.8(a)와 같이 자유전자와 전자의 공백이 생긴다. 이 공백으로 결합에 기여하고 있는 다른 가전자가 이동해 갈 수 있다. 이와 같이 가전자가 공백을 차례로 채워가는 것은 공백이 가전자의 이동방향과 반대방향으로 차례로 이동하는 것과 같이 보인다. 따라서 이 공백은 정전하를 갖는 입자처럼 작용하므로 정공(hole)이라고 부른다. 반도체 내에서는 자유전자와 정공이 전하를 수송하는 하전입자로 되어 전기전도에 기여한다. 이들의 하전입자를 캐리어라고 한다. 전자와 정공이 쌍으로 생성되는 것을 전자·정공쌍 생성(electron-hole pair generation)이라고 한다. 이것을 에너지대 구조로 나타낸 것이 그림 5.8(b)이다.

E_g 가 작은 경우, 저온에서는 절연체이지만 온도상승에 의해 공유결합이 파괴되어 가전자대의 전자가 전도대로 올라가 도전성을 갖게 된다. 그림 5.8과 같이 열에너지에 의해서 비교적 많은 전자·정공쌍이 생성되는 반도체를 진성 반도체 또는 순수 반도체라 한다. 이것은 그 반도체의 특유성질을 나타내므로 극히 순수한 재료이어야 한다.

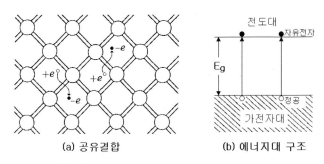

(a) 공유결합 (b) 에너지대 구조

그림 5.8 진성 반도체

(2) 외인성 반도체(extrinsic semiconductor)

진성 반도체와 달리 격자결함이나 불순물 등에 의해서 전자 또는 정공의 어느 쪽이 많게 되는 반도체를 외인성 반도체 또는 불순물 반도체라고 한다. 즉, 진성 반도체에 불순물 원자를 첨가하면 n형 또는 p형 반도체가 되며, 전자가 과잉으로 존재하는 경우를 n형 반도체라고 하고, 정공이 과잉으로 존재하는 경우를 p형 반도체라고 한다.

실제로 전자부품으로 사용되고 있는 대부분의 반도체는 순수 반도체가 아니라, 순수한 반도체 재료에 약간의 특정 불순물 원자를 의도적으로 첨가한 것이며, 그 전기적 성질은 불순물의 종류 및 농도로 결정된다. Si 및 Ge를 모체로 한 불순물 반도체에 사용되는 불순물 원자로서 관심의 대상이 되는 것은 원자가가 3가 및 5가인 원자들이다. 불순물 원자들이 Si 결정 내에서 Si 원자와 공유결합을 이룰 때 5가의 원자들은 4가인 Si 원자와 전자 1개씩을 공유하고 나머지 1개의 전자는 자유전자의 상태로 남게 되어 반도체 물질 내에 자유전자를 제공하는 역할을 하므로 도너(donor) 불순물이라고 한다. 한편, 3가의 원자들은 Si과 결합할 때 1개의 전자가 부족한 형태가 되어, 그 빈 곳은 결국 정공으로 남게 되는, 즉 반도체 내에 정공을 만드는 역할을 하므로 억셉터(acceptor) 불순물이라고 한다. 일반적으로 사용되는 도너 원자로는 P, As 및 Sb 등이, 억셉터 원자로는 B, Al, Ga 및 In 등이 있다(표 5.2 참조). 반도체 결정에 불순물을 고용시키는 것을 도핑(doping)이라고 하며, 실제의 불순물 반도체에 있어서 반도체 원자(Si 또는 Ge) 10^7개에 대하여 불순물 원자는 1개 정도가 된다. 즉, 불순물 원자의 농도는 반도체의 결정구조에 본질적인 영향을 줄만큼, 또 전자 및 정공들이 서로 상호작용을 미칠 만큼 커서는 안 된다.

표 5.2 Si 및 Ge의 전기전도를 제어하는데 사용되는 불순물의 성질

원소	가전자수	결정내에서의 지름 [Å]	작용	다수캐리어	캐리어생성을 위한 이온화에너지[eV]		전도형태
					Si에서	Ge에서	
B	3	0.81	acceptor	정공	0.045	0.0102	p형
Al	3	1.18			0.057	0.0104	
Ga	3	1.26			0.065	0.0108	
In	3	1.44			0.160	0.0112	
P	5	1.06	donor	전자	0.045	0.0120	n형
As	5	1.20			0.054	0.0127	
Sb	5	1.40			0.039	0.0096	
Si	4	1.11	구성원자		$1.21 \sim 3.6 \times 10^{-4} T$ [°K]		진성
Ge	4	1.22			$0.78 \sim 2.2 \times 10^{-4} T$ [°K]		

1) n형 반도체

순수한 Si 단결정에 5족 원소(P, As, Sb 등)를 불순물로 첨가한 경우, 불순물은 그림 5.9(a)와 같이 Si 원자와 치환해서 고용된다. 불순물 원자는 최외각에 5개의 전자를 갖고, 이 중에 4개는 주위의 Si 원자와 공유결합을 형성한다. 나머지 1개의 가전자는 불순물 원자의 원자핵과 쿨롱력으로 약한 결합을 하여 수소원자와 같이 작용한다. 따라서 작은 에너지로도 불순물 원자로부터 이탈되어 자유전자로 된다. 전자가 이탈한 불순물 원자는 1가의 양이온이 되며 이것은 격자점이므로 움직이지 않는다. 이 결과 전자가 과잉으로 되어 n형 반도체가 된다. 이런 종류의 반도체의 에너지대 구조는 그림 5.9(b)와 같이, 금지대 중에 전도대에 가까운(전도대에서 E_d의 에너지를 갖는) 곳에 도너에 의한 불순물 준위(impurity level)가 생성된다. 도핑된 도너양이 적어 공간적으로 띄엄띄엄 있어서 이들이 만드는 도너준위(donor level)를 국재준위(localized level)라고 하고 일반적으로 점선으로 나타내며, 수소원자의 에너지대를 근거로 전도대와 도너준위의 에너지 차 E_d는 근사적으로 다음과 같이 주어진다.

$$E_d \simeq 13.6 \left(\frac{m_n^*}{m} \right) \frac{1}{\epsilon_s^2 n^2} \quad [eV] \quad (n = 1, 2, \cdots) \qquad \cdots\cdots (5.41)$$

여기서 m_n^*는 전자의 유효질량, ϵ_s는 반도체의 비유전율이다. $n = 1$은 기저상태로 이때의 값을 도너의 이온화 에너지라고 한다. 이온화 에너지는 불순물의 종류에 따라서 다르며 Si결정 내에서 P는 0.045, As는 0.054, Sb는 0.039[eV] 정도가 된다. 실온정도(300[K])의 열에너지(0.026[eV])로 도너원자를 거의 이온화시켜 전자를 전도대로 이동시킬 수 있는 준위를 얕은 준위(shallow level)라고 하고, 그 정도의 에너지로 이온화하기 시키기 어려운 준위를 깊은 준위(deep level)라고 한다.

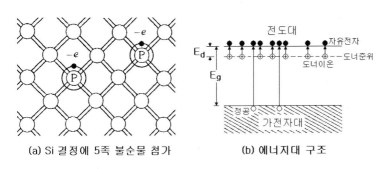

(a) Si 결정에 5족 불순물 첨가 (b) 에너지대 구조

그림 5.9 n형 반도체

2) p형 반도체

순수한 Si 단결정에 3족 원소(B, Al, Ga, In 등)를 불순물로서 첨가한 경우, 불순물은 그림 5.10(a)과 같이 Si 원자와 치환해서 고용된다. 이 불순물 원자는 최외각에 3개 밖에 전자를 갖지 않으므로 Si와 공유결합을 형성하는 데는 가전자가 1개 부족하게 된다. 따라서 다른 Si 원자로부터 가전자를 1개 받아서 공유결합을 한다. 가전자를 얻어야 하는 Si 원자에는 전자의 공백, 즉 정공이 생긴다. 이 정공은 전자를 1개 얻어서 음이온으로 된 불순물 원자와 쿨롱력으로 약한 결합을 형성한다. 따라서 작은 에너지로도 불순물 원자로부터 정공이 가전자

대로 내려가 정공이 되고, 정공이 과잉으로 되어 p형 반도체가 된다. 이런 종류의 반도체의
에너지대 구조는 그림 5.10(b)와 같이, 금지대 중에 가전자대에 가까운(가전자대에서 E_a
의 에너지를 갖는) 곳에 억셉터에 의한 국재준위가 생성된다.

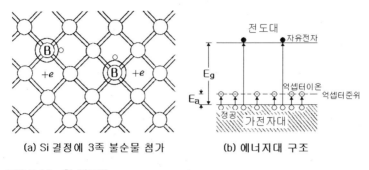

(a) Si 결정에 3족 불순물 첨가   (b) 에너지대 구조

그림 5.10 p형 반도체

5.4 캐리어 밀도

전도대의 바닥에서 에너지 E_d 만큼 떨어진 곳에 도너준위를 갖는 n형 반도체에 있어서
상태밀도, 분포함수, 캐리어 밀도의 에너지 분포상태를 그림 5.11에 나타내었다.

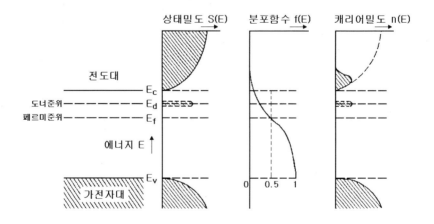

그림 5.11 n형 반도체의 에너지대 구조와 캐리어 밀도

$E + dE$ 사이의 전자수 $n(E)dE$ 는

$$n(E)dE = S(E)f(E)dE \qquad \cdots\cdots (5.42)$$

로, 상태밀도 $S(E)$ 는 앞서 4장의 식(4.27)과 같이

$$S(E)dE = \frac{4\pi}{h^3}(2m_n^*)^{3/2}E^{1/2}dE \qquad \cdots\cdots (5.43)$$

분포함수 $f(E)$ 는 4장의 식(4.28)로부터

$$f(E) = 1/[1 + \exp(\frac{E + E_f}{kT})] \qquad \cdots\cdots (5.44)$$

가 된다. 여기서 m_n^* 는 전자의 유효질량이다. 또한, 식(5.44)는 식(4.28)과 비교시 부호가 반대인데, 이는 그림 5.11에서 볼 수 있듯이 $E = -E_f$ 로 하였기 때문이다. 따라서 식(5.42), (5.43), (5.44)로부터

$$n = \int_{E_0}^{E_1} S(E)f(E)dE = \frac{4\pi(2m_n^*)^{3/2}}{h^8}\int_{E_0}^{E_1}\frac{E^{1/2}}{1 + \exp(\frac{E + E_f}{kT})}dE \qquad \cdots\cdots (5.45)$$

로 나타낼 수 있다. 여기서 적분한계 E_1 을 ∞ 로 하여도 오차는 적다. E 가 크면 적분 중의 피적분항이 거의 0이 되기 때문이다. 또한, 페르미 준위가 전도대의 바닥으로부터 매우 아래에 있기 때문에, $|E + E_f|$ 는 열에너지 kT 의 수배 이상이다. 따라서 $exp[(E + E_f)/kT] \gg 1$ 이므로, 전도대에서의 전자밀도 n 은

$$n \simeq \frac{4\pi(2m_n^*)^{3/2}}{h^3}\int_0^\infty E^{1/2}\exp[-(\frac{E + E_f}{kT})]dE$$

$$= N_c\exp(-E_f/kT) \qquad \cdots\cdots (5.46)$$

여기서

$$N_c = 2(\frac{2\pi m_n^* kT}{h^2})^{3/2} = 2.51 \times 10^{25}(\frac{m_n^*}{m} \cdot \frac{T}{300})^{3/2} \quad [1/m^3] \qquad \cdots\cdots (5.47)$$

이며, 여기서 m 은 전자의 정지질량이며, N_c 를 전도대에서의 유효상태밀도라고 한다. 동일한 방법으로 가전자대에서의 정공밀도 p 는

$$p \simeq N_v\exp[-(E_g - E_f)/kT] \qquad \cdots\cdots (5.48)$$

로 나타낼 수 있다. 여기서 N_v 는

$$N_v = 2\left(\frac{2\pi m_p^* kT}{h^2}\right)^{3/2} = 2.51 \times 10^{25} \left(\frac{m_p^*}{m} \cdot \frac{T}{300}\right)^{3/2} \quad [1/m^3] \qquad \cdots\cdots (5.49)$$

로 가전자대에서의 유효상태밀도를 나타내며, m_p^* 는 정공의 유효질량을 의미한다. 따라서 식(5.46)과 (5.48)로부터

$$pn = n_i^2 = p_i^2 = 4\left(\frac{2\pi m_n^* kT}{h^2}\right)^{3/2}\left(\frac{2\pi m_p^* kT}{h^2}\right)^{3/2}\exp\left(-\frac{E_g}{kT}\right)$$

$$= 6.30 \times 10^{50}\left(\frac{m_n^* m_p^*}{m^2}\right)^{3/2}\left(\frac{T}{300}\right)^3\exp\left(-\frac{E_g}{kT}\right) \quad [1/m^3] \qquad \cdots\cdots (5.50)$$

$$n_i = p_i = 2.51 \times 10^{25}\left(\frac{m_n^* m_p^*}{m^2}\right)^{3/4}\left(\frac{T}{300}\right)^{3/2}\exp\left(-\frac{E_g}{2kT}\right) \quad [1/m^3] \qquad \cdots\cdots (5.51)$$

로 되며, 이것으로 자유캐리어의 밀도를 구할 수 있다. 이 계산에 들어있는 금지대의 폭 E_g 는 일정하지 않고 온도의 함수이다. 표 5.3에 대표적인 반도체의 금지대폭, 유효질량, 유효상태밀도 및 진성 캐리어밀도를 나타내었다.

표 5.3 대표적인 반도체의 물리적 양 (300K에서)

반도체	금지대폭(E_g) [eV]	유효질량		유효상태밀도 [1/m³]		진성 캐리어 밀도 [1/m³]
		전자(m_n^*/m)	정공(m_p^*/m)	전도대(N_c)	가전자대(N_v)	
Si	1.12	0.33	0.56	4.7×10^{24}	1.05×10^{25}	1.44×10^{16}
Ge	0.66	0.22	0.31	2.6×10^{24}	4.5×10^{24}	2.42×10^{19}
GaAs	1.42	0.07	0.47	4.34×10^{23}	8.14×10^{24}	1.78×10^{12}

5.5 페르미 준위

그림 5.12에 진성반도체의 밴드구조를 나타내었다. 가전자대에 있는 전자의 일부가 전도대로 올라가 있다. 따라서 전자에너지에 대한 전자의 분포함수를 생각해 보면 우측 그림과 같은 형태가 된다. 반도체의 경우에는 금지대가 있고, 금지대에는 전자의 존재가 허용되지

않지만, 함수적인 표시로서는 연속적인 분포를 그린 것이다. 물론 금지대 중에 전자가 존재할 확률이 있다는 것은 아니다. 여기서 존재확률이 1/2로 되는 에너지준위를 페르미 준위라고 한다.

페르미 준위는 열평형상태에서 물질이 전기적으로 중성이라는 조건에서 구한다. 그림 5.13에 도너와 억셉터가 함께 존재하는 밴드구조를 나타내었다. 어떤 온도에서 도너 및 억셉터의 일부가 이온화되면, 전도대에는 자유전자, 가전자대에는 자유정공이 존재하게 되고, 이들에 상당하는 수만큼 도너는 양이온으로, 억셉터는 음이온으로 된다. 물질이 전기적으로 중성인 것을 생각하면

자유정공밀도＋이온화된 도너밀도 ＝ 자유전자밀도＋이온화된 억셉터밀도 ···· (5.52)

의 관계가 성립하며, 이 조건으로부터 페르미 준위를 구할 수 있다.

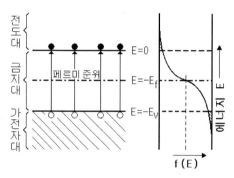

그림 5.12 진성반도체의 페르미 준위

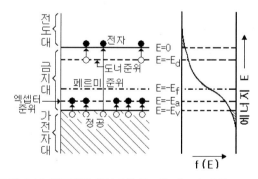

그림 5.13 반도체의 에너지대 구조와 페르미 준위

(1) 진성 반도체

불순물이 존재하지 않으므로 자유전자밀도와 자유정공밀도가 같다. 이것은 쌍생성을 생각하면 당연하다. 식(5.46)과 (5.48)로부터 n과 p를 구할 수 있다.

$$2\left(\frac{2\pi m_n^* kT}{h^2}\right)^{3/2}\exp\left(\frac{-E_f}{kT}\right) = 2\left(\frac{2\pi m_p^* kT}{h^2}\right)^{3/2}\exp\left(-\frac{E_g - E_f}{kT}\right) \qquad \cdots\cdots (5.53)$$

$\exp[(E_g - E_f)/kT] \gg 1$, $\exp(E_f/kT) \gg 1$ 로 가정하면,

$$\exp\left(\frac{E_g - 2E_f}{kT}\right) = (m_p^*/m_n^*)^{3/2} \qquad \cdots\cdots (5.54)$$

가 되며,

$$E_f = \frac{E_g}{2} - \frac{3}{4}kT\ln\frac{m_p^*}{m_n^*} \qquad \cdots\cdots (5.55)$$

가 된다. 만일 $m_p^* = m_n^*$이면 $E_f = E_g/2$로 되어, 페르미 준위는 금지대의 중앙에 위치하게 된다(그림 5.13). 실제로는 표 5.3과 같이 $m_p^* \rangle m_n^*$이므로 식(5.55)로부터 페르미 준위는 금지대의 중앙에서 약간(실온에서 약 $0.01[\text{eV}]$) 위에 위치함을 알 수 있다.

(2) n형 반도체

그림 5.14에 나타낸 도너밀도 N_d의 n형 반도체의 경우에는, 식(5.52)에서 이온화된 억셉터밀도의 항을 무시하면 된다. 전도대의 자유전자밀도 및 가전자대의 정공밀도는 식(5.46)과 (5.48)로 주어진다. 도너준위에 전자가 포획되어 있는 비율은 페르미-디락 분포를 이용하고 전자의 스핀 양자수를 고려하면,

$$n = \frac{N_c}{1 + \exp(E_f/kT)} \qquad \cdots\cdots (5.56)$$

이 된다. 한편 도너원자 중에 이온화되어 양이온으로 된 것의 밀도는

$$N_d\left[1 - \frac{1}{1 + \exp\{(E_f - E_d)/kT\}}\right] \qquad \cdots\cdots (5.57)$$

로 된다. 여기서 [ ]의 제2항은 전자가 채워져 있는 부분을 나타낸다.

가전자대의 정공밀도 p는 유효상태밀도로부터 전자가 채워져 있는 부분을 뺀 것으로 나타낼 수 있으므로,

$$p = N_v [1 - \frac{1}{1 + \exp\{-(E_g - E_f)/kT\}}] \qquad \cdots\cdots (5.58)$$

이 된다. 따라서 식(5.52)는 다음 식과 같이 된다.

$$\frac{N_c}{1 + \exp(\frac{E_f}{kT})} = N_d[1 - \frac{1}{1 + \exp\frac{(E_f - E_d)}{kT}}] + N_v[1 - \frac{1}{1 + \exp\frac{-(E_g - E_f)}{kT}}]$$

$$\cdots\cdots (5.59)$$

이 식으로 E_f를 구하면 되지만 계산이 간단치 않다. 여기서 n형 반도체이므로 가전자대의 정공밀도가 작아서 무시하면, 식(5.59)의 우변의 제2항을 무시할 수 있어서,

$$\exp(\frac{2E_f}{kT}) + (1 - \frac{N_c}{N_d})\exp(\frac{E_f}{kT}) - \frac{N_c}{N_d}\exp(\frac{E_d}{kT}) = 0 \qquad \cdots\cdots (5.60)$$

을 얻을 수 있다. 이것을 $\exp(E_f/kT)$로 풀어서 대수를 취하면,

$$E_f = kT \ln[\frac{N_c}{2N_d} - \frac{1}{2} + \frac{1}{2}\left\{(1 - \frac{N_c}{N_d})^2 + \frac{4N_c}{N_d}\exp(\frac{E_d}{kT})\right\}^{1/2}] \qquad \cdots\cdots (5.61)$$

이 된다.

온도가 극히 낮은 경우에는 식(5.61)에서 { }$^{1/2}$의 항에서의 지수함수항이 크게 되어, 다른 항은 무시할 수 있으므로,

$$E_f \fallingdotseq \frac{E_d}{2} + \frac{kT}{2} \ln \frac{N_c}{N_d} \qquad \cdots\cdots (5.62)$$

가 된다. 이것은 도너의 이온화가 적은 경우로서, 즉 온도가 낮아서 $N_c \ll N_d$로 약하게 이온화되어 있을 경우로 페르미 준위는 전도대와 도너준위의 사이에 위치하게 된다.

온도가 올라가면, 초기에는 페르미준위가 약간 올라가지만, 바로 도너의 이온화가 진행됨에 따라 페르미 준위는 내려가기 시작한다. 도너가 거의 이온화되어 버리면, 즉 $n \fallingdotseq N_d$의 경우에는 식(5.61)에서 $\exp(E_d/kT) \fallingdotseq 1$로 하면,

$$E_f \fallingdotseq kT \ln \frac{N_c}{N_d} \qquad \cdots\cdots (5.63)$$

이 된다. 이와 같은 상태에서는 페르미 준위는 도너준위보다 아래에 위치하게 된다. 또한,

이 결과로부터 온도가 일정한 경우, 도너밀도가 클수록 페르미 준위는 올라가서 전도대에 근접하게 된다.

(3) p형 반도체

p형 반도체는 그림 5.15와 같은 밴드구조를 갖는다. n형의 경우와 반대로 전도대에 있는 전자밀도가 작아서 무시하면,

$$N_v[1 - \frac{1}{1 + \exp\{(E_f - E_g)/kT\}}] = \frac{N_a}{1 + \exp\{(E_f - E_a)/kT\}} \qquad \cdots (5.64)$$

를 얻을 수 있다. 여기서 N_v 는 가전자대의 유효상태밀도를, N_a 는 억셉터밀도를 나타낸다. 이 식을 E_f 에 대해 풀면,

$$E_f = E_g - kT \ln[\frac{N_v}{2N_a} - \frac{1}{2} + \frac{1}{2}\left\{(1 - \frac{N_v}{N_a})^2 + \frac{4N_v}{N_a}\exp[(E_g - E_a)/kT]\right\}^{1/2}]$$

$$\cdots (5.65)$$

가 된다.

온도가 극히 낮은 경우에는, 식(5.65)에서 〔 〕중의 지수함수항이 커서 다른 항을 무시할 수 있으므로,

$$E_f \fallingdotseq \frac{E_g + E_a}{2} - \frac{kT}{2}ln\frac{N_v}{N_a} \qquad \cdots (5.66)$$

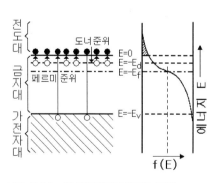

그림 5.14 n형 반도체의 페르미 준위

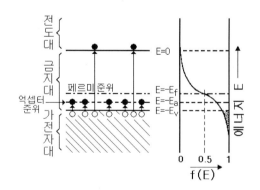

그림 5.15 p형 반도체의 페르미 준위

이 된다. 이 경우 페르미 준위는 가전자대와 억셉터준위 사이의 중앙부근에 위치하게 되며, $N_v \langle N_a$ 로 되는 온도에서는 페르미 준위는 약간 아래로 내려가며, 그 후는 온도상승과 함께 위로 이동하게 된다.

온도가 높아져서 억셉터가 거의 이온화되면, $\exp\{(E_g - \mathrm{E_a})/kT\} \fallingdotseq 1$이 되므로, 식 (5.65)로부터,

$$E_f = E_g - kT\ln\frac{N_v}{N_a} \qquad\qquad \cdots\cdots (5.67)$$

이 된다. 이 경우도 온도상승과 함께 페르미 준위는 올라간다.

(4) 온도, 불순물 농도의 영향

n형, p형 반도체에 있어서 페르미 준위의 온도변화를 그림 5.16에 나타내었다. 어느 쪽도 온도가 상승하면 금지대의 중앙으로 접근해 간다. 불순물 농도를 변화시킬 때 페르미 준위는 식(5.63) 또는 식(5.67)에 따라 변한다. 이것을 그림 5.17에 정성적으로 나타내었다. 페르미 준위는 진성상태에서는 거의 금지대의 중앙에 위치하며, 불순물 농도가 증가하면 전도대 또는 가전자대에 접근하게 된다. 불순물 농도를 심하게 증가시키면 축퇴 (degenerate)상태로 되어 전도대 또는 가전자대 속으로 들어간다.

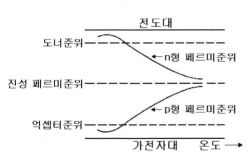

그림 5.16 페르미 준위의 온도변화

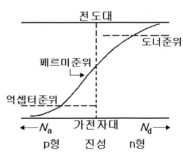

그림 5.17 페르미 준위의 불순물 밀도에 의한 변화

5.6 다수 캐리어와 소수 캐리어

진성 반도체에서는 열에너지에 의해서 전자·정공쌍이 생성되어 전기전도가 일어나지만, 불순물 반도체에서는 온도가 상승하면 n형 반도체에서는 다량의 전자와 소량의 정공이, p형 반도체에서는 다량의 정공과 소량의 전자가 생성하게 된다. n형 반도체 중의 전자와 같이 다량 존재하는 캐리어를 다수 캐리어(majority carrier), 정공과 같이 적은 캐리어를 소수 캐리어(minority carrier)라고 한다. 여기서는 열평형 상태에 있어서 이들 캐리어의 수를 구해보고자 한다.

전자·정공쌍의 생성비율 g는 가전자대 중에서 전자·정공쌍 생성 대상이 되는 가전자가 거의 무한으로 있어 전도대에 올라간 전자가 점유할 수 있는 에너지 준위가 무수히 있으므로 전자밀도나 정공밀도에는 관계없이 일정하게 된다. 생성의 반대과정을 재결합(recombination)이라 하고 전도대의 전자가 에너지를 방출해서 가전자대의 정공을 채우며 다시 쌍생성에 관여하게 된다. 이 경우 재결합의 비율은 관여하는 전자밀도 n과 정공밀도 p에 비례하게 된다. 재결합 확률을 r로 하면 그 비율은 rnp로 주어진다. 따라서 정공밀도의 시간적 변화는,

$$\frac{dp}{dt} = g - rnp \qquad \cdots\cdots (5.68)$$

로 된다. 열평형 상태에서는 $dp/dt=0$으로 g 및 r은 일정하므로,

$$np = \frac{g}{r} = 일정 \qquad \cdots\cdots (5.69)$$

의 관계가 있다.

진성 반도체에서는 $n_i = p_i$ (첨자 i는 진성(intrinsic)을 의미)이므로

$$n_i p_i = n_i^2 = p_i^2 = \frac{g}{r} = 일정 \qquad \cdots\cdots (5.70)$$

으로 된다. n형에서 $n=n_n$, $p=p_n$, p형에서 $n=n_p$, $p=p_p$ (첨자 n, p는 각각의 전도형을 나타냄)으로 하면

$$n_n p_n = n_p p_p = n_i^2 = 일정 \qquad \cdots\cdots (5.71)$$

이 얻어진다. 즉, 열평형 상태에 있어서는 다수 캐리어밀도와 소수 캐리어밀도의 곱이 일정하게 된다.

일례로 도너밀도 N_d를 갖는 n형 반도체에서의 n_n, p_n을 구해보기로 한다. 전자·정공쌍이

없으면 $n_n = N_d$ 이지만, 전자·정공쌍이 생성되어 있으면 $n_n = N_d + p_n$ 이 된다. 식(5.71)에서

$$(N_d + p_n)p_n = n_i^2 \qquad\qquad\cdots\cdots (5.72)$$

가 얻어지고, 이것을 풀면

$$p_n = -\frac{1}{2}N_d + \frac{1}{2}N_d(1 + 4\frac{n_i^2}{N_d^2})^{1/2} \qquad\qquad\cdots\cdots (5.73)$$

이 된다. 이것은

① $N_d \ll n_i$ (거의 진성 반도체에 가까운 경우)

$$p_n \simeq -\frac{1}{2}N_d + n_i \ , \quad n_n \simeq \frac{1}{2}N_d + n_i \qquad\qquad\cdots\cdots (5.74)$$

② $N_d \gg n_i$ (불순물 반도체인 경우)

$$p_n \simeq -\frac{1}{2}N_d + \frac{1}{2}N_d(1 + \frac{2n_i^2}{N_d^2}) \simeq \frac{n_i^2}{N_d} \ , \quad n_n \simeq N_d \qquad\qquad\cdots\cdots (5.75)$$

의 2가지 경우로 설명할 수 있다. 억셉터밀도 N_a 를 갖는 p형 반도체에 대해서도 같은 방법으로 해석할 수 있다.

여기서 도너밀도 N_d, 억셉터밀도 N_a 를 갖는 보상형(compensated) 반도체에 대해서 알아보기로 한다. $N_d > N_a$ 의 반도체는 n형, $N_d < N_a$ 이면 p형이 되는데, $N_d > N_a$ 의 경우에는 N_d 개의 도너에서 방출되는 전자중 N_a 개는 억셉터준위로 떨어져 억셉터를 이온화하는데 사용되므로 전도대 중의 전자는 $N_d - N_a$ 로 된다. 전자·정공쌍을 p_n 으로 하면 식(5.71)은

$$p_n(N_d - N_a + p_n) = n_i^2 \qquad\qquad\cdots\cdots (5.76)$$

이 된다.

5.7 재결합

반도체 안의 많은 자유전자와 정공들은 모두 불규칙적인 열운동을 하고 있으므로 이들이 서로 마주치는 경우도 생각할 수 있다. 본래 정공은 공유결합에 참여하고 있던 가전자가 빠져나간 결합의 공백(vacancy)을 의미하므로 자유전자와 정공이 마주친다는 것은 자유전

자가 결합의 공백을 메워서 공유결합을 복구하는 것을 의미한다. 이러한 과정을 앞서 설명한 재결합이라고 한다.

단위시간에 단위부피 안에서 발생하는 재결합의 수효를 재결합률(recombination rate)이라고 하며 이것은 전자 및 정공의 농도에 비례한다. 또 자유전자와 정공이 재결합으로 소멸될 때 이들이 가지고 있던 에너지는 열에너지 또는 광 에너지의 형태로 방출된다.

재결합 현상은 반도체에서의 캐리어의 운동에 직접 관련되는 것은 아니지만, 결과적으로는 캐리어의 흐름을 결정하는 데 중요한 역할을 한다.

(1) 열생성과 재결합과의 평형

공유결합에 속박되어 있던 가전자가 열에너지를 얻어 자유전자로 해방됨으로써 한 쌍의 자유전자와 전공이 생성되는데 열평형 상태에서 열생성률과 재결합률은 같게 된다. 열평형상태에 있는 반도체에 있어서 열생성률과 재결합률은 캐리어의 농도를 결정하는데 중요한 역할을 하게 되는데 이것은 반도체에 일정한 전장을 가할 때 흐르는 전류는 캐리어의 농도에 비례하기 때문이다.

그림 5.18은 열생성과 재결합이 평형을 이루고 있는 모양을 나타낸 것으로 위로 향한 화살표는 열생성, 아래로 향한 화살표는 재결합을 나타낸다. 단위체적당 열적생성률(thermal generation rate)을 g 로 하고, 주어진 물질을 단지 온도만의 함수로 표시하면,

$$g \approx g(T) \qquad\qquad \cdots\cdots (5.77)$$

과 같이 나타낼 수 있고, 에너지갭이 E_g[eV]인 반도체의 캐리어를 p, n 이라 하면,

$$p \cdot n = n_i^2 = \frac{g(T)}{r} \qquad\qquad \cdots\cdots (5.78)$$

로 나타낼 수 있다. 여기서 n_i 는 진성반도체의 캐리어 밀도, r 은 전자와 전공의 비례상수로,

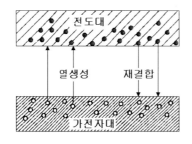

그림 5.18 열생성 및 재결합

$$g(T) = r n_i^2 \qquad\qquad \cdots\cdots (5.79)$$

가 되고, 단위체적당 자유전자와 정공이 재결합하는 비율을 재결합률이라고 하며, 전자와 평균의 밀도에 비례한다. 이때 재결합률 R은

$$R = r n p \ [쌍 / ㎥ sec] \qquad\qquad \cdots\cdots (5.80)$$

으로 나타낸다. 재결합이 일어나는 확률보다 재여기가 일어나는 확률이 큰 경우를 포획 또는 포획중심(trap center)이라고 하며, 이 에너지 준위를 트랩준위라고 한다.

(2) 재결합 기구

그림 5.19에 나타낸 바와 같이 전도대의 바닥 또는 가전자대의 정상에서 꽤 깊은 곳에 국재된 에너지 준위가 형성되어 있다. 이들은 일반적으로 깊은 준위(deep level)라고 부르며 이 국재된 에너지 준위는 보통 비어져 있다.

전자와 정공이 재결합을 일으키는 가장 단순한 기구는 전자가 직접 정공으로 빠지는 과정이며 이것을 직접재결합(direct recombination)이라고 한다(그림 5.19(a)). 직접 재결합이 발생할 경우 캐리어의 나머지 에너지는 광자(photon)로 방출되며 이것은 결정 안에서 다시 흡수되어 새로운 한쌍의 전자와 정공을 생성케 하든지 또는 밖으로 방출된다. 그러나 통계학적으로 전자와 정공이 재결합하리만큼 가까운 거리($\approx 10^{-11}$[m])에 놓일 확률이 적기 때문에 실제로 직접 재결합이 발생할 가능성은 매우 희박하다.

재결합을 일으키는 또 다른 기구는 재결합 중심에 의한 재결합이다(그림 5.19(b)). 결정구조에 결함이 있는 곳은 이 근처를 지나는 전자(또는 정공)를 잡아 재결합의 대상이 올 때까지 강하게 구속해 두는 작용을 한다. 이것은 전자와 정공이 서로 움직일 때보다 하나가 한곳에 머물러 있으므로 해서 재결합의 가능성이 훨씬 높아진다. 그림 5.19(b)에서, 먼저 도너에서 방출되어진 전도대의 전자는 반도체 내를 자유롭게 움직이지만, 깊은 준위를 만드는 불순물이나 격자결함의 근처에 가면, 가지고 있는 에너지의 일부를 광이나 열로 방출하고 그곳에 포획된다. 이와 같이 자유전자를 포획하는 국재준위를 전자트랩(electron trap)이라고 한다. 포획되어 있는 전자가 열에너지에 의해서 전도대로 올라가 자유전자가 되는 일도 있다.

또한, 전자를 포획해서 음(-)으로 대전되지만, 이 전자는 에너지를 잃어서 가전자대로 이동한다. 즉, 가전자대의 정공이 이 에너지 준위에 붙잡히는 것으로 이것을 정공트랩(hole trap)이라고 한다. 앞서 설명한 도너는 전자를 잃어서 양(+)이온으로 되므로 정공트랩으로서는 작용하지 않는다.

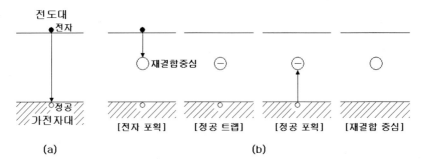

그림 5.19 재결합 기구
(a)직접 재결합 (b)재결합 중심에 의한 재결합

즉, 전자를 붙잡는 확률이 큰 경우를 전자트랩, 정공을 붙잡는 확률이 큰 경우를 정공트랩이라고 하며, 재결합 중심(recombination center)은 이 두 가지의 확률이 거의 같은 경우를 말하며, 금지대의 거의 중앙에 존재하는 경우가 많다

재결합중심의 원인이 되는 결정구조의 결함으로는 불순물 함유, 공격자점의 존재 등이 있으며, 재결합중심에 의한 재결합의 경우 캐리어의 나머지 에너지는 열에너지의 형태로 결정에게 주어지는 것이 보통이다(양자역학에 의하면 입자가 그 에너지를 순식간에 상실할 때 그 에너지는 빛의 형태로 발산되고, 입자의 에너지가 서서히 단계적으로 상실될 때 그 에너지는 열의 형태로 발산된다).

재결합 중심이 있을 때의 캐리어 수명(life time)은

$$\tau = \frac{n_i^2}{g(p+n)} \quad\quad\quad \cdots\cdots (5.81)$$

로 나타낸다. 여기서 g 는 캐리어 발생도이고, 진성, n형, p형의 반도체 수명은 다음과 같다.

$$n = p = n_i \text{에서} \quad \tau_i = \frac{n_i}{2g} \quad (\text{진성반도체}) \quad\quad \cdots\cdots (5.82)$$

$$p = 0 \text{에서} \quad \tau_n = \frac{n_i^2}{gn} \quad (n\text{형 반도체}) \quad\quad \cdots\cdots (5.83)$$

$$n = 0 \text{에서} \quad \tau_p = \frac{n_i^2}{gp} \quad (p\text{형 반도체}) \quad\quad \cdots\cdots (5.84)$$

따라서 진성일 때 수명이 가장 길고, 불순물이 증가되면 거의 반비례하여 수명이 짧아지고, 불순물 밀도가 충분히 높으면 일정하게 된다.

(3) 소수 캐리어의 수명

과잉으로 존재하는 소수 캐리어가 직접 재결합에 의해서 소멸해 가는 과정은 식(5.85)를 이용해서 해석할 수 있다. n형 반도체에서 평형상태의 전자, 정공밀도를 각각 n_{n0}, p_{n0}로 하고 과잉의 전자·정공쌍 p'이 생성된 것으로 하면 $n_n = n_{n0} + p'$, $p_n = p_{n0} + p'$로 되고 $g = rp_{n0}n_{n0}$ 이므로 식(5.85)와 같이 된다.

$$\frac{dp_n}{dt} = \frac{dp'}{dt} = r[p_{n0}n_{n0} - (p_{n0} + p')(n_{n0} + p')]$$

$$\simeq -r(p_{n0} + n_{n0})p' = -\frac{p'}{\tau} \qquad \cdots\cdots (5.85)$$

여기서 p'^2의 항은 p'가 n_{n0}, p_{n0}에 비해서 적으므로 무시하였고, τ는 소수캐리어 수명(life time)이며, 과잉 소수캐리어의 밀도가 $t = 0$일 때의 $1/e$로 될 때까지의 시간으로 주어진다. 따라서

$$p' = p'_0 \exp(-\frac{t}{\tau}) \qquad \cdots\cdots (5.86)$$

의 해가 얻어져, 과잉 소수캐리어는 그림 5.20에 나타낸 바와 같이 지수함수적으로 감소한다. 여기서 p'_0는 $t = 0$에 있어서 과잉 소수캐리어 밀도이다.

$$\tau = \frac{1}{r(p_{n0} + n_{n0})} \qquad \cdots\cdots (5.87)$$

n형 반도체 중에서 과잉의 정공이 $1/e$로 감소할 때까지의 시간을 정공의 수명, p형 반도체 중에서 과잉의 전자가 $1/e$로 감소할 때까지의 시간을 전자의 수명이라고 한다.

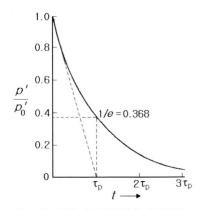

그림 5.20 과잉 소수캐리어의 소멸과정

Chapter 6

반도체의 성질

본 장에서는 반도체 재료의 응용에 필수적인 전자도전성, 이온전도성, 유전성, 압전성, 초전성, 광전성, 열전성, 자기적 성질, 광학적 성질, 부정비성 등 제반 물성에 대해 생각해 보기로 한다.

6.1 전자전도성

(1) 밴드전도

앞장에서 설명한 바와 같이, 비교적 넓은 밴드에서 유효질량 m^*, 전하 e를 갖는 캐리어의 운동에 의해서 전도하는 경우를 밴드전도라고 한다. 열평형 상태에서는 온도 T에서 열속도 $v_{th} = (3kT/m^*)^{1/2}$로 불규칙적인 운동을 하고 있기 때문에, 다수의 캐리어에 대해서 평균하면 0이 되어 이것에 의한 전류는 흐르지 않는다. 전계가 가해지면 평균속도로 드리프트되어 전류가 흐르게 된다.

캐리어가 전자인 경우에는 전계 E〔V/m〕와 반대방향으로 움직이므로, 그 평균 드리프트 속도(drift mobility) v_d〔m/s〕는

$$v_d = -\mu E \qquad \cdots (6.1)$$

이다. 여기서 μ는 드리프트 이동도(drift mobility)로, 단위전계당 얻어지는 속도를 의미하며, 그 단위는 〔mV^{-1}s^{-1}〕이다.

전도대에 있는 전자밀도를 n〔1/m^3〕으로 하면 전하밀도 q〔C/m^3〕는

$$q = -en \qquad \cdots (6.2)$$

로 된다. 이 전하이동에 의한 전류를 드리프트 전류라 하고, 전류밀도 J〔A/m^2〕는

$$J = qv_d = en\mu E = \sigma E \qquad \cdots (6.3)$$

이 된다. 여기서 σ는 도전율(conductivity)로

$$\sigma = en\mu \quad [\Omega^{-1}m^{-1}] \qquad \cdots (6.4)$$

이다. 도전율의 역수는 저항률 ρ(resistivity)로 〔Ωm〕의 단위를 갖는다.

캐리어가 정공인 경우에는 전계와 같은 방향으로 움직이므로 식(6.1), (6.2)의 부호가

바뀌는 것뿐이고, 다른 것은 전자의 경우와 같게 된다. 따라서 전자와 정공이 동시에 존재할 때 도전율 σ는

$$\sigma = e\,(n\mu_n + p\mu_n) \qquad\qquad \cdots\cdots \text{(6.5)}$$

로 된다. 여기서 n, p는 각각 전자, 정공의 밀도를, μ_n, μ_p는 각각 전자, 정공의 이동도를 나타낸다.

진성 반도체와 같이 캐리어가 쌍으로 생성되는 경우에는 쌍의 수를 n_i로 해서 다음 식이 된다.

$$\sigma = e n_i\,(\mu_n + \mu_p) \qquad\qquad \cdots\cdots \text{(6.6)}$$

이동도는 캐리어가 드리프트 중에 산란되기 때문에 생기는 것이므로, ①격자진동에 의한 산란, ②이온화 불순물에 의한 산란 등으로 그 값이 결정된다. ①의 경우 온도상승과 함께 격자진동의 진동이 크게 되므로 산란이 증가해 이동도는 감소한다. Si나 Ge에서는 음향형 격자진동(음향포논)이 산란중심으로 되어 근사적으로 $T^{3/2}$의 온도 의존성을 갖는다. GaAs 등에서는 유극성의 광학형 격자진동(광학포논)이 산란중심이 된다. ②의 경우 온도상승과 함께 캐리어의 운동에너지가 증가하므로 산란이 감소하고 이동도는 증가한다. 이온화 불순물 밀도를 N_i로 하면 $T^{3/2}N_i$에 비례하는 형태를 갖는다. 보통 ①, ②의 산란에 의해서 이동도가 결정되며 고순도 반도체는 실온에서 ①의 격자진동에 의한 산란이 이동도를 결정한다.

1) 도전율과 불순물 농도의 온도 의존성

진성 반도체에서는 전도대의 전자밀도, 가전자대의 정공밀도는 n_i로 5장의 식(5.51)에 나타낸 바와 같이, 온도상승과 함께 $\exp(-E_g/2kT)$에 비례해서 증가한다. 따라서 도전율 σ는

$$\sigma \propto e\,(\mu_n + \mu_p)\exp(-\frac{E_g}{2kT}) \qquad\qquad \cdots\cdots \text{(6.7)}$$

로 주어진다. 이동도의 온도변화는 비교적 적으므로 무시하면 도전율의 자연대수 $\ln\sigma$는 $1/T$에 비례하는 것으로 된다. 실험적으로는 그림 6.1(a)와 같은 직선으로 되어 경사각 θ를 이용하면

$$\tan\theta = \frac{E_g}{2k} \qquad\qquad \cdots\cdots \text{(6.8)}$$

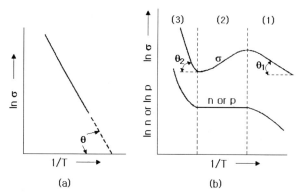

그림 6.1 도전율의 온도 의존성

이 얻어진다. 이 기울기를 [eV] 단위로 나타낸 것을 활성화 에너지(activation energy)라고 한다. 진성 반도체인 경우에는 도전율의 온도 의존성에서 금지대폭 E_g 을 추정할 수 있다.

불순물을 첨가한 반도체에서 도전율의 온도 의존성은 그림 6.21(b)와 같이 3개의 영역으로 나누어진다. 그림에는 캐리어 밀도의 변화도 표시되어 있다.

n형 반도체의 경우 전자밀도 n, 도너밀도를 N_d 라고 하면,

●**영역 (1) (저온, $n \langle N_d$) :** 온도상승과 함께 도너 이온화가 진행되므로 전도대의 전자밀도가 증가하고 도전율도 증가한다. 직선부의 경사 $\tan\theta_1$에서 도너준위 E_d 를 추정할 수 있다.

●**영역 (2) (중온, $n \approx N_d$) :** 도너가 모두 이온화되어 버리나 가전자대에서 전도대로 전자의 여기가 일어나는 정도로 높은 온도는 아니므로 전도대의 전자밀도는 도너밀도와 같게 된다. 온도변화를 나타내지 않는 이 영역을 포화영역이라 한다. 보통 온도 상승과 함께 이동도가 감소하므로 도전율이 감소한다.

●**영역 (3) (고온, $n \rangle N_d$) :** 가전자대에서 전도대로 전자가 여기 되어 전자밀도가 증가한다. 이 경우 전자·정공쌍이 생성되므로 반도체의 진성상태가 실현되어진다. 전자밀도의 증가에 따른 도전율도 증가한다. 직선부의 경사 $\tan\theta_2$로부터 금지대폭 E_g 를 추정할 수 있다.

p형 반도체의 경우도 같은 방법으로 설명된다. 식(6.4)에 나타낸 바와 같이 도전율은 캐리어 밀도와 이동도의 곱에 비례한다. 같은 불순물 밀도이면 p형의 저항률이 n형 보다 2배 이상 큰데, 이것은 정공의 이동도가 전자의 이동도의 절반 이하이기 때문이다(그림 6.2와 6.3 참조).

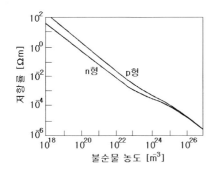

그림 6.2 Si 저항률의 불순물 농도
의존성(300[K])

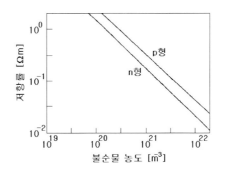

그림 6.3 Ge 저항률의 불순물 농도
의존성(300[K])

2) 고전계 효과

반도체는 낮은 전계에서는 오옴의 법칙이 성립하지만, 전계가 대단히 높으면 오옴의 법칙이 성립하지 않게 되어 전류는 전압에 비례하지 않게 된다. 이것은 비례상수인 도전율이 전계의 함수로 되는 일을 의미한다. 도전율은 $\sigma = en\mu$로 주어지므로 σ가 전계에 의해서 변화하는 원인으로서 n과 μ의 변화를 생각할 수 있다.

먼저 n형 반도체를 예를 들어 전자밀도 n이 변화하지 않은 것으로 하고 이동도가 전계에 의해서 어떻게 변화하는가를 생각해 보기로 한다. 전자는 전계에 의해 에너지를 얻어 격자진동에 의한 산란으로 에너지를 격자계에 주게 되며, 1회의 산란으로 격자계에 주는 에너지는 적다. 따라서 전계가 높은 경우는 흡수한 에너지는 전자들의 에너지를 높이는 결과가 되어 전자온도 T_e (electron temperature)가 높게 된다. 전자가 흡수한 에너지는 격자계로 전달되어서 격자온도 T(lattice temperature)를 높이는데 사용되어지며, 격자계의 열용량이 전자계의 에너지보다 높으므로 격자온도 상승온도는 전자의 상승온도보다 적다. 따라서 전계를 가하면 정상상태에 이르기까지 전자온도와 격자온도 사이에 많은 차이가 생긴다. 이와 같이 격자온도보다 높은 전자온도를 갖는 전자를 뜨거운 전자(hot electron)라고 한다.

음향형 격자진동에 의해서 산란되는 경우, 이동도 μ는

$$\mu = \mu_0 \left(\frac{T}{T_e}\right)^{1/2} \qquad \cdots\cdots (6.9)$$

가 된다. 여기서 μ_0는 전계에서의 이동도이다. 전자가 단위시간에 얻는 에너지를 격자계에 주는 에너지와 같다고 하면,

$$\frac{T_e}{T} = \frac{1}{2}\left[1 + \left(1 + \frac{3\pi}{8}\left(\frac{\mu_0 E}{C_s}\right)^2\right)^{1/2}\right] \qquad \cdots\cdots (6.10)$$

이 되며, 여기서 C_s는 반도체 내에서 음속이다.

$\mu_0 E \ll C_s$ 인 경우는 근사식으로 다음과 같이 된다.

$$\frac{T_e}{T} \simeq 1 + \frac{3\pi}{32}(\frac{\mu_0 E}{C_s})^2 \qquad \cdots\cdots (6.11)$$

$$\mu \simeq \mu_0[1 - \frac{3\pi}{64}(\frac{\mu_0 E}{C_s})^2] \qquad \cdots\cdots (6.12)$$

$\mu_0 E \gg C_s$ 인 경우는 다음과 같이 된다.

$$\frac{T_e}{T} \simeq (\frac{3\pi}{32})^{1/2}\frac{\mu_0 E}{C_s} \qquad \cdots\cdots (6.13)$$

$$\mu \simeq \mu_0(\frac{32}{3\pi})^{1/4}(\frac{\mu_0 C_s}{E})^{1/2} \qquad \cdots\cdots (6.14)$$

따라서 전류밀도와 전계의 관계는 그림 6.4와 같이 된다. 즉, 낮은 전계에서는 오옴의 법칙이 성립하지만, 적당히 가속시키면 이동도가 감소하고, 가속된 전자속도가 음속에 가깝게 되면 $J \propto E^{1/2}$의 관계가 성립된다.

전계를 높게 하면 광학형 격자진동에 의해서 산란되는 전자속도는 전계에 의존하지 않게 되어 평균적으로

$$v_s = \frac{1}{2}(\frac{2h\omega_0}{\pi m_n})^{1/2} \qquad \cdots\cdots (6.15)$$

가 된다. 여기서 $h\omega_0/2\pi$는 광학형 격자진동 에너지이다. 이 속도 v_s를 포화속도라 부르고 전류밀도는 전계에 의존하지 않게 된다.

전계를 더욱 높게 하면 가속된 전자는 불순물 원자나 결정격자에 충돌해서 결합을 깨뜨려 전자를 전도대에 여기하게 한다. 이것이 반복되어서 자유캐리어가 생기기 때문에 n에 변화가 생겨 전류는 급격히 증가하게 된다.

캐리어 밀도가 변화하는 경우를 그림 6.5와 같은 에너지대 구조를 갖는 반도체(GaAs 등)에 대해서 생각해 보기로 한다. 전도대로서 가전대 정상과 같은 운동량의 L대(lower band)와 가전대 정상보다 큰 에너지대 U대(upper band)를 갖는다. L대의 전자는 유효질량이 작아서 이동도가 크고 U대의 전자는 유효질량이 커서 이동도가 적다. 반면에 L대의 상태밀도는 U대의 상태밀도 보다 아주 적다.

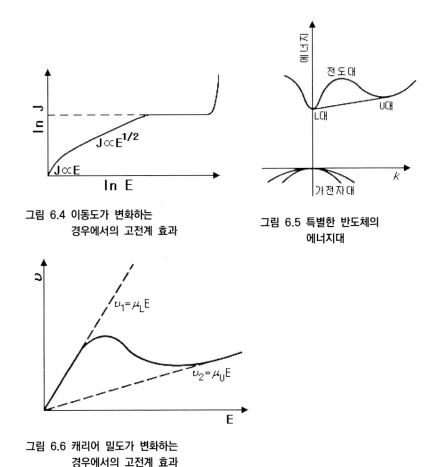

그림 6.4 이동도가 변화하는
경우에서의 고전계 효과

그림 6.5 특별한 반도체의
에너지대

그림 6.6 캐리어 밀도가 변화하는
경우에서의 고전계 효과

이와 같은 반도체에 전계가 가해지면 낮은 전계에서 전자는 L대에 존재하나 가속시켜서 속도를 증가해 가면 충분한 에너지를 얻어서 U대에 올라가게 된다. 전자의 드리프트 속도 v는 낮은 전계에서는 L대의 이동도 μ_L로 정해지며, 전계의 증가에 의해서 U대의 이동도 μ_U의 영향이 나타나고 L대에서 U대로 옮겨가는 전자밀도가 증가하는 일에 따라서 μ_U의 영향이 뚜렷하게 된다. 전자이동도가 내려가면 드리프트 속도가 떨어지므로 그림 6.6과 같이 변화하게 된다. 즉, 어떤 전계영역에서 전계증가와 함께 전류밀도의 감소가 나타나서, 부성미분저항(negative differential resistance)이 나타나게 된다.

(2) 호핑전도

불연속 준위 또는 폭이 매우 좁은 밴드내에 있는 전자나 정공은 특정 이온이 국재화하고 있던가, 거기에 가까운 상태가 된다. 이러한 전자나 정공은 격자진동(포논)과 함께 양자화되어, 폴라론(polaron, 결정내의 도전전자가 그 주위의 결정격자의 변형을 수반하면서 운동하고 있는 상태)으로 존재한다. 격자상수 정도의 크기를 스몰폴라론(small polaron), 그보다 큰 것을 라지폴라론(large polaron)이라고 한다.

전계를 인가했을 때 이러한 폴라론이 이동하는 경우, 어느 격자점으로부터 인접한 격자점으로 에너지장벽을 뛰어넘어야만 한다. 에너지장벽은 열적으로 활성화되어 뛰어넘는 경우와, 터널효과(tunnel effect, 양자역학계에서 위치좌표 x의 함수로 나타낸 퍼텐셜 $U(x)$가 있을 때, 그 최고값보다 작은 운동에너지를 갖는 입자가 최고값을 돌파해서 내부에서 외부로 또는 외부에서 내부로 이동하는 현상)에 의한 경우를 생각할 수 있다. 열적 활성화에 의한 전도는 입자의 확산과정과 유사하며, 이것을 호핑전도(hopping conduction)이라고 한다. 전형적인 호핑전도는 스몰폴라론에 의한 전도에서 나타나며, 일례로 FeO, MnO, $NiFe_2O_4$, Co_3O_4 등의 산화물에서 볼 수 있다. 한편, 전자가 터널효과로 확산하는 현상은 비정질반도체 등과 같이 국재전자의 에너지준위가 무질서하게 분포되어 있는 계에서 볼 수 있다. 이 경우, 전자는 에너지차가 작은 격자를 찾아가며 이동하기 때문에 항상 최근접 격자점으로 이동하는 것은 아니고, 멀리 떨어진 곳까지 한 번에 뛰어 넘는 경우도 있다. 이러한 전도를 가변범위 호핑(variable range hopping)이라고 한다. 도전율의 온도의존성은,

$$\log \sigma \propto T^{-n} \qquad\qquad \cdots\cdots (6.16)$$

이 되며, 여기서 n은 1차원, 2차원, 3차원 반도체에 있어서 각각 1/2, 1/3, 1/4가 된다. 반면에, 라지폴라론에 의한 전도는 밴드전도와 구별하기가 어렵고 약 $1[cm^2/Vs]$ 이하이다. 그러나 열적 활성화에 의한 호핑전도에서의 이동도는 일반적으로,

$$\mu = \mu_0 \exp(-E_H/kT) \qquad\qquad \cdots\cdots (6.17)$$

로 나타내듯이, 온도상승과 함께 지수함수적으로 증가한다. 여기서 E_H는 호핑에 필요한 이종의 활성화 에너지이며, 이 값은 물질에 따라 다르지만, 대략 0.1~0.5[eV]이다.

그림 6.7에 금속전도, 밴드전도, 호핑전도의 도전율의 온도의존성을 나타내었다. 그림에서 E는 캐리어 생성에 필요한 에너지로, 호핑전도에서는 E_H가 추가되기 때문에 도전율의 온도의존성이 더욱 커짐을 볼 수 있다. 온도계측용의 NTC 서미스터(Negative Temperature Coefficient of Resistivity thermistor)는 저항측정에 의해 온도를 검출하는 재료이기 때문에 도전율의 온도변화가 클수록 정도가 높아진다. 따라서 NTC 서미스터는 기본적으로 MnO, NiO, CoO, FeO 등의 천이금속 산화물, 스피넬 등의 호핑전도형의

산화물 세라믹스가 이용되고 있다. 물론 뒤에서 설명할 이온전도체의 경우도 도전율의 온도의 존성이 커서 도전성이 우수한 것은 역시 NTC 서미스터로 이용 가능하다.

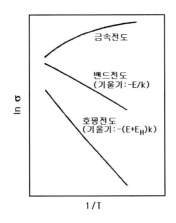

그림 6.7 각종 도전율의 온도 의존성

(3) 금속-반도체 전이

국재화한 전자가 인접한 원자로 이동하면, 그 전자와 원래 위치에 형성된 정공 간에 쿨롱력이 작용한다. 이 쿨롱력이 클수록 전류수송이 곤란하게 되며, 전계를 가하면 호핑전도가 일어나게 된다. 그러나 전도전자의 양이 증가하면 차폐효과에 의해 쿨롱력에 의한 속박으로부터 벗어나서 전자는 자유롭게 움직일 수 있게 된다. 이렇듯 반도성으로부터 금속전도성으로 전이하는 현상을 모트-허버드(Mott-Hubbard) 전이라고 하며, V-O계 각종 산화물 등에서 나타난다. 그 일례를 그림 6.8에 나타내었으며, CTR 서미스터(Critical Temperature Resistor thermistor) 등에 이용되고 있다.

반도체의 캐리어농도 증감은 온도, 분위기, 불순물의 양 등에 의존한다. 예를 들어, M_xWO_3(M: Na, H 등 1가 양이온)에서는 M이 도너로서 작용하여 x의 증가에 따라 전도전자가 증가한다. 전도전자농도가 낮으면 전자는 라지폴라론 상태로 존재하지만, 폴라론농도가 증가하면 폴라론이 결합해서 연결되고 만다. 이렇게 되면 전자는 폴라론상태로부터 해방되어 자유롭게 움직일 수 있게 된다. 이렇듯 반도체로부터 금속으로의 전이가 x∼0.16 부근에서 일어난다. M_xWO_3중에서 M이온은 WO_3의 격자간 위치에 무질서하게 들어가며, 폴라론의 에너지준위도 무질서한 분포를 하고 있다. 전자가 무질서한 퍼텐셜을 느끼면, 파동함수는 국재화되어 반도체적 성격을 나타내게 되는데, 이를 앤더슨국재(Anderson localization)

라고 하며, 이런 종류의 전이를 모트-앤더슨(Mott-Anderson) 전이라고 한다.

그림 6.9와 같이, Fe_3O_4의 도전율은 약 120K에서 10^2 정도 점프한다. 이 현상은 금속-반도체 전이와는 의미가 약간 다르지만, 간단히 설명하고자 한다. Fe_3O_4는 역스피넬구조를 하며, 구조식은 $Fe^{3+}[Fe^{2+}Fe^{3+}]O_4$로 나타낸다. 저온에서는 B격자위치($[Fe^{2+}Fe^{3+}]$)의 Fe^{2+}와 Fe^{3+}가 규칙적인 배열을 하고 있기 때문에, Fe^{2+}와 Fe^{3+}간에 전자교환이 일어나기 어려워서 반도체적(절연체적)인 거동을 한다. 고온이 되면 B격자위치의 Fe^{2+}와 Fe^{3+}는 무질서화되어, 배치엔트로피 증가에 의해 깁즈 자유에너지(Gibbs′ free energy)를 저하시키는 쪽으로 구조가 변한다. 이렇게 되면 Fe^{2+}와 Fe^{3+}의 격자위치의 구별이 없어지고, 전자교환도 부드럽게 일어나기 때문에, 도전율이 급격하게 증가한다. 이것을 버웨이(Verwey) 전이라고 한다.

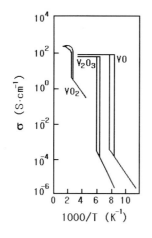

그림 6.8 V-O계 산화물의
도전율의 온도의존성

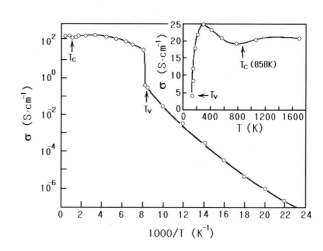

그림 6.9 Fe_2O_3의 도전율의
온도의존성

(4) 부정비성 화합물의 전도성

천이금속이나 희토류원소 등에서 볼 수 있듯이, 일반적으로 서로 다른 원자가를 취하는 원소의 화합물은 정수비에서 벗어난 조성을 갖으며, 이를 앞서 3장의 '결정의 불안전성'에서 설명한 바와 같이 부정비성 화합물(non-stoichiometric compound)이라고 한다. 예를 들면, NiO, CoO, FeO, MnO 등은 양이온 부족으로 $M_{1-\delta}O$로 나타낸다. δ값은 온도와 주위의 산소분압에 의해 결정되며, 물질에 따라 다르다(표 6.1 참조).

표 6.1 격자결함의 종류

산화물	δ	산화물	δ
$Ni_{1-\delta}O$	$0\sim0.001$	$TiO_{1+\delta}$	$-0.2\sim0.3$
$Co_{1-\delta}O$	$0\sim0.012$	$VO_{1+\delta}$	$-0.2\sim0.3$
$Fe_{1-\delta}O$	$0.043\sim0.167$	$UO_{2+\delta}$	$0\sim0.24$
$Mn_{1-\delta}O$	$0\sim0.153$	$TiO_{2-\delta}$	$0\sim0.008$
$Cu_{2-\delta}O$	$0\sim0.003$	$PrO_{2-\delta}$	$0\sim0.3$
$Fe_{3-\delta}O_4$	$0.006\sim0.101$	$Zn_{1+\delta}O$	$0\sim10^{-6}$

$M_{1-\delta}O$ 산화물에서, 금속이온은 통상 +2가이지만 산소가 과잉으로 되면, 전기적으로 중성이 되지 못하기 때문에 일부의 금속이 +3가로 된다. +3가 이온은 +2가 이온에 1개의 정공이 포획된 상태로 볼 수 있으며, 이 정공이 전기전도에 기여하므로 p형 반도체가 된다. 평형상태에 있어서 MO결정(M: +2가 금속이온)의 격자결함생성을 앞서 3장에서 설명한 크리거-빙크(Kröger-Vink)의 자료를 이용해서 나타내면 다음과 같다.

$$\frac{1}{2}O_2(g) = V_M{}^* + O_O{}^* \qquad\cdots\cdots (6.18)$$

$$V_M{}^* = V_M{}' + h^\bullet \qquad\cdots\cdots (6.19)$$

$$V_M{}' = V_M{}'' + h^\bullet \qquad\cdots\cdots (6.20)$$

여기서, 우축상단의 기호 *은 중성, $'$은 -1가, $^\bullet$은 $+1$가를 나타낸다. 이 식에서 기상으로부터 결정으로 들어간 산소가 이온으로 새로운 격자위치를 점유하기($O_O{}^*$) 때문에, 양이온의 격자위치에 공공($V_M{}^*$)이 생성된다. 이 공공에는 정공이 2개 포획된 상태이며, 열여기에 의해서 정공을 방출하여, $V_M{}'$, $V_M{}''$으로 변화한다. $h^\bullet$는 M^{3+} 부근에 있지만, 특정한 이온에 계속 포획된 상태 그대로가 아니고 비국재화하고 있다면 독립된 하전입자로서 취급할 수 있다. 밴드구조를 보면 그림 6.10에 나타낸 바와 같이, $V_M{}^*$, $V_M{}'$이 밴드갭 내에 억셉터준위를 형성하고, 이것들이 열적으로 이온화되어 정공을 생성하는 것으로 생각할 수 있다.

일례로 NiO에서 생각해 보면, 산소를 함유하는 분위기 중에서 기상의 산소와 NiO 중의 산소간의 반응식은

$$\frac{1}{2}O_2(g) \xrightarrow{\ NiO\ } V_{NiO}{}'' + O_O{}^* + 2h^\bullet \qquad\cdots\cdots (6.21)$$

로 나타낼 수 있다. 화학평형이 성립하면, 식(6.21)에서 질량작용의 법칙

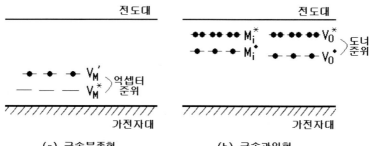

(a) 금속부족형   (b) 금속과잉형

그림 6.10 부정비성 산화물의 밴드구조와 격자결함의 에너지준위의 모식도

$$[V_{Ni}'']p^2 = K_1 Po_2^{1/2} \qquad\qquad \cdots\cdots (6.22)$$

가 근사적으로 성립한다. 여기서 〔 〕는 농도를, p 는 정공농도를 나타낸다. 순수한 NiO에서는 〔V_M''〕과 $2p$ 는 거의 같기 때문에, 식(6.22)로부터

$$p \propto Po_2^{1/6} \qquad\qquad \cdots\cdots (6.23)$$

을 얻을 수 있다. 만약 NiO에 Li_2O를 고용시키면,

$$Li_2O + \frac{1}{2}O_2(g) \xrightarrow{\ NiO\ } 2Li_{Ni}' + 2O_O^* + 2h^{\cdot} \qquad\qquad \cdots\cdots (6.24)$$

가 되어, Li_2O 첨가에 의해 NiO의 p형 전기전도도는 증대한다.

마찬가지로 ZnO(양이온 과잉)에서 생각해 보면,

$$ZnO = Zn_i^* + \frac{1}{2}O_2(g) \qquad\qquad \cdots\cdots (6.25)$$

$$[Zn_i^*] = K_1 Po_2^{-1/2} \qquad\qquad \cdots\cdots (6.26)$$

$$Zn_i^* = Zn_i^{\cdot} + e' \qquad\qquad \cdots\cdots (6.27)$$

$$[Zn_i^{\cdot}]n = K_2[Zn_i^*] \qquad\qquad \cdots\cdots (6.28)$$

$$[Zn_i^{\cdot}]n = K_1 K_2 Po_2^{-1/2} \qquad\qquad \cdots\cdots (6.29)$$

가 된다. 여기서 Zn_i는 과잉의 Zn이온이 격자간 위치 고용된 것을, n 은 전자농도를 나타낸다. 〔$Zn_i^{\cdot}$〕와 n은 거의 같기 때문에, 식(6.29)로부터

$$n \propto Po_2^{-1/4} \qquad\qquad \cdots\cdots (6.30)$$

을 얻을 수 있다. 만약에 Al_2O_3를 고용시키면,

$$Al_2O_3 \xleftrightarrow{ZnO} 2Al_{Zn}{}^{\cdot} + 2e' + 2O_O^* + \frac{1}{2}O_2(g) \qquad\qquad \cdots\cdots (6.31)$$

의 반응에 의해, Al과 거의 같은 양의 전자가 생성한다. 식(6.24)와 (6.31)로부터, 고용량에 의해 정공 또는 전자의 농도를 제어할 수 있으며(원자가제어법), 산소분압에 의존하지 않는 고도전율을 얻을 수 있다. 이와 같이 도전율이 산소분압에 의해 변화하는 현상은, 산소센서 등에의 응용이 가능하여, TiO_2, $Co_{1-x}Mg_xO$ 등이 자동차용 산소센서용 재료로 기대된다.

한편, ThO_2 등의 경우에서는 고온에서 전자전도성과 후술할 이온전도성이 혼합된 전도성을 나타낸다.

고산소분압 영역에서는,

$$\frac{1}{2}O_2(g) \xleftrightarrow{K_1} O_i'' + 2h^{\cdot}, \qquad K_1 = [O_i'']p^2 / Po_2^{1/2} \qquad\qquad \cdots\cdots (6.32)$$

로부터 격자간 O^{2-}이온이 생성되어 p형 전자전도가 우세하게 된다. 전기적 중성조건을 $p = 2[O_i'']$로 근사시키면, 도전율은

$$\sigma_p \propto p = 2[O_i''] = (2K_1)^{1/3} Po_2^{1/6} \qquad\qquad \cdots\cdots (6.33)$$

로 나타낼 수 있다.

대단히 낮은 산소분압영역에서는,

$$O_O^* \xleftrightarrow{K_2} \frac{1}{2}O_2(g) + V_O^{\cdot\cdot} + 2e', \qquad K_2 = [V_O^{\cdot\cdot}]n^2 / Po_2^{1/2} \qquad\qquad \cdots\cdots (6.34)$$

로부터 산소이온 공공이 생성되어 n형 전자전도가 우세하게 된다. $2[V_O^{\cdot\cdot}] = n$ 으로 근사시키면, 도전율은

$$\sigma_n \propto n = 2[V_O^{\cdot\cdot}] = (2K_2)^{1/3} Po_2^{-1/6} \qquad\qquad \cdots\cdots (6.35)$$

로 나타낼 수 있다.

중간영역에서는 프렌켈형의 산소결함이 주된 결함이 되어,

$$O_O^* \xleftrightarrow{K_3} V_O^{\cdot\cdot} + 2O_i'', \qquad K_3 = [V_O^{\cdot\cdot}][O_i''] \qquad\qquad \cdots\cdots (6.36)$$

로 되며, 이 경우 이온도전율은

$$\sigma_i = 2|e|([V_O^{\bullet\bullet}]\mu_V + [O_i'']\mu_i) \qquad \cdots\cdots (6.37)$$

으로 나타낼 수 있다. 여기서 μ_V, μ_i는 각각 $[V_O^{\bullet\bullet}]$, $[O_i'']$의 이동도이다.

이때 ThO_2에 Y_2O_3 등을 미량 고용시키면,

$$Y_2O_3 \xleftrightarrow{\;ThO_2\;} 2Y_{Th}' + 3O_O^* + V_O^{\bullet\bullet} \qquad \cdots\cdots (6.38)$$

로부터 $V_O^{\bullet\bullet}$가 생성한다. 극미량의 고용량으로도, 열역학적으로 생성된 $V_O^{\bullet\bullet}$, O_i''와 비교해서 훨씬 대량의 $V_O^{\bullet\bullet}$가 생성되는 것으로 생각할 수 있기 때문에,

$$[V_O^{\bullet\bullet}] = 2[Y_{Th}'] \gg [O_i''] \qquad \cdots\cdots (6.39)$$

로 근사된다. 따라서 식(6.37)과 (6.39)로부터 이온도전율은

$$\sigma_i = |e|\mu_V[Y_{Th}'] \qquad \cdots\cdots (6.40)$$

으로 나타낼 수 있다.

정공전도율은 식(6.32), (6.36), (6.39), 전자전도율은 식(6.34)와 (6.39)로부터,

$$\sigma_p \propto p = (K_1/2K_2)^{1/3}[Y_{Th}']^{1/2}Po_2^{1/2} \qquad \cdots\cdots (6.41)$$

$$\sigma_n \propto n = (2K_2)^{1/2}[Y_{Th}']^{-1/2}Po_2^{-1/2} \qquad \cdots\cdots (6.42)$$

와 같이 구할 수 있다. 이상의 결과를 모식적으로 나타낸 것이 그림 6.11이다. 이러한 도전율의 P_{O2} 의존성으로부터 각 P_{O2} 영역에서의 주된 결함의 종류를 추정할 수 있다. 또, Y_2O_3의 고용에 의해서 σ_p, σ_n의 P_{O2} 의존성이 변화하고, 이온전도가 우세한 영역이 확대되는 것을 예상할 수 있다.

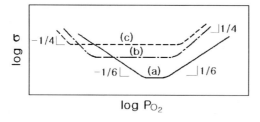

그림 6.11 ThO_2의 도전율의 P_{O2} 의존성에 미치는 Y_2O_3 첨가 효과
(a)순수한 ThO_2 (b)Y_2O_3 미량첨가 (c)Y_2O_3 다량첨가

이와 같은 격자결함의 역할은, Si나 Ge 등의 반도체에 있어서 도너나 억셉터와 유사하다. 고분자의 경우, 절연체인 폴리에틸렌의 탄소수소로부터 1개씩 수소를 제거한 폴리아세틸렌은 반도성을 나타내며, 요오드 등의 불순물을 첨가하면 금속전도성을 나타내는 것도 유사한 경우라고 할 수 있다.

여기서는 점결함의 역할에 관해서만 설명하였지만, 결함량이 증가하면 결함자체간의 상호작용이 발생해서 점결함이 집합해서 복합결함을 형성하게 되어 전도성의 양상이 달라진다.

6.2 복합계 및 접합계에서의 전자전도

(1) 금속/반도체의 접촉

금속과 반도체의 접촉을 생각하는 경우, 먼저 반도체가 n형인지, p형인지 구별하여야만 하며, 그와 함께 일함수(work function)가 금속과 반도체 중 어느 쪽이 큰가에 따라 사정이 달라진다.

1) 금속/n형 반도체의 접촉

그림 6.12에 나타낸 바와 같이, 금속과 n형 반도체의 에너지준위를 생각해 보기로 한다. 금속과 반도체의 일함수를 각각 ϕ_m과 ϕ_s로, 반도체의 전도대 바닥으로부터 진공준위까지의 에너지(전자친화력, electron affinity)를 χ_s로 한다.

① $\phi_m \rangle \phi_s$**의 경우** : 그림 6.12(a)에서 알 수 있듯이, 반도체의 페르미준위가 금속의 페르미준위보다 높기 때문에, 접촉시키면 반도체의 전도대에 있는 전자는 금속으로 이동하여 페르미준위가 일치되어, (b)와 같은 평형상태로 된다. 이 경우, 반도체의 표면 부근의 전자가 금속으로 이동해서, 금속의 표면을 -로 대전시킨다. 한편, 반도체의 표면 부근에서는 전자가 감소해서 도너 양이온만이 공간전하로서 남게 된다. 따라서 반도체의 표면 부근에 에너지준위의 변곡이 발생하여, 퍼텐셜에너지 언덕이 생성된다. 이와 같은 언덕을 전위장벽(potential barrier) 또는 간단히 장벽이라고 한다. 또한, 내부의 전도대 바닥으로부터 측정한 전위장벽의 높이를 eV_d로 나타내며, V_d를 확산전위(diffusion potential)라고 하며,

$$e V_d = \phi_m - \phi_s \qquad\qquad \cdots\cdots (6.43)$$

으로 나타낼 수 있다. 한편, 금속측으로부터 본 장벽의 높이는

$$(\phi_m - \phi_s) + (\phi_s - \chi_s) = \phi_m - \chi_s \qquad \cdots\cdots (6.44)$$

로 구할 수 있다. 또한 장벽이 존재하는 영역을 장벽층(barrier layer)이라고 하며, 이 장벽층은 공간전하가 중화되어 있지 않기 때문에(+ 또는 − 전하의 어느 쪽이 많기 때문) 생성되는 것이므로, 이 층을 공간전하층(space-charge layer)이라고 한다. 그림(b)의 경우에는 표면 부근에서 자유전자가 적어지기 때문에, 도너이온이 우세해서 장벽층을 형성하므로 공핍층(depletion layer)라고도 한다. 이 공핍층은 자유전자가 적어서 저항률이 높아진다. 반도체의 내부 저항률이 높지 않은 경우, 외부로부터 이 접촉에 전압 V_0를 가하면, 이 전압은 대부분 공핍층에 가하는 것이 된다. 그림(c) 및 (d)에서는 내부에서의 전압강하를 무시하고(페르미준위를 수평으로 나타냄) 외부로부터의 인가전압 V_0가 모두 공핍층에 가해진 것으로 한다. 그림(c)의 경우에는 금속에 대해서 반도체에 − 전압을 가한 것을 나타낸다. 이 경우를 $V_0 > 0$로 한다. 이 인가전압만큼 반도체의 페르미준위가 상승하여, 그림에서와 같이 반도체측의 장벽높이가 낮아진다. 반대로 $V_0 < 0$로 해서 그림(d)와 같이 반도체에 + 전압을 가하면 장벽높이가 높아진다.

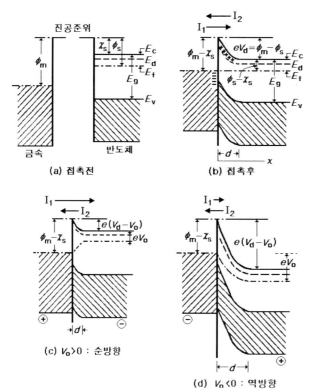

그림 6.12 금속/n형 반도체의 접촉(1)

148

여기서 그림(b)로 돌아가서 평형상태를 생각하면, 전위장벽으로 넘어서 금속으로부터 반도체에 이동하는 전자와 반대로 반도체로부터 금속으로 이동하는 전자가 있다. 전자의 이동과 거기에 따른 전류가 흐르는 방향은 반대이므로, 금속으로부터 반도체로 이동하는 전자에 의한 전류를 I_2, 반대로 반도체에서 금속으로 흐르는 전자에 의한 전류를 I_1으로 하면, 평형상태에서는 $I_1 = I_2$가 되어 전류가 흐르지 않는 것으로 된다.

다음으로 외부로부터 전압 V_0를 가하면, 그림(c), (d)와 같이 금속에서 본 전위장벽의 높이는 $\phi_m - \chi_s$로 불변이므로 전류 I_2는 변화하지 않지만, 반도체에서 본 전위장벽의 높이는 $e(V_d - V_0)$로 되며, V_0의 극성에 따라서 높아지기도, 낮아지기도 한다. 그림(c)의 경우에는 I_1은 증가하며, $(I_1 - I_2)$만큼의 전류가 금속에서 반도체로 향해 흐르며, 그 값은 V_0를 +의 큰 값으로 할수록 크게 된다. 이와 같은 전압극성을 순방향(forward direction), 이때의 전압을 순방향 전압(forward voltage), 전류를 순방향 전류(forward current)라고 한다. 그러나 그림(d)의 경우에는 $(I_2 - I_1)$만큼의 전류가 반도체에서 금속쪽으로 흐르게 되며, $(I_2 - I_1) < I_2$이므로 V_0를 -의 큰 값으로 해도 그 전류는 높아야 I_2 정도가 된다. 이와 같은 전압극성을 역방향(reverse direction), 이때의 전압을 역방향 전압(reverse voltage), 전류를 역방향 전류(reverse current)라고 한다.

따라서 이와 같은 접촉의 전압-전류특성은 그림 6.13과 같다. 이처럼 전류흐름이 쉬운 방향과 어려운 방향이 있는 성질을 정류성(rectifying)이라고 하며, 이러한 특성을 나타내는 접촉을 정류성 접촉(rectifying contact)이라고 한다.

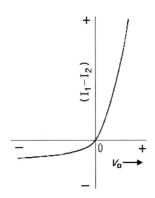

그림 6.13 정류특성

② **공핍층** : 먼저 공핍층에는 공간전하로 자유전자와 정공은 존재하지 않고, 단지 이온화한 도너 양이온만이 존재하는 가정 하에, 그림 6.12(b)에 나타낸 바와 같이 표면에서 내부를 향해 x축을 설정한 1차원 구조를 생각하면 프와송(Poisson) 방정식은

$$\frac{d^2 V}{dx^2} = -\frac{\rho}{\epsilon \epsilon_0} = -\frac{e N_d}{\epsilon \epsilon_0} \qquad \cdots\cdots (6.45)$$

가 된다. 여기서 ρ는 공간전하밀도, N_d는 도너밀도(이것이 모두 이온화되어 $\rho = e N_d$가 된다), ε은 비유전율, $\epsilon_0 (8.85 \times 10^{-12} [\text{F/m}])$은 진공유전율이다. 경계조건으로,

$$x = 0 \text{에서} \quad V = 0, \qquad\qquad\qquad\qquad\qquad \cdots\cdots (6.46)$$
$$x = d \text{에서} \quad \frac{dV}{dx} = 0, \;\; V = V_d - V_0$$

으로 해서 식(6.45)를 풀면,

$$V = (V_d - V_0) - \frac{e N_d}{2\epsilon \epsilon_0}(d - x)^2 \qquad \cdots\cdots (6.47)$$

이 되며, $x = 0$에서 $V = 0$으로 하면,

$$d = \sqrt{\frac{2\epsilon \epsilon_0}{e N_d}(V_d - V_0)} \qquad \cdots\cdots (6.48)$$

이 된다. 여기서 d가 공핍층의 폭이 된다.

공핍층내의 공간전하의 총량 Q는 반도체의 단위단면적당

$$Q = e N_d d = \sqrt{2\epsilon \epsilon_0 e N_d (V_d - V_0)} \qquad \cdots\cdots (6.49)$$

가 된다. 따라서 이 공핍층의 단위단면적당의 정전용량 C는

$$C = -\frac{dQ}{dV_0} = \sqrt{\frac{\epsilon \epsilon_0 e N_d}{2(V_d - V_0)}} \qquad \cdots\cdots (6.50)$$

이 된다. 역방향 특성($V_0 \langle 0$)의 경우에 용량 C는 $\sqrt{(V_d - V_0)}$에 반비례하게 된다. 그림 6.14는 $1/C^2$과 $|V_0|$의 관계를 나타낸 것으로 식(6.50)이 성립하는 것을 볼 수 있다.

이 결과로부터 이러한 장벽에는 역방향 특성에서 용량이 존재하는 것을 알 수 있으며, 이 용량을 장벽용량(barrier capacitance)이라고 한다. 또한, 장벽층내의 공간전하밀도가 일정하다고 생각할 수 있는, 따라서 전위분포가 식(6.47)과 같이 2차 곡선으로 나타낼 수 있는 장벽을 쇼트키장벽(Schottky barrier)이라고 한다.

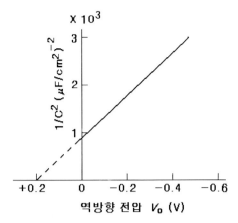

그림 6.14 장벽용량

③ $\phi_m \langle \phi_s$ 의 경우 : 이 경우에서는 금속의 페르미준위가 높기 때문에, 접촉에 의해서 금속으로부터 반도체로 전자가 이동한다. 따라서 금속표면에는 + 전하가, 반도체 표면에는 – 전하가 생성한다. 접촉으로 페르미준위가 일치한 것을 그림 6.15(b)에 나타내었다.

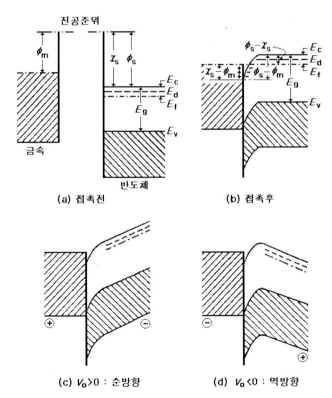

(a) 접촉전

(b) 접촉후

(c) $V_o \rangle 0$: 순방향

(d) $V_o \langle 0$: 역방향

그림 6.15 금속/n형 반도체의 접촉(2)

이 경우에는 장벽층이 생성되지 않는다. 따라서 외부로부터 인가한 전압 V_0은 반도체에 가해지게 되므로, 반도체영역의 페르미준위는 그림(c) 또는 (d)와 같이 경사를 이룬다. 그림 (c)의 경우에는 반도체로부터 금속으로의 전자 이동을 방해하는 것이 없으며, 그림(d)의 경우에는 금속에서 반도체로 이동하는 전자가 넘어야만 하는 장벽이 있지만 낮아서 문제가 되지 않는다. 따라서 전압 V_0의 극성과 관계없이 전류는 잘 흐르며, 정류성을 나타내지 않는다. 이와 같은 접촉을 오믹접촉(ohmic contact)이라고 한다.

2) 금속/p형 반도체의 접촉

금속과 p형 반도체를 접촉시킨 경우에도 어느 쪽의 일함수가 큰가에 따라 정류성 접촉도 오믹접촉도 된다. 그러나 일함수의 대소관계는 n형의 경우와는 반대가 된다.

① ϕ_m 〉 ϕ_s **의 경우** : 그림 6.16에서 알 수 있듯이, 반도체의 페르미준위가 금속의 페르미준위보다 높기 때문에, 접촉시키면 반도체의 가전자대로부터 금속으로 전자가 이동해서, 금속표면은 –, 반도체표면은 +로 대전한다. 따라서 그림(b)와 같이 가전자대의 상단이 표면에 근접할수록 윗방향으로 변곡된다. 이 에너지준위의 형상은 그림 6.12(b)와 유사하다. 그러나 이 경우 자유캐리어는 정공이다. 그림 6.16(b)의 경우, 가전자대의 장벽은 전자에 대한 것이고, 가전자대에 있는 정공의 이동은 방해하지 않는다.

반도체가 금속에 대해 +의 전위라면, 정공은 쉽게 금속으로 이동해서 바로 재결합하고 만다. 금속내에는 자유전자가 다수 존재하기 때문이다. 한편, 반도체가 –의 전위가 되면, 금속내에서 열적으로 발생한 정공이 반도체로 쉽게 이동해 간다. 어떤 경우에도 정공의 이동이 용이하므로, 이때의 접촉은 오믹접촉이 된다.

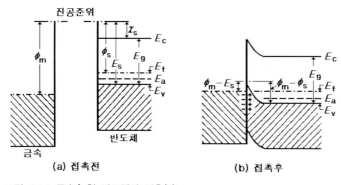

그림 6.16 금속/p형 반도체의 접촉(1)

② $\phi_m < \phi_s$ 의 경우 : 그림 6.17에서 알 수 있듯이, 페르미준위가 높은 금속으로부터 반도체로 전자가 이동한다. 따라서 가전자대의 표면 부근에서는 이온화된 억셉터 음이온이 공간전하로 되며, 금속표면은 +로 대전한다. 따라서 가전자대의 표면 부근에 그림(b)에 나타낸 장벽이 형성된다. 아랫방향으로 변곡한 부분이 정공에 대해 장벽이 된다. 이 경우의 확산전위 V_d 는

$$e V_d = \phi_s - \phi_m \qquad \cdots (6.51)$$

이 되며, 금속측의 정공에 대한 장벽높이는 $(E_s - \phi_m)$이 된다. 여기서 E_s 는 진공준위부터 가전자대 상단까지의 깊이를 의미한다.

반도체로부터 금속으로 정공이 이동하기 위해서는 확산전위에 의한 장벽 $e V_d$ 를 넘어야만 하지만, 금속에서 반도체로의 정공이동은 $(E_s - \phi_m)$의 장벽을 넘어야만 한다. 반도체측의 장벽높이는 그림 6.17의 (c) 또는 (d)에 나타낸 바와 같이 외부전압 V_0 에 의해 변화하지만, 금속측의 장벽높이는 변화하지 않는다. 따라서 이 접촉은 정류성 접촉이다. 정공이 반도체로부터 금속으로 향해서 이동하는(전류가 흐르는) 경우가 순방향이다.

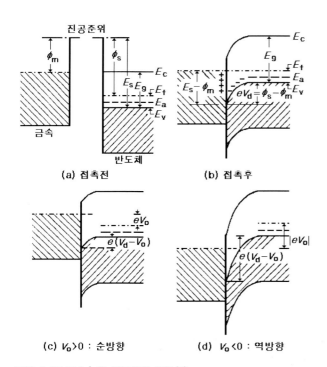

그림 6.17 금속/p형 반도체의 접촉(2)

표 6.2 금속/반도체의 접촉

접 촉	n형	p형
오믹접촉	$\phi_m < \phi_s$	$\phi_m > \phi_s$
정류성 접촉	$\phi_m > \phi_s$	$\phi_m < \phi_s$

ϕ_m : 금속의 일함수

ϕ_s : 반도체의 일함수

3) 표면준위

지금까지 설명을 정리하면 표 6.2와 같다. 금속과 반도체의 일함수의 대소만 알면 정류성 접촉인지 또는 오믹접촉인지 알 수 있지만, 실제로는 이러한 판단에 따르지 않는 경우도 많다. 또한, 앞서 설명에서 역방향 전류의 최대값(포화값)은 I_2, 즉 금속측의 장벽 $(\phi_m - \chi_s)$ 을 뛰어넘어서 반도체로 유입되는 전자에 의한 전류로 결정된다. 따라서 $(\phi_m - \chi_s)$가 클수록, 다시 말하면 금속의 일함수 ϕ_m이 클수록 I_2는 적어져서, 역방향 포화전류는 거의 변화하지 않는다. 이러한 현상을 설명하기 위해서는 금속을 접촉시키기 이전부터 반도체표면에 자연스럽게 장벽이 형성되어 있는 것으로 생각하여야만 한다. 이러한 장벽을 표면장벽(surface barrier)라고 한다.

반도체표면에는 많은 수의 전자 에너지준위가 존재하고 있기 때문에, 장벽은 금속을 접촉시키기 이전에 이미 형성되어 있는 것으로 생각할 수 있다. 그림 6.18에 나타낸 바와 같이, 표면에 있는 전자의 에너지준위를 생각할 수 있는데, 이 준위를 표면준위(surface level) 또는 표면양자상태(surface state)라고 한다.

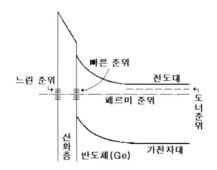

그림 6.18 산소분위기에서의 n형 Ge의 표면준위

그림 6.16은 n형 반도체의 경우이므로, 전도대에 있는 전자 중의 표면 부근의 것은 표면양 자상태로 들어가서, 표면 부근에서는 도너 양이온이 우세하게 된다. 표면양자상태로 들어간 전자와 도너 양이온이 전기적 이중층을 형성해서 장벽을 높이는 결과가 된다. 표면양자상태의 밀도가 크면, 바깥쪽에 금속을 접촉시켜도 장벽의 형태가 변하지 않아서, 정류성 성질도 역방향 포화전류도 변화하지 않게 된다.

이와 같은 표면양자상태를 형성하는 원인으로는 2가지를 생각할 수 있다. 첫 번째는 반도체 표면에는 결합이 완성되지 않은 원자가 다수 존재하고 있으며, 이러한 원자는 전자 또는 정공을 포획할 수 있다. Ge나 Si와 같은 공유결정에서는 이런 종류의 표면양자상태의 밀도가 매우 높아서, $10^{13} \sim 10^{14}[1/\text{cm}^2 \cdot \text{V}]$ 정도가 되는 것으로 알려져 있다. 이 준위를 탐준위 (Tamm level, Tamm state)이라고 한다. 이와 같이 모체재료 표면에 있는 표면양자상태는 모체결정 내부와 캐리어의 수수가 대단히 신속하게 일어나서, 10^{-6}초 정도의 시간에서 평형상 태에 도달한다. 이러한 표면준위를 빠른 준위(fast state)라고 한다. 두 번째 표면양자상태는 분위기의 영향에 의한 것으로, 표면에 흡착된 산소, 수증기 등의 기체의 분자 또는 원자가 결정내부와의 캐리어 수수에 의해 형성되는 것이다. 이러한 경우는 캐리어 수수에 제법 긴 시간이 요구되어져 늦은 준위(slow state)라고 한다. Ge 표면에 산화물 박층이 존재하는 경우의 표면준위를 그림 6.19에 나타내었다. 그림에서 볼 수 있듯이, 표면이 완전히 산화되지 않은 경우에는 두 종류의 표면준위가 공존한다.

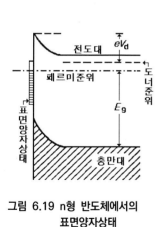

그림 6.19 n형 반도체에서의
표면양자상태

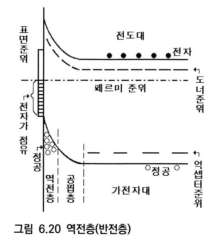

그림 6.20 역전층(반전층)

표면준위밀도가 크면, 그림 6.20과 같이 에너지대의 변곡이 현저해지며, n형 반도체의 경우에는 전도대의 전자가 극히 적어진다. 한편, 소수캐리어가 표면 부근으로 몰려와서, 표면의 정공밀도가 결정내부와 비교해서 현저하게 커진다. 즉, 표면층에서는 전자보다도 정공밀도가 커져서, 겉보기로는 p형 반도체와 같은 거동을 나타내게 된다. 이와 같은 전기전도 형식의 반전을 보이는 영역을 반전층 또는 역전층(inversion layer)이라고 한다.

4) 고전계하에서의 전도

시료의 양면을 금속전극으로 처리하고 양단에 전압을 인가한 경우, 시료내의 전류(I_b)와 전극으로부터 주입되는 전류(I_c)가 같지 않으면 오옴법칙으로부터 벗어난 거동을 하며, 전류–전압특성은 비직선적으로 된다. $I_c > I_b$라면 전자 또는 정공이 시료내에 축적되어 전극 부근에 공간전하층이 형성되어, 제한된 전류가 흐르게 된다. $I_c < I_b$라면 전극부근에 공핍층이 형성되기 때문에, 그 공핍층을 통한 전자 또는 정공의 방출전류 또는 불순물준위로부터의 전계방출전류가 오옴법칙에서 벗어나는데 기여하게 된다.

그림 6.21에 나타낸 바와 같이, 공간전하제한전류(SCLC) I는 $I \propto V^2$로 전압의 2승에 비례하며 증가하는데, 이를 차일드(Child)의 법칙이라고 한다. 트랩이 존재하는 경우는, 일단 캐리어는 포획되기 때문에, 전류는 감소한다. 트랩이 모두 채워지면, 차일드법칙에 따르는 전류증가가 나타난다. SCLC 영역이 시작되는 전압 V_t는 $e n_i d^2 / \varepsilon$ (e:전자의 전하, n_i :진성캐리어밀도, ε :비유전율)로 근사된다.

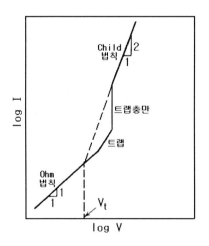

그림 6.21 고전계하에서 공간전하제어전류

일례로, $e=1.6\times10^{-19}$[C], $\varepsilon=2.0$, $d=0.5$[㎝], $n_i=10^{20}$[1/㎤]이면, V_t 는 약 2[V]가 된다. 공핍층을 통한 전계방출전류로는 앞서 설명한 쇼트키효과에 의한 것과, 파울러-노르드하임(Fowler-Nordheim)형의 터널전류에 의한 것이 있다. 쇼트키전류는 열이나 광 등의 에너지에 의해 여기된 전자가 에너지장벽을 뛰어넘어 흐르는 전류로, 그림 6.22에서 볼 수 있듯이 전류값은 전압과 함께 온도에도 의존한다. 이에 반해서 터널전류는 공핍층 두께가 약 10.0[㎚] 이하가 되면 현저하게 나타나는데, 온도에는 의존하지 않는다. 또한, 불순물준위로부터의 전자여기에 의한 전류증가는 풀-프렌켈(Poole-Frenkel) 효과에 의하며, 제너(Zener) 효과는 전자가 가전자대로부터 전도대로 직접 여기되는 효과로 보통 절연파괴로 나타나는 현상이다.

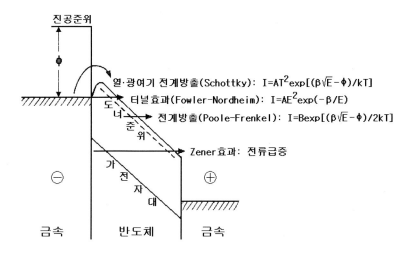

그림 6.22 전계방출기구의 모식도

(2) 반도체의 p-n 접합

반도체결정 내의 한쪽 부분에 p형 불순물을 도핑하고 나머지 부분에 n형 불순물을 도핑하면 한 결정 안에 p형 반도체와 n형 반도체가 형성된다. 여기서 p형 반도체와 n형 반도체와의 금속학적 경계면을 p-n접합(p-n junction)이라고 한다. 그림 6.23에 p-n접합의 에너지준위를 나타내었으며, p형 영역에서 n형 영역으로 변화되어 가는 영역을 천이영역(transition region)이라고 한다.

천이영역의 n형쪽에서는 자유전자는 n형 영역으로 이동하고, p형쪽에서는 자유정공이 p형 영역으로 이동하기 때문에 천이영역에서는 억셉터 음이온과 도너 양이온의 체적분포로 전기이중층을 형성하며, 페르미준위가 계 전체에서 일정하게 되며, 확산준위 V_d를 유지하게 된다. 천이영역에는 그림 6.23에 나타낸 바와 같이 +의 공간전하로부터 − 공간전하를 향해 전계 E가 발생하며, 이는 자유전자를 n형 영역으로, 자유정공을 p형 영역으로 보내는 역할을 한다. 이 천이영역은 앞서 설명한 공간전하층 또는 공핍층을 뜻한다.

이와 같이 p형 반도체와 n형 반도체가 얇은 경계층을 사이에 두고 인접해 있는 구조는 반도체장치에 있어서 기초적인 구성으로서 대단히 중요하며, 일례로 트랜지스터나 다이오드의 전기적 특성은 p-n접합 부근에서의 물리적 현상과 직접적으로 관련되어있다. 그러므로 p-n접합특성에 관해서는 충분하게 이해해 둘 필요가 있다.

단일재료로 되어있는 p-n접합을 균질접합(homo-junction), 모체결정이 단일재료가 아니고 금지대폭이 다른 재료로 제작된 p-n접합을 이질접합(hetero-junction)이라고 한다. 먼저, p-n접합의 제작법에 대해 간단히 소개하고자 한다.

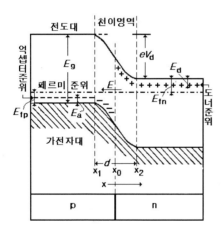

그림 6.23 p-n접합의 에너지준위

1) p-n접합 제작

① 합금접합

합금접합(alloyed junction)이란, 일례로 그림 6.24에 나타낸 것처럼, n형 Ge 단결정 위에 In의 작은 잉곳(ingot)을 (a)와 같이 올려놓고 500℃ 정도로 가열하면, In이 용해되어 (b)와 같이 Ge과의 경계면에서 n형 Ge과 합금을 이루게 된다. 이것이 냉각되어 굳어질 때 합금된 부분은 (c)와 같이 용해하지 않은 n형 Ge결정과 연속적으로 결정구조를 이루면서 p형 Ge결정을 형성하게 된다.

합금접합의 제조과정을 적당히 조절하면 p형에서 n형으로 넘어가는 간격을 0.01〔㎛〕정도로 할 수 있는데 이 간격은 대단히 작기 때문에 실제적으로 그림 6.25와 같이 p형에서 갑자기 n형으로 변화한다고 볼 수 있다. 이와 같이 이상화한 것을 계단형 접합(step junction)이라고 한다.

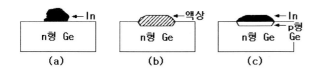

그림 6.24 합금접합법

② 성장접합

인상법에 의한 단결정 성장과 같은 단결정 성장과정에서 p형 및 n형 불순물을 차례로 넣어주면 그림 6.26(a)와 같이 p형에서 n형으로 점차적으로 변화하는 p-n접합을 제작할 수 있다. 이러한 방법으로 제작한 접합을 성장접합(grown junction)이라고 한다.

그림 6.26(b)는 경사형 접합방법으로 2개의 p-n접합을 제작한 후, 절단해서 n-p-n 성장접합형 트랜지스터를 만드는 과정을 나타낸 것이다. 이처럼 접합근처에서의 불순물농도 분포가 점차적으로 변화하는 것을 경사형 접합(graded junction)이라고 한다.

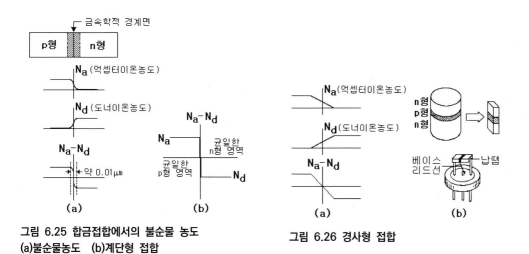

그림 6.25 합금접합에서의 불순물 농도
(a)불순물농도   (b)계단형 접합

그림 6.26 경사형 접합

③ 확산접합

확산접합(diffused junction)이란 반도체 결정표면으로부터 불순물 원자를 결정 안으로 확산시켜주는 방법으로 그림 6.27과 같은 확산로 내에 반도체 웨이퍼(일례로 Si)를 넣고 800~1,200℃ 정도로 가열한다. 이러한 높은 온도에서 불순물 원자들은 기체상태로 되어 있어 반도체 웨이퍼를 둘러싸며 그 안으로 확산하여 들어간다. 이 상태에서 반도체 원자들도 크게 자극되어 있으며, 많은 원자들이 결정격자를 빠져나가 결정 안에서 또는 표면에서 새로운 위치에 자리 잡게 됨으로 확산해 들어온 불순물 원자들이 빈 격자를 채우게 되는 것이다.

그림 6.28은 도너농도가 N_d인 n형 반도체 웨이퍼의 표면에서부터 p형 불순물을 확산시킬 때 억셉터 농도 N_a의 분포를 나타낸 것이다. 확산해 들어간 억셉터의 농도분포가 확산시간 (t_1, t_2, t_3)에 따라 달라지며 확산시간을 길게 함으로써 처음의 계단형에서 경사형의 형식으로 됨을 알 수 있다.

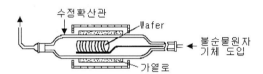

그림 6.27 확산접합법

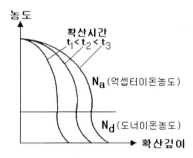

그림 6.28 확산접합시 불순물 농도 분포

2) 열평형 상태에서의 p-n접합

일반적으로 물질의 모든 부분이 균일한 온도로 되어 있으며 광 또는 바이어스(bias) 전압과 같은 외부로부터의 방해가 없을 때 이 물질은 열평형 상태에 있게 된다. 이러한 상태에서 전자 및 정공의 운동은 불규칙적인 운동을 하므로 전자의 운동에 기인한 전자전류 및 정공의 운동에 기인하는 정공전류는 각각 반도체 안의 모든 점에서 0이 되어야 한다. 또한 동일한 양의 양전하와 음전하를 가지고 있는 물질은 전기적 중성에 있다고 하는데, 전기적 중성에 있는 물질은 전하를 끌어당기지 못한다. 이러한 전기적 중성인 물질의 원자가 전자를 잃었을 때 그 원자는 양전하를 띠게 되는데 이것을 양이온이라고 하며, 이와 반대로 원자가 외부에서 전자를 얻으면 그 원자는 음전하를 가지게 되는데 이것을 음이온이라고 한다.

n형 Si 반도체를 생각해 보면, 각 Si 원자는 +4의 양전하를 가진 원자핵과 각각 −1의 음전하를 띤 4개의 가전자로 이루어져 있으므로 Si 원자는 중성이다. 여기에 n형 불순물 원자(도너원자)를 넣게 되면 도너원자는 +5의 양전하를 갖는 원자핵과 −1의 음전하를 가진 5개의 가전자로 이루어져 있어서 Si 원자와 결합할 때 단지 가전자 4개만이 결합에 기여하고 나머지 한 전자는 자유전자로서 주위를 자유롭게 돌아다닌다. 이러한 전자가 도너원자의 궤도에서 이탈되어 나오게 되면 도너원자의 +1의 양이온은 Si 원자와의 강한 결합력으로 인해 움직일 수 없다. 이 때 도너원자를 떠난 자유전자가 반도체 물질의 외부로 빠져나가지 않는 한 이 물질은 결국 전기적인 중성의 성질을 그대로 유지한다고 볼 수 있다. 그러므로 n형 반도체는 고정된 도너 양이온과 움직일 수 있는 음전자(negative electron)로 되어있으며, 비슷한 방식으로 p형 반도체를 생각하면 고정된 억셉터 음이온과 움직일 수 있는 양정공 (positive hole)으로 이루어진 중성물질로 간주될 수 있다. 각각의 p형과 n형 반도체에서 전하분포를 그림 6.29에 나타내었다. 여기서 Si원자의 형태는 나타나 있지 않지만 물질 전체에 연속적인 결정을 이루고 있다고 보면 된다. 이 그림에서와 같이 고정된 이온은 규칙적 으로 결정체 내에 분포되어 있고, 자유롭게 움직일 수 있는 정공과 전자는 순간에 따라 불규칙 운동을 하게 된다.

p형 및 n형 반도체의 캐리어 농도에 있어서 정공농도는 p형 쪽이 n형 쪽보다 훨씬 크며, 전자농도는 n형 쪽이 p형 쪽보다 훨씬 크다. 그러므로 이들이 서로 p-n접합을 이룰 때 이들 농도의 기울기에 의해 정공은 접합을 건너서 p형 쪽에서 n형 쪽으로 확산하려 하며, 전자는 n형 쪽에서 p형 쪽으로 확산하려 한다. 그림 6.30에 이러한 상태를 나타내었다(이 그림은 도너농도가 억셉터농도의 2배인 경우이다).

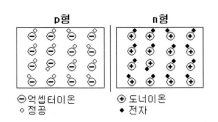

그림 6.29 p 및 n형 반도체에서의 전하분포

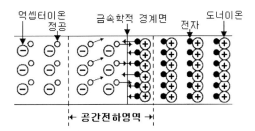

그림 6.30 p-n접합에서의 공간전하영역

정공이 떠나간 자리에는 -로 대전된 억셉터 이온이 남게 되며, 전자농도가 높은 n형 쪽으로 들어간 정공은 곧바로 전자와 재결합하여 소멸된다. 이 때 재결합으로 전자를 잃은 도너원자는 +로 대전하게 된다. 또한 n형에서 p형 쪽으로 확산해 가는 전자의 경우도 떠나간 자리에 +로 대전된 도너이온을 남기게 되며, p형 영역에서 정공과 결합하여 -로 움직일 수 없는 억셉터 이온이 남으므로 접합면 근처에는 ±의 공간전하에 기인한 전계가 발생하게 된다(+인 n형 쪽에서 -인 p형 방향으로). 이 전계는 결국 정공과 전자의 확산을 억제하는 방향에 있다. 이러한 전계의 세기는 접합을 건너서 확산해 가려는 캐리어의 수효가 많을수록 강해진다. 이리하여 캐리어농도의 기울기로 인하여 확산해 가려는 경향과 확산운동을 억제하려는 전계의 효과가 균형을 유지하는 상태에서 평형이 이루어지는 셈이다.

다시 말하면, 접합을 건너서 확산해 가는 캐리어의 이동은 자기제어적 과정이다. 왜냐하면 전하의 이동에 의해 발생된 전계는 이것을 발생케 한 원인이 해소되리만큼 증가하기 때문이다. 예를 들면 온도의 증가로 캐리어농도가 커지면, 접합을 건너서 이동하는 캐리어의 수효가 증가하게 되며, 이에 따라 이들의 이동을 억제하는 전계의 세기가 증가하여 새로운 평형상태를 이루게 되는 것이다. 따라서 p-n접합 반도체는 앞서 금속/반도체 접촉에서 설명한대로, 세 가지 영역으로 구분된다.

● 캐리어농도의 기울기가 있는 영역이며 공간전하의 전기적 이중층(+ 전하와 - 전하가 존재)으로 인하여 전계가 발생하는 영역으로 이것을 공간전하영역이라고 한다. 이 영역의 캐리어 농도는 대단히 작기 때문에 이 영역을 공핍층이라고 부르기도 하며, 또 천이영역이라고 하기도 한다.
● 접촉면으로부터 충분히 떨어진 p형 반도체 안의 전기적 중성영역이다.
● 접촉면으로부터 충분히 떨어진 n형 반도체 안의 전기적 중성영역이다.

3) 접촉전위차 및 전위장벽

공간전하영역의 전계로 인하여 p형 및 n형 반도체 사이에 전위차가 생기게 되는데 이것을 접촉전위차(contact potential difference), 또는 내부전압(built-in voltage)이라고 한다. 결과적으로 캐리어의 확산운동은 이 접촉전위차로 인한 전위장벽 때문에 억제되는 셈이다. 그림 6.31에 공간전하영역의 일반적 특징을 나타내었다.

금속학적 접합으로부터 충분히 떨어진 균일한 p형 및 n형 영역에서의 전자 및 정공 농도는 억셉터 및 도너농도에 의해 결정된다. p형 쪽의 억셉터농도 N_a 및 n형 쪽의 도너농도 N_d 가 각각

$$N_a = 3.3 \times 10^{18}/cm^3, \quad N_d = 1.6 \times 10^{15}/cm^3 \qquad \cdots (6.52)$$

로 도핑 되어있는 계단형 Ge p-n접합을 예를 들 때 각 영역에서의 캐리어농도는 실온에서 다음과 같이 계산된다.

억셉터 농도가 N_a인 p형 영역에서의 정공농도 p_p 와 전자농도 n_p 는

$$p_p = N_a, \quad n_p = \frac{n_i^2}{N_a} \qquad \cdots (6.53)$$

이 되며, 마찬가지로 도너농도가 N_d인 n형 영역에서의 전자농도 n_n 과 정공농도 p_n 은

$$n_n = N_d, \quad p_n = \frac{n_i^2}{N_d} \qquad \cdots (6.54)$$

가 된다. 여기서 n_i^2는 진성반도체의 캐리어 농도로 진성반도체에서는 정공농도와 전자농도 가 같으므로 캐리어 농도 $n_i^2 = n_p p_p = n_n p_n$ 이 된다.

실온에서 n_i^2는 $n_i(300K) = 1.5 \times 10^{10}/㎤ (\text{Si의 경우}) = 2.5 \times 10^{13}/㎤ (\text{Ge의 경우})$이므 로 p형 쪽 $p_p = 3.3 \times 10^{18}$, $n_p = 1.9 \times 10^8$, n형 쪽 $n_n = 1.6 \times 10^{15}$, $p_n = 3.9 \times 10^{12}$이 되어, Si의 경우와 비교해 보면 다수캐리어의 농도는 동일하지만, 소수캐리어의 농도는 Ge쪽이 훨씬 큼을 알 수 있다. 여기서 Si소자와 Ge소자의 차이가 발생하는 것이다.

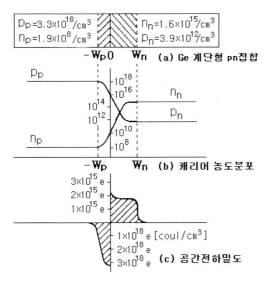

그림 6.31 실온에서 평형상태에 있는 Ge p-n접합

4) 전위분포

p-n접합의 단면적이 A일 때 접합면으로부터 x 거리의 단면에서의 전계를 $E(x)$, 정공밀도를 $p(x)$라고 하면, +의 x방향으로 흐르는 정공 드리프트 전류를 I_p라고 하고 정공 확산전류를 I_{Dp}라고 할 때 다음 식으로 표현된다.

$$I_p = e\,A\,\mu_p\,p(x)\,E(x) \qquad\qquad \cdots\cdots (6.55)$$

$$I_{Dp} = -\,e\,A\,D_p\,\frac{dp(x)}{dx} \qquad\qquad \cdots\cdots (6.56)$$

열평형 상태에서의 정공의 흐름은 0이 되어야 하므로 $I_p + I_{Dp} = 0$로부터

$$\mu_p p(x)E(x) - D_p\frac{dp(x)}{dx} = 0 \qquad\qquad \cdots\cdots (6.57)$$

이고, 공간전하영역에서 전위분포(potential distribution)를 $V(x)$라 하면,

$$E(x) = -\,\frac{dV(x)}{dx} \qquad\qquad \cdots\cdots (6.58)$$

이 되므로,

$$dV(x) = -\,\frac{D_p}{\mu_p}\,\frac{dp(x)}{p(x)} \qquad\qquad \cdots\cdots (6.59)$$

가 되고, 양변을 적분하면 다음식이 된다.

$$V(x) = \frac{D_p}{\mu_p}(-\ln p(x) + c) = \frac{D_p}{\mu_p}\ln\frac{K}{p(x)} \qquad\qquad \cdots\cdots (6.60)$$

식(6.60)에서 공간전하영역과 p형 중성영역과의 경계면에서의 전위를 0으로 하고, 중성영역의 정공밀도를 $p = p_p$로 하면, 식(6.60)에서 $K = p_p$이 되므로,

$$V(x) = \frac{D_p}{\mu_p}\ln\frac{p_p}{p(x)} \qquad\qquad \cdots\cdots (6.61)$$

이 된다. 공간전하영역과 n형 중성영역과의 정공밀도는 p_n이므로, 이 경계면의 전위를 ϕ라고 하면 식(6.61)로부터,

$$\phi = \frac{D_p}{\mu_p}\ln\frac{p_p}{p_n} \qquad\qquad \cdots\cdots (6.62)$$

와 같이 접촉전위차, 즉 열평형상태에서의 전위장벽을 나타낼 수 있다. 앞서 5장 식(5.40)의 아인슈타인의 관계식을 이용하면,

$$\phi = \frac{kT}{e} \ln \frac{p_p}{p_n} \qquad \cdots\cdots (6.63)$$

이 되고, $p_p \simeq N_a$, $p_n \simeq n_i^2 / N_d$ 을 이용하면 다음식이 된다.

$$\phi = \frac{kT}{e} \ln \frac{N_a N_d}{n_i^2} \qquad \cdots\cdots (6.64)$$

(3) p-n접합의 전압 · 전류특성

열적평형상태에 있는 p-n접합은 외부로부터 어떤 에너지를 인가하지 않으면, 계속 평형상태를 유지하기 때문에 접합양단의 최종전류는 0이 된다. p-n접합에 외부로부터 전압이 인가될 때 접합은 바이어스(bias) 되었다고 하며, 이때의 인가전압을 바이어스 전압(bias voltage)이라고 한다.

p-n접합에 바이어스 전압을 가하려면, 먼저 금속전극을 반도체 양단에 접촉시켜야 한다. 앞서 금속/반도체 접촉에서 설명한대로, 금속/반도체 접촉에 있어서도 공간전하 영역에 의한 접촉 전위차가 발생하며, 그 크기는 금속 및 반도체의 종류와 접촉면을 흐르는 전류에 따라 다르다.

그림 6.32(a)에 평형상태의 에너지준위를 나타내었다(단, 불순물준위는 기입을 생략하였으며, p형 및 n형의 모체영역은 도전율이 높은 것으로 가정하였다). 이 p-n접합은 확산전위 V_d에 의해 자유캐리어가 분산되어 있으며, p형 영역에서는 정공이, n형 영역에서는 전자가 다수라는 것은 말할 필요도 없다. 이러한 평형상태에서는 앞서 설명한 바와 같이 전계 E에 의한 캐리어 이동과 캐리어 밀도구배에 의한 확산전류가 흐른다.

앞서의 5장 식(5.37)과 (5.38)로부터 전자 및 정공에 의한 전류는 각각

$$J_n = en\mu_n E + e D_n \frac{dn}{dx} \qquad \cdots\cdots (6.65)$$

$$J_p = ep\mu_p E - e D_p \frac{dp}{dx} \qquad \cdots\cdots (6.66)$$

이 되며, 평형상태에서는 $J_n = 0$, $J_p = 0$ 이므로, 식(6.65)와 (6.66)으로부터

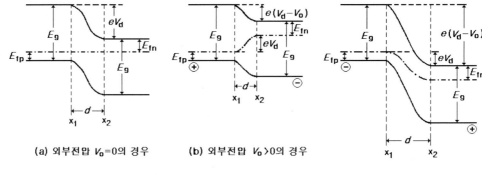

(a) 외부전압 V_o=0의 경우 (b) 외부전압 V_o>0의 경우

(c) 외부전압 V_o<0의 경우

그림 6.32 p-n접합의 에너지준위

$$E = -\frac{D_n}{\mu_n}\frac{1}{n}\frac{dn}{dx} = -\frac{kT}{en}\frac{dn}{dx} \qquad \cdots\cdots (6.67)$$

또는

$$E = \frac{D_p}{\mu_p}\frac{1}{p}\frac{dp}{dx} = \frac{kT}{ep}\frac{dp}{dx} \qquad \cdots\cdots (6.68)$$

이 된다. 여기서 아인슈타인의 관계를 이용하면, 확산전위 V_d 는

$$
\begin{aligned}
V_d &= -\int_{x_1}^{x_2} E\,dx = \frac{kT}{e}\int_{x_1}^{x_2}\frac{1}{n}\frac{dn}{dx}\,dx \\
&= \frac{kT}{e}\int_{\bar{n}_p}^{n_n}\frac{dn}{n} = \frac{kT}{e}\ln\frac{n_n}{\bar{n}_p} \qquad \cdots\cdots (6.69)
\end{aligned}
$$

또는

$$V_d = -\int_{x_1}^{x_2} E\,dx = -\frac{kT}{e}\int_{p_p}^{\bar{p}_n}\frac{dp}{p} = \frac{kT}{e}\ln\frac{p_p}{\bar{p}_n} \qquad \cdots\cdots (6.70)$$

이 되며, 따라서

$$\bar{n}_p = n_n \exp\left(-\frac{eV_d}{kT}\right), \qquad \bar{p}_n = p_p \exp\left(-\frac{eV_d}{kT}\right) \qquad \cdots\cdots (6.71)$$

이 된다. 여기서, $\bar{n}_p$ 는 접합의 p측($x=x_1$)에서의 평형전자밀도, $\bar{p}_n$ 은 접합의 n측($x=x_2$)에

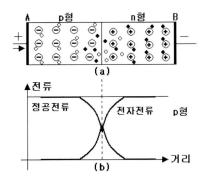

그림 6.33 순방향 바이어스의 p-n접합

서의 평형정공밀도, n_n 은 n형 영역에서의 평형전자밀도, p_p 는 p형 영역에서의 평형정공밀도이다.

p-n접합에 외부로부터 전압 V_0 를 가해 전류를 흘린 경우를 생각해 보기로 한다. 먼저 순방향 바이어스는 전원의 + 단자를 p형 쪽에 연결하고, – 단자를 n형 쪽에 연결함으로써 p-n접합에 전압이 인가되는 경우를 말하며, 그 예를 그림 6.32(b) 및 그림 6.33에 나타내었다.

그림 6.33에서 순방향 바이어스의 전압이 0에서 점차 증가될 때 p형 쪽의 정공은 전극 A에 있는 양전하에 의해 접합면 쪽으로 밀리며 n형 쪽의 전자는 마찬가지로 전극 B에 있는 음전하에 의해서 접합면 쪽으로 밀려나게 된다. 순방향 바이어스 전압이 더 증가하게 되면, 접합 장벽을 횡단하여 움직여서 p형으로 흐르는 전자는 p형의 정공과 재결합하고 n형 쪽으로 흐르는 정공은 n형 쪽의 전자와 재결합 할 것이며, 따라서 접합양단에는 전류가 흐르게 된다. 이러한 전류는 순방향 바이어스 전압이 조금만 증가해도 급격히 증가하며, 이와 같이 순방향 바이어스 전압이 인가될 때 흐르는 전류를 순방향 전류(forward current)라 한다. 이 순방향 전류는 전압 양쪽에서 접합을 횡단하는 다수 캐리어의 흐름에 의해 형성된다.

전극 A에서부터 전극 B로 p-n접합을 통해 흐르는 전류의 성질을 보면, 전극 A에 가까이 있는 p형 영역에서의 전류는 정공의 흐름으로 구성되며, 전극 B에 가까이 있는 n형 영역에서의 전류는 전자로 구성된다. 그림 6.33(b)에서와 같이 전극 A에 가까이 있는 p형 쪽의 모든 정공으로부터 전극 B 가까이에 있는 n형 쪽의 모든 전자에 이르기까지 점진적인 비례관계를 갖게 되며 접합 부근에서는 정공과 전자의 동시적 흐름에 의해 전류가 형성된다. p형 쪽의 정공은 접합면에 접근할 때 전자와의 재결합에 의해 줄어들다가 n형 쪽의 어느 정도 거리에서 모든 정공은 재결합에 의해서 사라진다. 마찬가지로 n형 쪽의 전자의 흐름도 결국

p형 영역의 어느 정도 거리에서 0으로 떨어질 것이다(전체적인 전류는 이 반도체 내의 모든 점에서 외부전류 I와 동등해야 한다). 즉, 순방향 바이어스의 경우는 그림 6.33(b)와 같이 공핍층의 전위장벽이 $V_d - V_0$로 내려가며, 따라서 p형으로부터 n형으로 전류가 잘 흐르게 된다.

반면에 역방향 바이어스는 전원의 + 단자를 n형 쪽에 연결하고, − 단자를 p형 쪽에 연결하여 전압을 인가하는 형태를 말하며(그림 6.34), 이러한 방식으로 p-n접합에 바이어스가 걸리게 되면 n형 반도체의 자유전자는 + 단자로 끌리게 되며, p형 반도체의 정공은 − 단자로 끌리게 되어 다수캐리어가 접합으로부터 멀어지게 된다. 이들 다수캐리어가 두 전극 쪽으로 이동하여 접합면으로부터 멀어지게 되면 접합면 근처에는 고정된 도너이온과 억셉터이온이 생성되어 공간전하영역을 더 넓게 하며 결국 접합장벽의 크기가 높아지게 된다. 이러한 결과로 생긴 접합장벽은 실제로 어떤 다수캐리어도 도저히 넘을 수 없을 정도로 높게 된다. 그러므로 역방향 바이어스 전압 인가 시에는 다수캐리어에 의한 전류는 흐를 수가 없다(그림 6.32(c)).

이러한 역방향 바이어스 전압은 소수캐리어(p형쪽의 전자와 n형쪽의 정공)에 대해서는 반대효과를 가져다준다. 역방향 바이어스가 증가하면 소수캐리어에 의해 형성되는 전류는 증가된다. 그런데 접합 근처에서 생기는 소수캐리어는 단지 열에너지에 의해 생성되는 비율에 의존하므로 열적으로 생성된 소수캐리어가 전부 접합면을 횡단하여 전류를 형성한다 할지라도 아주 적은 양에 불과하다. 실제적으로 소수캐리어에 의한 전류는 역방향 바이어스가 증가하여도 일정값을 유지한다. 이와 같이 소수캐리어에 의한 전류를 역포화전류(reverse saturation current)라고 한다. 만약 온도가 증가하여 더 많은 소수캐리어가 열적으로 생성되어 역포화전류가 증가될 것이지만, 실제 실리콘디바이스에 있어서 이 전류는 상온에서 수 nA($=10^{-9}$A)로 매우 작은 값이다.

그림 6.34 역방향 바이어스의 p-n접합

이와 같이 외부전압 V_0 를 가한 경우, p형 영역의 평형전자밀도 n_p 및 n형 영역의 평형정공밀도 p_n 은

$$n_p = \bar{n}_p \exp(\frac{eV_0}{kT}) = n_n \exp[-\frac{e(V_d - V_0)}{kT}] \qquad \cdots\cdots (6.72)$$

$$p_n = \bar{p}_n \exp(\frac{eV_0}{kT}) = p_p \exp[-\frac{e(V_d - V_0)}{kT}] \qquad \cdots\cdots (6.73)$$

으로 나타낼 수 있다.

실제로는 외부전압을 가했기 때문에 전류는 흐르고 있다. 순방향 바이어스의 경우 전자는 n형 영역으로, 정공은 그 역방향으로 이동해서 각각 전류로 된다. 따라서 그 이동으로 p형 영역에서는 소수캐리어인 전자가 증가하고, n형 영역에서는 정공이 증가한다. 이러한 증가분을 과잉소수캐리어(excess minority carrier)라고 한다.

먼저 n형 영역(그림 6.35에서 $x > x_2$)에서의 정공밀도 $p(x)$를 계산해 보기로 한다. 정공밀도는

$$\frac{\partial p}{\partial t} = -\frac{p - \bar{p}_n}{\tau_p} + D_p \frac{\partial^2 p}{\partial x^2} \qquad \cdots\cdots (6.74)$$

의 관계가 성립한다. 여기서 τ_p 는 n형 영역에서의 정공의 수명, D_p 는 확산계수이다. 정상전류가 흐르고 있다고 하면 $\partial p / \partial t = 0$ 이므로,

$$\frac{d^2 p}{dx^2} = \frac{p - \bar{p}_n}{D_p \tau_p} \qquad \cdots\cdots (6.75)$$

가 된다. 이 식을 풀면,

$$p - \bar{p}_n = C_1 \exp(-\frac{x}{\sqrt{D_p \tau_p}}) + C_2 \exp(\frac{x}{\sqrt{D_p \tau_p}}) \qquad \cdots\cdots (6.76)$$

이 되며, 여기서 C_1, C_2는 임의상수로 경계조건으로 결정된다. 즉, $x \to \infty$ 에서 $p - \bar{p}_n \to 0$ 이고, $x = x_2$ 에서 $p = p_n$ 이라는 조건을 삽입하면,

$$p - \bar{p}_n = (p_n - \bar{p}_n) \exp(-\frac{x - x_2}{\sqrt{D_p \tau_p}}) \qquad \cdots\cdots (6.77)$$

이 된다. 이러한 n형 영역에서 정공밀도의 분포상태를 그림 6.35에 나타내었다. 여기서

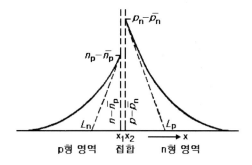

**그림 6.35 순방향 바이어스에서 과잉의
소수캐리어의 분포**

$L_p = \sqrt{D_p \tau_p}$ 로 할 때, 이 L_p 는 n형 영역에 들어간 과잉의 정공이 재결합해서 소멸할 때까지 주행하는 거리의 평균값을 나타내며, 이것을 확산거리(diffusion length)라고 한다. 앞의 계산에서는 n형 영역의 길이가 충분히 길고, 과잉소수캐리어는 전극에 도달할 때까지 소멸하는 것으로 하고 있다.

   n형 영역의 저항률은 충분히 작고, 전압강하를 무시한다면(인가전압 V_0 는 공핍층에만 가해지고 있다), 정공에 의한 전류는 그 밀도구배에 의한 확산전류만으로 된다. 따라서 정공전류밀도 J_p 는

$$J_p = -eD_p \left|\frac{dp}{dx}\right|_{x=x_2} = \frac{eD_p}{L_p}(p_n - \bar{p}_n) \qquad \cdots (6.78)$$

이 된다. 여기에 식(6.71), (6.72), (6.73)의 관계를 대입하면,

$$J_p = \frac{e\bar{p}_n D_p}{L_p}\left[\exp\left(\frac{eV_0}{kT}\right) - 1\right]$$

$$J_p = \frac{ep_p D_p}{L_p}\left[\exp\left(\frac{eV_0}{kT}\right) - 1\right]\exp\left(-\frac{eV_d}{kT}\right)$$

$$J_p = J_{p0}\left[\exp\left(\frac{eV_0}{kT}\right) - 1\right] \qquad \cdots (6.79)$$

가 되며, 여기서

$$J_{p0} = \frac{ep_p D_p}{L_p}\exp\left(-\frac{eV_d}{kT}\right) \qquad \cdots (6.80)$$

이다. 식(6.79)에서 $V_0 \rightarrow -\infty$ 로 하면,

$$J_p = -J_{p0} \quad \cdots\cdots (6.81)$$

이 된다. 즉, 역방향 바이어스를 가한 경우의 정공전류의 포화값이다.

마찬가지로 p형 영역에서도 과잉소수캐리어 즉 과잉의 전자밀도 및 그로 인한 확산전류를 생각해 보면, 다음과 같은 관계를 얻을 수 있다. 먼저 전자밀도 n 은

$$n - \bar{n}_p = (n_p - \bar{n}_p) \exp\left(- \frac{x_1 - x}{\sqrt{D_n \tau_n}}\right) \quad \cdots\cdots (6.82)$$

로 구할 수 있다. 여기서 D_n 과 τ_n 은 각각 소수캐리어 전자의 확산계수 및 수명이며, 이 관계를 그림 6.35에 나타내었다.

전자에 의한 확산전류밀도 J_n 은

$$J_n = -eD_n \left|\frac{dn}{dx}\right|_{x=x_1} = \frac{eD_n}{L_n}(n_p - \bar{n}_p)$$

$$= \frac{e\bar{n}_n D_n}{L_n}\left[\exp\left(\frac{eV_0}{kT}\right) - 1\right]$$

$$= J_{n0}\left[\exp\left(\frac{eV_0}{kT}\right) - 1\right] \quad \cdots\cdots (6.83)$$

으로 구할 수 있다. 여기서 L_n 은 전자의 확산거리로

$$L_n = \sqrt{D_n \tau_n} \quad \cdots\cdots (6.84)$$

로부터 구할 수 있다. J_{n0} 는

$$J_{n0} = \frac{en_n D_n}{L_n} \exp\left(- \frac{eV_d}{kT}\right) \quad \cdots\cdots (6.85)$$

로부터 구해진다. 이것은 역방향 바이어스에서의 전자전류의 포화값이다. p-n접합 전체에 흐르는 전류는 정공에 의한 전류와 전자에 의한 전류의 합이 된다. 따라서 전압 V_0 로 흐르는 전류밀도 J 는

$$J = J_p + J_n = e\left(\frac{p_p D_p}{L_p} + \frac{n_n D_n}{L_n}\right)\left[\exp\left(\frac{eV_0}{kT}\right) - 1\right] \exp\left(- \frac{eV_d}{kT}\right)$$

$$= (J_{p0} + J_{n0})\left[\exp\left(\frac{eV_0}{kT}\right) - 1\right] = J_0\left[\exp\left(\frac{eV_0}{kT}\right) - 1\right] \quad \cdots\cdots (6.86)$$

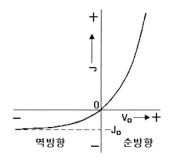

그림 6.36 p-n접합의 전압전류특성

이 되며, $V_0 > 0$의 경우가 순방향 특성을, $V_0 < 0$이 역방향 특성을 나타낸다. 또한

$$J_0 = J_{p0} + J_{n0} \qquad \cdots\cdots (6.87)$$

은 역방향 포화전류밀도를 나타낸다. 이러한 관계를 그림 6.36에 나타내었다. 이 특성으로부터 p-n접합은 정류성을 나타냄을 알 수 있다.

식(6.86)과 (6.87)로부터

$$J_0 = e\,(\frac{p_p D_p}{L_p} + \frac{n_n D_n}{L_n})\exp(-\frac{e\,V_d}{kT})$$

$$= e\,(\frac{\bar{p}_n D_p}{L_p} + \frac{\bar{n}_p D_n}{L_n}) \qquad \cdots\cdots (6.88)$$

이 된다. 또한 앞서 5장 식(5.71)의 관계로부터

$$\bar{n}_p p_p = \bar{p}_n n_n = n_i^2 \qquad \cdots\cdots (6.89)$$

가 된다. 여기서, n_i는 진성반도체의 캐리어밀도이다. n형 영역의 도너밀도를 N_d, p형 영역의 억셉터밀도를 N_a로 하고, 이들 불순물이 전부 이온화 되어있다고 하면,

$$p_p \fallingdotseq N_a, \quad n_n \fallingdotseq N_d \qquad \cdots\cdots (6.90)$$

이 되며, 따라서

$$J_0 = e n_i^2 (\frac{D_p}{L_p N_d} + \frac{D_n}{L_n N_a})$$

$$= en_i^2 \left(\frac{1}{N_d} \sqrt{\frac{D_p}{\tau_p}} + \frac{1}{N_a} \sqrt{\frac{D_n}{\tau_n}} \right) \qquad \cdots \cdots (6.91)$$

이 된다. n_i는 앞서 5장 식(5.50)으로부터

$$n_i^2 = 4 \left(\frac{2\pi kT}{h^2} \right)^3 (m_n^* m_p^*)^{3/2} \exp\left(-\frac{E_g}{kT} \right)$$

$$= 6.30 \times 10^{50} \left(\frac{m_n^* m_p^*}{m^2} \right)^{3/2} \left(\frac{T}{300} \right)^3 \exp\left(-\frac{E_g}{kT} \right) \ [m^{-3}] \qquad \cdots \cdots (6.92)$$

가 된다. 이 결과로부터 역방향 포화전류밀도 J_0를 작게 하기 위해서는 n_i가 작을 것, 따라서 밴드갭에너지 E_g가 커야하며, 불순물밀도를 크게 함이 바람직하다.

　두 개의 도체가 하나의 절연체에 의해서 분리되면, 하나의 커패시터(capacitor)가 형성된 다는 사실을 기초로 하여 역바이어스가 걸린 p-n접합을 고찰해 보기로 한다(그림 6.37). 역바이어스가 걸린 p-n접합의 공간전하영역에서는 움직일 수 있는 캐리어가 없어서 고유저항 이 매우 높다. 따라서 이 영역은 하나의 절연체로 볼 수 있다.

　이러한 절연체 영역의 양쪽(p형과 n형 반도체)에는 움직일 수 있는 캐리어가 존재하는 높은 전하밀도를 가지고 있는 도체 영역이 있다. 이러한 사실은 한 절연체 영역을 사이에 두고 양쪽에 두 도체 영역이 존재하여 하나의 커패시터가 구성됨을 알 수 있다. 근본적으로 커패시터의 용량 값은 극판 사이의 거리에 의존하여, 극판사이가 멀어지면 용량이 감소하게 된다. 이러한 관계식은

$$C = \frac{\epsilon S}{d} \qquad \cdots \cdots (6.93)$$

으로 나타낼 수 있으며, 여기서 ε은 두 극 사이의 유전율, S는 극판면적, d는 두 극 사이의 거리를 나타낸다. p-n접합 커패시터의 극판 사이의 거리는 공간전하 영역의 폭에 의해 결정되 므로 역바이어스가 걸린 p-n접합은 역바이어스 전압이 증가할 때 커패시터 용량이 감소한다.

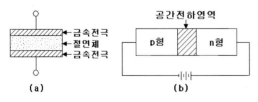

그림 6.37 p-n접합에서의 커패시터 형성
(a)커패시터구조　(b)역바이어스된 p-n접합

(4) 접합에서의 항복현상

지금까지의 p-n접합에 대한 해석에서는, 역방향 전압을 증가시키면 역방향 전류는 어느 일정한 포화값 I_0에 접근하게 된다. 이것은 p-n접합이 항복(breakdown)할 때까지 성립한다. p-n접합내의 전계강도가 10^7[V/m] 정도 되면 반도체에서는 항복이 문제가 된다. 앞서 설명한 바와 같이, p-n접합 내에서 전계가 최대로 되는 곳은 공핍층의 중앙이다. 즉

$$E_{\max} = [\frac{2e(V_d - V_0)}{\epsilon\epsilon_0(N_a + N_d)}N_a N_d]^{1/2} \quad (V_0 < 0) \qquad \cdots\cdots (6.94)$$

가 된다(여기서 V_d는 확산전위). 따라서 절연내력을 E_b, 항복전압(breakdown voltage)을 V_b로 하고, 식(6.94)에 있어서, $E_b = E_{\max}$, $V_b = -V_0(V_0 < 0)$ $V_b \gg V_d$를 대입하면,

$$V_b = \frac{\epsilon\epsilon_0(N_a + N_d)}{2e N_a N_d} E_b^2 \qquad \cdots\cdots (6.95)$$

가 된다. $\varepsilon_0 = 8.85 \times 10^{-14}$[F/cm], $e = 1.6 \times 10^{-19}$[C]이며, Ge에 있어서 $E_b = 2 \times 10^5$[V/cm], $\varepsilon = 16$으로 할 때 항복전압 V_b는

$$V_b = 1.77 \times 10^{17} \frac{N_a + N_d}{N_a N_d} [V] \qquad \cdots\cdots (6.96)$$

이 된다. 따라서 만약 $N_a \gg N_d$, 즉 억셉터밀도가 대단히 크다고 하면,

$$V_b \fallingdotseq 1.77 \times 10^{17} \frac{1}{N_d} [V] \qquad \cdots\cdots (6.97)$$

이 되며, $N_d = 10^{16}$[1/cm³]이라면 $V_b \fallingdotseq 20$[V]가 된다. 이 결과로부터 p-n접합에서 어느 한쪽 층의 불순물밀도가 대단히 높은 경우, 항복전압은 다른 한쪽 층의 불순물밀도에 의해 결정되며, 그 불순물밀도가 높을수록 항복전압이 내려가는 것을 알 수 있다.

그림 6.38에 p-n접합의 전압-전류특성을 나타내었다. 역방향전압을 높여가면 $V_0 = -V_b$의 전압에서 역방향 전류가 급격하게 증가하게 된다. 이것이 항복현상이다. 역바이어스에 의한 절연파괴가 일어날 때 역방향 최대 전류를 일정 값으로 제한시키지 않으면 역방향 전류가 너무 커서 반도체 장치를 파손시키게 된다. 이와 같은 항복현상에는 두 가지의 기구, 즉 애벌란치(avalance) 항복과 제너(Zener) 항복이 있다.

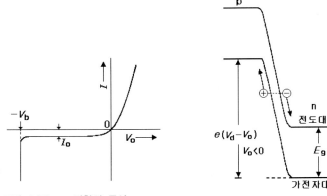

그림 6.38 p-n접합의 특성

그림 6.39 Zener 항복

1) 애벌란치 항복

역방향 전압은 거의가 공핍층에 가해진다. 그 전압이 높을수록 전계가 강하게 되어 캐리어의 속도가 증가하게 된다. 캐리어는 결정의 모체원자에 충돌하여 전자·정공쌍 생성을 일으키게 된다. 이 쌍생성은 전계가 강한 곳에서 일어나게 된다. 발생한 전자와 정공은 분리되고 또다시 쌍생성을 일으키게 된다. 이와 같이 쌍생성을 반복하며 급속하게 캐리어가 증가해 전류가 증가하게 된다. 이러한 과정으로 일어나는 항복현상을 애벌란치 항복이라고 한다. 반복 충돌에 의해 증가한 전류 I는

$$I = MI_0 \qquad\qquad \cdots\cdots (6.98)$$

로 나타내며, 여기서 M 은 증배계수(multiplication factor), I_0 는 통상의 역방향 전류이다. 증배계수 M 은

$$M = \frac{1}{1 - (\,|V_0|\,/\,V_b)^m} \qquad\qquad \cdots\cdots (6.99)$$

로 나타내며, 여기서 정수 m 은 반도체 종류에 따라 다르지만 경험적으로 3~6 정도의 값을 갖는다.

2) 제너 항복

p-n접합의 p층, n층 모두에 다량의 불순물을 첨가한 경우에는 공핍층의 폭이 좁아진다. 따라서 앞서 설명한 캐리어의 증배는 일어나지 않는다. 이것은 공핍층의 폭이 좁아서 캐리어의 속도가 충분히 크게 되지 못하기 때문이다.

공핍층의 폭이 좁고, 여기에 높은 역전압을 가하면 에너지준위가 그림 6.39와 같이 되어, 공핍층 내에서는 가전자대의 에너지준위와 동일한 준위 위치에서 전도대의 미점유 준위가 있다. 따라서 공핍층이 충분히 얇으면 그림과 같이 p형 영역의 가전자대의 전자는 금지대를 수평으로 관통해서 전도대로 나갈 수 있게 된다. 이와 같은 전자의 이동현상을 앞서 설명한 터널효과(tunnel effect)라고 한다. 전자는 파동으로 금지대 내를 관통하며, 전도대로 나가면 입자성을 나타내는 것으로 생각할 수 있다.

제너효과가 일어나기 위해서는 10^8 [V/m] 정도의 전계가 필요하다고 보고되고 있으며, 따라서 애벌란치 항복이 제너 항복보다 먼저 일어날 것으로 예측할 수 있다. 그러나 이들 두 가지 항복을 현상적으로 분리해서 관측하기는 매우 어렵다.

(5) 바리스터 특성

그림 6.40에 나타낸 바와 같이, 인가전압이 낮을 때는 고저항이어서 전류가 거의 흐르지 않지만, 어떤 전압 이상이 되면 급격하게 저저항화되어 대전류가 흐르는 소자를 바리스터(varistor: variable resistor)라고 한다. p-n접합을 그림 6.41과 같이 병렬로 연결시키면, 순방향의 전류가 흐르기 때문에 바리스터 특성을 얻을 수 있다. 그러나 제조원가, 회로설계 등의 면에서 보면, 1개의 소자로 바리스터 특성을 나타내는 재료가 바람직한데 그 대표적 재료가 ZnO이다. 바리스터 소자의 비직선 저항특성은 다결정적인 소결체가 가지는 입계의 독특한 작용에 의한 것으로 이해되었고, 1980년대에 들어 전도기구를 고체의 에너지밴드이론으로 설명하기 위한 다양한 모델들이 제안되었다.

대표적인 바리스터 재료인 다결정 ZnO 소결체는 크기분포를 가진 n형 반도체인 ZnO 입자들이 절연성의 매우 얇은 입계층으로 격리되고 그 계면 부근에 얇은 절연성의 공핍층이 형성된 구조를 하고 있는데, 결정립을 크기가 일정한 블록으로 단순화하면, 그 구조는 그림 6.42(a)와 같이 모식화 된다. 한편 임의의 방향으로 본 한 ZnO 입자와 그 계면의 등가회로는 입내저항(R_g), 계면의 저항(R_i)과 커패시터(C_i), 그리고 입계층의 저항(R_b)과 커패시터(C_b)가 그림 6.42(b)와 같이 연결된 단위구조를 이루고, 이들이 3차원의 직병렬로 연결되어 나타난 그림 6.42(c)와 같은 바리스터 등가회로로 근사할 수 있다. 여기서 원통형 바리스터의 전극부 면적을 A, 전극간의 시편두께를 L, 전극과 평행한 임의의 단면에 걸친 결정립의 평균크기와 단면적을 각각 d 와 $A_g(=d^2)$라고 하면, 이 등전위의 단면상에서의 등가회로 소자들의 수평 연결효과는 무시할 수 있으므로 시편 전체의 항복전압 V_{bs} 및 정전용량 C_p 는 각각 입계당의 항복전압 V_b 및 정전용량 C_j와 다음과 같은 관계에 있다.

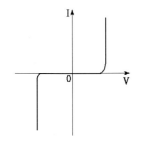

그림 6.40 바리스터의
전류-전압특성

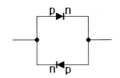

그림 6.41 p-n접합 조합에 의한
바리스터특성 회로

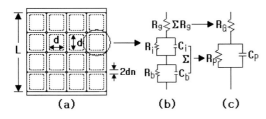

그림 6.42 ZnO 바리스터의 미세구조블록모델(a)
및 등가회로(b, c)

$$V_{bs} = \frac{L \cdot V_b}{d}, \quad C_p = \frac{A \cdot C_j}{L \cdot d} = \frac{A \cdot \epsilon \cdot d}{L \cdot d_n} \qquad \cdots \cdots (6.100)$$

여기서, d_n 은 ZnO 공핍층의 두께를 나타낸다.

ZnO 바리스터는 Bi_2O_3 또는 Pr_6O_{11}을 주성분으로 하는 첨가제를 ZnO에 첨가해서 고온에서 소성한 소결체이다. ZnO 단결정이나 순수한 ZnO만의 소결체에서는 바리스터 특성이 나타나지 않는다. 즉 Bi_2O_3, Pr_6O_{11} 등을 첨가해야만 비로소 특성이 나타난다. 바리스터 특성 발현기구에 대해서는 여러 가지 설이 있지만, 여기서는 대표적인 모델을 이용해서 복합계에서의 전자전도의 일례로서 소개하고자 한다.

ZnO-Bi_2O_3계 바리스터에서는 전류-전압특성의 비직선성을 향상시키기 위해서, CoO, MgO, MnO 등의 첨가물을 사용한다. 이들 첨가물은 ZnO 입내에도 고용하지만, 입계에도 존재하기 때문에 입계에 다수의 준위를 형성하게 된다. 이러한 준위에 포획된 전자의 전하보상으로 인해 그림 6.43(a)과 같이 이중 쇼트키장벽이 형성된다. 인가전압이 낮을 때는 계면준위에 포획된 전자가 열여기된 인접한 ZnO 입자의 전도대에 공급되기 어렵기 때문에, 앞서의 금속/반도체 접촉에서 역바이어스를 인가한 경우와 같은 양상으로 전류는 거의 흐르지 않는다. 한편, (b)와 같이 고전압이 인가되어 밴드가 크게 구부러지면, 장벽이 얇어져서 계면준위에 포획된 전자가 인접 ZnO의 전도대에 터널효과에 의해 통과해 버린다. 따라서 고전압에서는 전류가 급격하게 증가된다.

바리스터의 기본적인 도전기구는 지금의 설명으로 이해가 되겠지만, 고분해는 전자현미경 (HREM)으로 입계를 관찰한 결과보고에 의하면, 그림 6.43에서 모델화한 입계층의 존재가 확인되지 않았다. 또한 분석현미경(STEM)으로 입계부근을 분석한 보고에서는 그림 6.44에 나타낸 바와 같이 Bi의 입계편석이 확인되었지만, 그림 6.43의 밴드모델과 확실하게 대응하지는 못하였다. 실제로 눈으로 보는 구조와 보다 미시적인 레벨인 전자구조와의 관계가 명확하지 않은 것은 바리스터에만 국한된 것이 아니고, 그 밖의 다른 재료를 포함해서 향후 연구가 기대되는 분야이다.

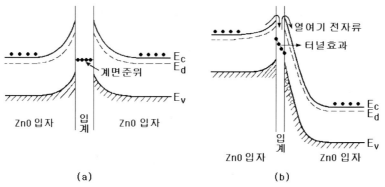

그림 6.43 ZnO 바리스터의 밴드구조와 도전기구모델
(a)전계를 인가하지 않은 상태   (b)고전계 상태

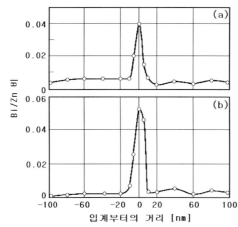

그림 6.44 STEM에 의한 ZnO 바리스터 입계에서의 Bi 편석 양상
(a)석출입자가 없는 입계 (b)작은 석출입자가 존재하는 부분

(6) PTC 특성

강유전체로 알려져 있는 $BaTiO_3$에 희토류산화물 등을 $0.01 \sim 0.3㏖\%$ 정도 첨가한 소결체는 상온에서 낮은 저항을 나타내는 n형 반도체이다. 이 반도성 $BaTiO_3$ 소결체의 저항율 ρ의 온도특성은 그림 6.45와 같이 특이한 거동을 나타낸다. 즉 120℃ 부근보다 고온영역에서 $\partial \rho / \partial T$가 $+$의 큰 값이 되며, 180℃ 전후에서 저항율은 극대가 되며, 더 고온이 되면 다시 감소한다. 이러한 특성을 PTC 효과 또는 PTCR(Positive Temperature Coefficient of Resistivity) 효과라고 한다. PTC 영역에서의 저항율 변화는 $10^4 \sim 10^6$ 까지에도 이른다. 이 현상은 소결체에 국한된 것으로 단결정에서는 나타나지 않기 때문에, 그림 6.46과 같은 입계에서의 밴드구조모델을 생각할 수 있다.

PTC 효과가 시작되는 온도는, 모체인 $BaTiO_3$의 정방정↔입방정 상전이 온도에 대응한다. 후술의 유전체 분야에서 자세하게 설명하겠지만, $BaTiO_3$는 저온영역의 정방정은 자발분극을 하는 강유전체이고, 고온영역의 입방정은 상유전체이다. 따라서 이 상전이 온도는 강유전체↔상유전체의 전이점인 퀴리점(Curie point, 약 120℃)에 해당된다. 반도성 $BaTiO_3$ 소결체는 반도성과 유전성을 겸비한 재료로서, Ba의 일부를 Sr이나 Pb, Ti의 일부를 Zr이나 Sn으로 치환하면 PTC 개시온도를 실온~300℃ 정도까지 변화시킬 수 있어, 자기온도제어형 히터나 서미스터 등 폭넓게 응용되고 있다.

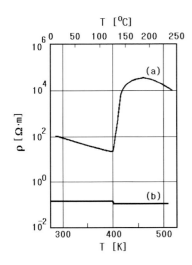

그림 6.45 Sm을 고용한 $BaTiO_3$의
저항율-온도특성
(a)소결체 (b)단결정

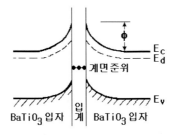

그림 6.46 반도성 $BaTiO_3$ 소결체의
밴드모델구조

PTC 효과의 발현기구에 관해서는, 앞서 바리스터와 마찬가지로 여러 가지가 제안되고 있지만, 대표적으로는 헤이왕(Heywang)이 제안한 설명을 들 수 있다. 반도성 BaTiO₃ 소결체가 상온에서도 약간의 바리스터 특성을 나타내고, 고온에서는 보다 현저한 것으로부터 그림 6.46과 같은 이중 쇼트키장벽이 형성되어 있는 것으로 생각할 수 있다. 이 경우 입계에 있어서 계면준위(억셉터)는 Ba 공격자에 유래하는 것으로 알려져 있다. 입계의 퍼텐셜장벽의 높이 ϕ는 일반적으로 다음 식으로 구할 수 있다.

$$\phi = e N_d l^2 / 2\epsilon_0 \epsilon \qquad\qquad \cdots\cdots (6.101)$$

여기서 N_d는 도너농도, ε은 비유전율, $2l$은 장벽의 폭이다. 저항율 ρ는

$$\rho = \rho_0 \exp(\phi/kT) \qquad\qquad \cdots\cdots (6.102)$$

으로 나타낼 수 있으므로, 식(6.101)에서 비유전율 ε이 퀴리점보다 높은 온도에서 급격하게 감소한다면, 식(6.102)로부터 장벽폭의 변화가 작다고 하면 저항율의 급증을 설명할 수 있다. 실제로 비유전율은 그림 6.47과 같은 온도변화를 나타낸다.

반도성 BaTiO₃ 소결체의 고분해능 전자현미경 관찰보고에 의하면, 입계에는 제2상이 존재하지 않고, 인접하는 BaTiO₃ 입자의 원자배열은 입계까지 거의 연속적인 것으로 나타났다. Ba공격자 등의 점결함을 직접 관찰하는 것은 무리가 따르므로, 반도성 BaTiO₃의 소결조건(소결온도, 승온속도, 분위기 등)에 따라 PTC 효과의 발현방법이 다르며, 계면준위의 형성상태와의 관계도 아직은 명확하지 못하다. 한가지 중요한 것은 강유전체의 도메인구조와 밴드구조의 관계, 특히 계면준위의 전하가 입계에서 적당한 도메인배열에 의해 보상된다는 고찰에 시비가 있다.

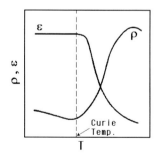

그림 6.47 반도성 BaTiO₃의 비유전율과
저항율의 온도의존성

(7) 반도체 가스감지특성

반도체 가스센서는 기체분자와의 전하이동에 의한 도전율의 변화를 측정하여 기체를 검지하는 것으로, 여기서는 가연성기체에 대한 검지기구에 대해 설명하고자 한다.

반도체 표면은 내부 원자배열의 연속성이 끊어진 부분이기 때문에, 일종의 격자결함으로 볼 수 있다. 청정표면일지라도 이들 격자결함과 전자의 상호작용방식은 반도체 내부와는 다르다. 일반적으로는 이 격자결함들이 표면준위를 형성하고, 반도체 내부의 페르미준위보다도 낮은 위치에 있으면 내부로부터 표면준위로 전자가 이동해서 표면부근에는 전자가 부족한 공간전하층(공핍층)이 형성된다. 반대로, 표면준위가 페르미준위보다 위에 있으면 전자는 반도체로부터 이동해서 공간전하층(축적층)을 형성한다.

앞서 설명한 것처럼 반도체의 표면에 기체분자가 흡착하면 반도체와 기체 사이에서 전자의 수수가 일어난다. 기체분자가 반도체로부터 전자를 하나 받았을 때 그 기체가 방출하는 에너지를 전자친화력이라고 한다. 흡착기체의 전자친화력을 A, 반도체의 일함수를 W_s로 표시하고, $A \rangle W_s$와 같은 분자가 흡착했을 때의 흡착기체와 반도체의 에너지준위의 관계를 그림 6.48(a)에 나타내었다. 이 경우, 반도체의 페르미준위와 가전자대 사이에 전자가 존재할 수 있는 에너지준위가 새롭게 생긴 것에 상당한다. 그래서 반도체 중의 전하의 재배분이 필요해지고, 반도체의 전도대에 있던 전자는 낮은 에너지 준위에 있는 흡착기체 쪽으로 이동한다. 이 결과 흡착기체는 – 전하를 띠게 되며, 이를 음이온흡착이라고 한다.

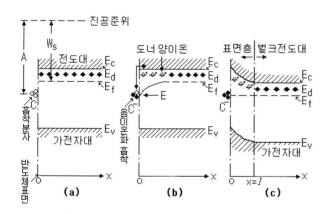

그림 6.48 n형 반도체에서의 음이온 흡착
(a)A〉Ws의 기체흡착
(b)반도체 → 흡착기체 전자이동
(c)평형상태

기체가 반도체 표면에 음이온 흡착했을 때 일어나는 반도체의 밴드구조의 변화를 살펴보면, 흡착기체는 반도체로부터 전자를 받아서 −로 대전하고, 반도체에서는 전자가 감소하므로 도너는 +로 대전한다. 이 때문에 반도체의 표면부근에서는 그림 6.48(b)와 같이 반도체 내부에서 표면을 향해 전계 E가 발생한다. 이 전계는 반도체 내부에서 표면으로의 전자이동을 방해하는 작용을 한다. 반도체에서 흡착기체로 이동한 전자수가 증가함에 따라 이 전계강도는 커지고, 어떤 크기를 넘으면 전자의 이동은 정지되고 평형상태가 된다. 평형상태에서는 반도체의 표면부근의 페르미준위와 흡착기체의 전자준위가 일치하여 전자의 이동은 일어나지 않는다. 따라서 이 상태의 페르미준위를 직선으로 표시하면, 그림 6.48(c)와 같이 반도체 표면부근의 전도대와 가전자대가 변곡된 밴드구조로 된다. 이 변곡이 나타나는 $0 \leq x < l$의 부분을 표면공간전하층 또는 표면층이라고 한다. 표면에서부터 l 이상 떨어진 $x \geq l$ 의 영역에서는 전도대나 가전자대는 기체흡착 전후에서 변화가 없고, 흡착기체의 종류에 영향을 받지 않는다. 이 영역을 벌크라고 한다.

음이온흡착 외에 그림 6.49와 같이 양이온으로 흡착하는 기체도 있다. 예를 들면 SnO_2와 같은 n형 반도체에 환원성기체인 H_2가 흡착했을 때 흡착종의 전자친화력은 반도체의 일함수보다 작다. 이 경우, $A < W_s$ 가 되고 그림 6.49(a)와 같이 흡착기체의 전자의 에너지준위는 반도체의 페르미준위보다 높은 위치에 있다. 따라서 기체흡착에 의해 기체분자에서 반도체 쪽으로 전자가 이동해, 흡착기체는 전자를 상실하고 +로 대전한다. 이 경우를 양이온흡착이라고 한다. 반도체의 밴드구조는 그림 6.49(c)와 같이 페르미준위가 흡착기체의 전자준위 위치까지 들어 올려져, 에너지대는 음이온흡착의 경우와 반대 방향으로 변곡한다. 이 결과 전도대는 반도체의 벌크부터 표면에 걸쳐서 아래쪽으로 구부러져, 전자의 이동을 저지하는 방벽으로는 되지 않는다.

n형 반도체에 공핍층이 형성된 경우의 그 폭 l은 식(6.101)로부터 $\phi = kT/\varepsilon$에 한해서,

$$l = (2\epsilon_0 \epsilon \phi / e N_d)^{1/2} \qquad \cdots \cdots (6.103)$$

으로부터 구할 수 있다. 여기서 ε은 반도체의 비유전율, N_d는 도너농도, ϕ는 공핍층의 장벽높이이다. 표면준위에 포획된 전하 Q_{ss}는

$$Q_{ss} = -e N_d l = -(2 e N_d \epsilon_0 \epsilon \phi)^{1/2} \qquad \cdots \cdots (6.104)$$

로 나타낼 수 있다. p형 반도체에서 공핍층이 형성된 경우는, 식(6.103)과 (6.104)에서 N_d를 억셉터농도 N_a로 바꾸고, Q_{ss}의 부호를 +로 하면 된다.

n형과 p형 반도체에 축적층이 형성된 경우는, 축적층의 두께와 전하를 이론적으로 계산하

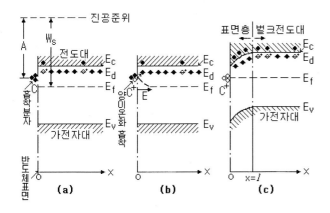

그림 6.49 n형 반도체에서의 양이온 흡착
(a)A<Ws의 기체흡착
(b)흡착기체 → 반도체 전자이동
(c)평형상태

기가 어렵지만, 원리적으로는 식(6.103)과 (6.104)에서의 N_d 대신에 n형 반도체의 경우는
전도대(n)의 유효상태밀도를, p형 반도체에서는 가전자대(p)의 유효상태밀도를 이용하면
된다.

반도체 가스센서는 많은 경우가 공기중에서 사용되지만, 그 표면은 산소가 흡착되어 있다.
산소의 전자친화력이 대단히 크기 때문에, n형 반도체에서도 p형 반도체에서도 일반적으로
음이온흡착 한다. 앞서 설명한대로 음이온흡착에 요구되는 전자는, n형 반도체에서는 전도대
로부터 공급되고, p형 반도체에서는 가전자대로부터 공급된다. 따라서 표면부근에는 n형에
서는 공핍층이, p형에서는 축적층이 형성된다. 보통은 도너농도(n형)보다 가전자대의 유효
상태밀도(p형) 쪽이 크기 때문에, 산소흡착량은 ZnO, SnO$_2$ 등의 n형 반도체보다 NiO,
CoO 등의 p형 반도체 쪽이 많은 경향이 있는 것으로 알려지고 있다. 산화물 반도체에 있어서
산소의 흡착상태는 온도에 의해 다르며, 고온이 될수록 $O_2^- \rightarrow O^- \rightarrow O^{2-}$로 변화한다.

6.3 이온전도성

완전한 결정에서의 모든 원자는 구조중의 정확한 위치에 존재한다. 그러나 이러한 상태는
절대온도 0〔K〕에서만 있을 수 있다. 0〔K〕보다 높은 온도에서는, 앞서 3장의 '결정의 불안전

성'에서 설명한 결함(defect)이 발생한다. 각종 결함 중에서 특히 점결함은 고체의 화학적·물리적인 성질에 중대한 영향을 미친다. 지금부터 설명할 이온성 고체는 격자 중에 비어있는 이온격자점에 의해 전기가 흐른다.

(1) 결함농도

결함은 주로 2가지로 분류되는데, 그중 하나는 결정에 있어서 불가결한 고유결함(intrinsic defect)으로, 이것은 전체 조성을 변화시키지 않기 때문에 정비성 결함(stoichiomeric defect)이기도 하다. 또 다른 하나는 격자내에 불순물이 도입되었을 때 형성되는 외인성 결함(extrinsic defect)이다.

이러한 결함이 생성되기 위해서는 에너지가 필요하다. 이것은 결함생성이 흡열과정인 것을 의미한다. 따라서 결정 중에 결함이 존재하는 것, 매우 낮은 농도라도 저온상태에서도 존재하는 것을 이해하기 어려울지 모르겠지만, 그 이유는 결함생성이 엔트로피의 증가를 동반하기 때문이다. 즉, 결함생성 엔트로피는 엔트로피 증가에 의해 균형이 유지되어, 평형상태에서는 결함생성에 의한 결정의 전체 자유에너지 변화($\Delta G = \Delta H - T\Delta S$)는 0이 된다. 여기서 생각할 것은 대칭성과 질서에 관한 일반적인 상식적인 예상과 반대로 열역학적으로는 결정성 고체가 완전하지 않다는 것이다. 어떠한 온도에서도 결정내에는 결함이 있으며, 그 평형농도가 있다.

일례로 MX 결정에서 쇼트키결함의 수는,

$$n_S \approx N \exp(-\Delta H_S/2kT) \qquad \cdots\cdots (6.105)$$

로부터 구할 수 있다. 여기서 n_S는 단위체적당 N개의 양이온과 N개의 음이온 격자점을 갖는 결정에 있어서 온도 T〔K〕에서의 단위체적당 쇼트키결함의 수이며, ΔH_S는 한 쌍의 결함을 생성하는데 필요한 엔탈피, k는 볼쯔만상수이다. 결함도입에 의한 완전한 결정의 엔트로피 변화를 생각하면, 쇼트키결함의 평형농도에 대한 이 식은 간단히 풀 수 있다. 엔트로피 변화에는 결합 주변 원자의 진동에 의한 것과, 결함배치에 의한 것이 있다. 특히 결함배치에 의한 양을 배치엔트로피(configurational entropy)라고 하며, 통계역학적으로 견적이 가능하다.

T〔K〕에서의 쇼트키결함수가 단위체적당 n_S개라고 하면, 단위체적당 N개의 양이온격자점과 N개의 음이온격자점을 갖는 결정에서는 n_S개의 음이온공격자가 존재하게 된다. 다음의 볼쯔만식은 이와 같은 계의 배치엔트로피를 나타낸다.

$$S = k \ln W \qquad \cdots\cdots (6.106)$$

여기서 W 는 N 개의 가능한 격자점에 대해 n_S 개의 결함을 불규칙적으로 분포시키는 경우의 수이며, k 는 볼쯔만상수로 1.380622×10^{-23} [J/K]이다. 확률이론에 의해 W 는

$$W = \frac{N!}{(N-n)!\,n!} \quad\quad \cdots\cdots (6.107)$$

로부터 구할 수 있다. 따라서 양이온공격자를 분포시키는 경우의 수는

$$W_c = \frac{N!}{(N-n_S)!\,n_S!} \quad\quad \cdots\cdots (6.108)$$

이 되고, 마찬가지로 음이온공격자에 대해서는

$$W_a = \frac{N!}{(N-n_S)!\,n_S!} \quad\quad \cdots\cdots (6.109)$$

가 된다. 이들 결함의 분포방식의 총합은

$$W = W_c W_a \quad\quad \cdots\cdots (6.110)$$

이 되며, 이를 이용해서 완전결정 중에 결함도입에 의한 엔트로피변화는

$$\Delta S = k \ln W = k \ln \left[\frac{N!}{(N-n_S)!\,n_S!} \right]^2$$
$$= 2k \ln \frac{N!}{(N-n_S)!\,n_S!} \quad\quad \cdots\cdots (6.111)$$

로 나타낼 수 있다. 스타링 근사(Stirling's approximation, $lnN! \approx N\,lnN - N$)를 이용해서 식(6.111)을 정리하면,

$$\Delta S = 2k[N\ln N - (N-n_S)\ln(N-n_S) - n_S\ln n_S] \quad\quad \cdots\cdots (6.112)$$

가 된다. 한 쌍의 결함생성에 의한 엔탈피변화가 ΔH_S 이고, n_S 개의 결함생성에 의한 엔탈피변화를 $n_S\Delta H_S$ 로 가정하면, 계의 깁즈 자유에너지 변화는

$$\Delta G = n_s\Delta H_s - 2k[N\ln N - (N-n_s)\ln(N-n_s) - n_s\ln n_s] \quad\quad \cdots\cdots (6.113)$$

이 된다. 평형상태의 일정한 온도 T에서, 계의 깁즈 자유에너지는 결함수 n_S 의 변화에 대해 최소가 되어야만 하므로, $(d\Delta G/dn_S) = 0$ 이 된다. 이것을 식(6.113)에 대입하면,

$$\Delta H_s - 2kT\frac{d}{dn_s}[N\ln N - (N-n_s)\ln(N-n_s) - n_s\ln n_s] = 0 \quad\quad \cdots\cdots (6.114)$$

가 되며, 이식을 미분하면,

$$\Delta H_S - 2kT[\ln(N-n_S)+1-\ln n_S - 1] = 0 \qquad \cdots\cdots (6.115)$$

가 되어,

$$\Delta H_S = 2kT\ln\left[\frac{(N-n_S)}{n_S}\right] \qquad \cdots\cdots (6.116)$$

으로부터 결함생성 엔탈피를 구할 수 있다. 이식을 n_S에 대해 풀면,

$$n_S = (N-n_S)\exp(-\Delta H_S/2kT) \qquad \cdots\cdots (6.117)$$

이 된다. N ≫ n_S 이므로 (N-n_S)≈N이 되고, 따라서 최종적으로

$$n_S = N\exp(-\Delta H_S/2kT) \qquad \cdots\cdots (6.118)$$

이 된다. 이식을 몰량으로 나타내면,

$$n_S = N\exp(-\Delta H_S/2RT) \qquad \cdots\cdots (6.119)$$

가 되며, 여기서 ΔH_S〔J/mol〕는 1〔mol〕의 쇼트키결함을 생성하는데 필요한 엔탈피, R은 기체상수로 8.314〔JK/mol〕이다.

마찬가지로, MX결정내의 프렌켈결함의 수는

$$n_F = (NN_i)^{1/2}\exp(-\Delta H_F/2kT) \qquad \cdots\cdots (6.120)$$

이 된다. 여기서 n_F는 단위체적당 프렌켈결함의 수, N은 격자점수, N_i는 이용가능한 격자간 사이트수이다. ΔH_F는 한 쌍의 프렌켈결함의 생성엔탈피이다. 표 6.3에 각종 결정의 쇼트키결함 및 프렌켈결함의 생성엔탈피를 나타내었다.

표 6.3의 자료와 식(6.105)를 이용하면, 결정 중에 몇 개의 결함이 존재하는지 알 수 있다. ΔH_S가 5×10^{-19}〔J〕정도의 중간적인 값을 갖는다고 하고, 식(6.105)에 대입하면, 300〔K〕에서 공격자의 비율 n_S/N는 6.12×10^{-27}, 1000〔K〕에서는 1.37×10^{-8}의 값이 된다. 즉, 쇼트키결함의 농도는 온도를 1000〔K〕까지 높여도 1억개 격자점당 결함은 1개나 2개밖에 되지 않는다. 결정내에 쇼트키결함 또는 프렌켈결함 어느 것이 존재하는지는 주로 ΔH값에 의존하며, 보다 작은 ΔH값을 갖는 결함이 우세하다. 단, 몇 가지 결정에서는 양쪽 결함 모두가 동시에 존재하는 것도 가능하다.

표 6.3 각종 화합물의 결함 생성엔탈피

	화합물	$\Delta H [\times 10^{-19} J]$	$\Delta H [eV]$
쇼트키 결함	MgO	10.57	6.60
	CaO	9.77	6.10
	LiF	3.75	2.34
	LiCl	3.40	2.12
	LiBr	2.88	1.80
	LiI	2.08	1.30
	NaCl	3.69	2.30
	KCl	3.62	2.26
프렌켈 결함	UO_2	5.45	3.40
	ZrO_2	6.57	4.10
	CaF_2	4.49	2.80
	SrF_2	1.12	0.70
	AgCl	2.56	1.60
	AgBr	1.92	1.20
	$\beta-AgI$	1.12	0.70

★ $1eV = 1.60219 \times 10^{-19} [J]$

결정의 특성, 특히 이온전도성을 변화시키기 위해서는, 결정내에 보다 많은 결함을 도입시 커야 하는데, 여기서는 먼저 결함의 도입방법에 대해 설명하고자 한다.

● 앞서 계산에 의해, 온도를 높이면 많은 결함이 생성하는 것을 알았다. 결함생성은 흡열과 정이며, 르샤틀리에(Le Chatelier)의 원리에 의하면 흡열반응의 온도를 높이면, 반응은 생성물쪽으로 일어나며 이 경우는 결함을 증가시킨다.

● 결함생성엔탈피 ΔH_S 또는 ΔH_F 를 감소시킬 수 있다면, 이 방법도 결함의 존재비율을 증가시킨다. 표 6.4를 보면, 결함생성엔탈피의 감소가 결함수에 대해 큰 영향을 미치는 것을 알 수 있다. 1000[K]에서 이번에는 100개 중에 3개 정도가 생성하는 것을 볼 수 있다. 물론 어떻게 하면 결정 중에서 ΔH 값을 변화시킬 수 있는지를 알다는 것은 곤란한 문제이지만, 결정구조가 지니는 특성으로 인해 통성보다 낮은 ΔH 값을 갖는 결정이 있기 때문에, 이들 재료를 개발하는 가능성은 있다. 일례로 후술하는 α-AgI를 들 수 있다.

● 결정내에 선택적으로 불순물을 도입함으로서 결함농도를 증가시킬 수 있다. 일례로, NaCl 결정 중에 $CaCl_2$를 첨가하면, 전기적으로 중성을 유지하기 위해서 Ca^{2+}이온은 2개의 Na^+이온과 치환해서 1개의 양이온 공격자를 생성시킨다. 이러한 공격자를 외인성 결함이라 고 한다. 또한, 후술하는 ZrO_2에 CaO를 첨가시켜 안정화시키면, Ca^{2+}이온이 Zr원자와

치환한다. 이 경우의 전하보상은 산소준격자에 음이온 공격자가 생성된다.

표 6.4 결함 생성엔탈피의 크기와 nS /N 값

T [K]	$\Delta H = 5 \times 10^{-19}[J]$	$\Delta H = 5 \times 10^{-19}[J]$
300	6.12×10^{-27}	5.72×10^{-6}
1000	1.37×10^{-8}	2.67×10^{-2}

(2) 고체의 이온전도성

점결함의 가장 중요한 특징 중의 하나는, 원자나 이온이 구조안을 이동할 수 있도록 한다는 것이다. 만약 결정구조가 완전하다면, 원자의 이동인 격자 중의 확산이나 이온전도성(ionic conductivity: 외부전계의 영향 하에서 발생하는 이온의 수송)이 어떻게 발생하는지 예상하기는 어렵다. 여기서는 전도성에 대해서 생각해 보기로 한다.

격자안에서 이온이 이동 가능한 기구는 그림 6.50에 나타낸 바와 같이, 공공 기구, 격자간 기구, 준격자간 기구의 3종류가 알려져 있다.

(a) 공공기구　　　(b) 격자간 기구　　　(c) 준격자간 기구

그림 6.50 전형적인 확산기구의 모식도

● **공공 기구** : 이온이 격자내의 통상의 위치에서 인접하는 등가의 공격자로 점프하는, 즉 이온의 움직임과 반대방향으로 움직이는 공공이 캐리어이온인 기구이다.

● **격자간 기구** : 격자간 이온이 인접하는 등가의 사이트에 점프하는, 즉 캐리어이온이 실제로 이온전도종이 되는 기구이다.

● **준격자간 기구** : 격자간 이온이 격자이온을 다른 위치로 보내고, 자신은 격자위치에 들어가는 기구이다.

이러한 이온성 격자내에서 이동의 단순한 도식은 호핑으로 알려져 있다(단, 여기서는 운동에 대해서는 무시하고 있다). 결정격자내에서의 확산에 관해서 1개의 전도종에 착목해서 나타내면

$$\sigma_i = nZ^2 D / fkT \qquad\qquad \cdots\cdots (6.121)$$

이 된다. 여기서 n, Z, D 는 각각 전도종(공공, 격자간 이온)의 농도, 유효전하, 확산계수이며, f는 상관계수로 점프해서 들어갈 수 있는 등가의 사이트 수의 역수에 상당하는 인자로 확산의 기하학적인 과정과 연관되기 때문에 결정구조와 확산기구에 따라서 다르다. 격자간 기구에서 만 $f=1$이고, 그 밖의 경우에는 1보다 작은 값을 취한다. 일례로 NaCl구조의 공공에서는 $f=1/4$이 된다.

이온도전율이 크기 위한 기본조건은, 식(6.121)로부터 알 수 있듯이,

● 캐리어농도가 높아야 한다. 그러나 너무 높으면 결함끼리의 상호작용에 의해 회합이 일어나서 오히려 도전율을 감소시키는 경우도 있다.

● 확산계구가 커야 한다.

이러한 조건을 만족시키는 물질은 거의 금속산화물로 한정된다. 면심입방정(FCC), 육방정 (HCP) 금속의 확산계수는 융점부근에서 대략 10^{-8}〔㎠/s〕 정도이지만, 일반적으로 금속에서 는 전자전도성의 그늘에 가려 이온전도는 문제가 되지 않는다. 공유결합성 결정에서는 결합이 비교적 강하기 때문에 이온화도 어렵고, 원자의 확산계수도 극히 작다. 일례로 그림 6.51에 이온 또는 원자의 자기확산계수의 온도의존성을 나타내었다.

또한, 이온도전율을 전자전도율과 같은 양식으로 간략하게 나타내면,

$$\sigma = nZe\mu \qquad\qquad \cdots\cdots (6.122)$$

가 되며, 여기서 Ze 는 캐리어의 전하(전자 1개의 전하 1.602189×10^{-19}〔C〕의 정수배), μ는 이동도이다. 표 6.5에 각종 물질의 전기전도율을 나타내었다. 예상대로 이온성결정은 전기를 통하지만, 금속만큼의 양도체는 아니다. 이것은 캐리어이온이 격자안을 이동할 때 받는 저항크기를 직접 반영한 것이다.

결함의 이동도에 대해 보다 구체적으로 알아보기로 한다. 쇼트키결함을 지닌 NaCl의 경우, 가장 작은 이온인 Na^+가 가동이온이 된다. 그러나 Na^+ 역시 많은 저항과 만나게 된다. 그림 6.52에 Na^+이온이 단위격자의 중심으로부터 인접한 공격자로 이동하는 경우에 있어서 2가지 가능한 경로를 점선으로 나타내었다. 직접적인 경로(그림에서 점4를 지나는 것)는 확실하게 일어나지 않음을 알 수 있다. 이는 최밀충전구조 중에서 서로 매우 근접해 있는 2개의 Cl^-이온의 중간을 직접 통과하기가 어렵기 때문이다.

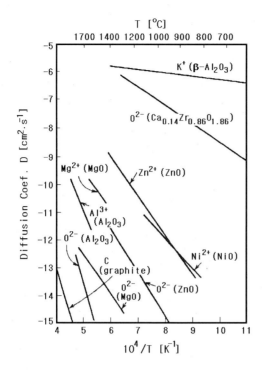

그림 6.51 각종 물질에서의 이온, 원자의 확산계수

표 6.5 전기전도율의 대표적인 값

	물 질	전기전도율 [S/m]
이온전도체	이온성 결정	$<10^{-16} \sim 10^{-2}$
	고체전해질	$10^{-1} \sim 10^{3}$
	강(액체) 전해질	$10^{-1} \sim 10^{3}$
전자전도체	금속	$10^{3} \sim 10^{7}$
	반도체	$10^{-3} \sim 10^{4}$
	절연체	$<10^{-10}$

또다른 경로는, 우선 정팔면체의 삼각면을 통과해서(점1), 다음으로 사면체공공을 통과(점 2), 또다시 또 하나의 삼각면을 통과(점3), 최후로 비어있는 팔면체격자점에 도달하는 것이 다. 따라서 어떤 격자점에서 다른 격자점으로 점프할 때, Na^{+}이온의 배위수는 $6 \rightarrow 3 \rightarrow 4 \rightarrow 3 \rightarrow 6$ 으로 변한다. 이것이 일어날 때에는 에너지장벽이 존재하는데, 그것은 Na^{+}이온 이 2배위가 되는 직접적인 경로일수록 크지 않다. 일반적으로, 이온은 가능한 최저에너지 경로를 따라서 움직인다. 그러한 경로에 따른 에너지변화의 모식도를 그림 6.53에 나타내었

다. 점프하기 위해 필요한 에너지 E_a 는 점프의 활성화에너지라고 한다. 이온의 에너지가 점프개시와 완료에서 같다는 것에 주목할 필요가 있다. 이것은 이온의 이동도의 온도의존성을 아레니우스(Arrhenius)의 식으로 나타낼 수 있음을 의미한다.

$$\mu \propto \exp(-E_a/kT) \qquad \cdots\cdots (6.123)$$

이 식은

$$\mu = \mu_0 \exp(-E_a/kT) \qquad \cdots\cdots (6.124)$$

로도 나타낼 수 있다. 여기서 μ_0 는 비례상수로 다음의 몇 가지 인자, 즉 이온이 1초당 어느 정도의 비율로 뛰어넘는지를 나타내는 시행빈도(attempt frequency) v($10^{12} \sim 10^{13}$[Hz] 의 격자진동수에 해당), 이온이 움직이는 거리, 외부전계의 크기에 의존한다.

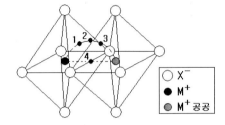

그림 6.52 중심의 양이온과 인접한
공공의 배위팔면체

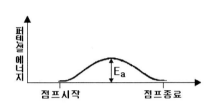

그림 6.53 이온이 최저에너지 경로를 따라
이동할 때의 에너지변화 모식도

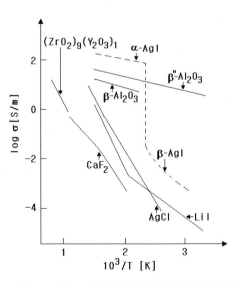

그림 6.54 각종 고체전해질의 이온전도율의 온도의존성

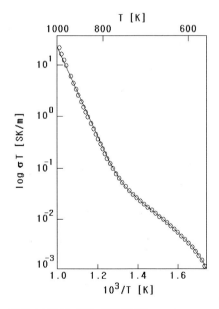

그림 6.55 NaCl의 이온전도율

이러한 정보를 식(6.122)와 조합하면, 온도에 대한 이온전도율 변화는

$$\sigma = (\sigma_0 / T) \exp(-E_a / kT) \qquad \cdots\cdots (6.125)$$

로 나타낼 수 있다. 여기서 σ_0은 시행빈도, 점프거리 외에 n과 Ze를 포함하고 있으며, 이식은 이온전도율이 온도상승과 함께 증가하는 것을 의미한다. 또한 식(6.125)에 대수를 취하면

$$\ln \sigma T = \ln \sigma_0 - E_a / kT \qquad \cdots\cdots (6.126)$$

이 되며, 1/T에 대해 $ln\sigma$T 를 그리면, 기울기가 $-E_a/k$인 직선이 얻어진다. 식(6.125)는 경험적으로

$$\sigma = \sigma_0 \exp(-E_a / kT) \qquad \cdots\cdots (6.127)$$

로 나타내는 경우도 있다. 기울기의 차이가 거의 없기 때문이며, 따라서 문헌에서 양쪽 모두의 그림을 볼 수 있다. 각종 화합물의 이온전도율의 온도의존성을 그림 6.54에 나타내었다. 그림에서 서로 다른 기울기를 갖는 2개의 직선으로 나나내져 있는 LiI를 제외하고, 그 밖의 모드는 직선인 것을 볼 수 있다. 따라서 여기서 설정한 모델은 많은 계의 거동을 잘 나타내고 있는 것으로 볼 수 있다. 그러나 LiI에 관해서는 다른 양상을 나타내고 있지만, 실제로 NaCl을 비롯해서 다른 결정에서도 이러한 꺾임을 볼 수 있다(그림 6.55).

2개의 기울기에 대한 설명은, 매우 순수한 NaCl 결정이라도 불순물을 포함하고 있고, 낮은 온도에서의 곡선(그림 6.55에서 우측부분)은 외인성의 공공에 의한 것이다. 저온에서는 불순물에 의해 생성하는 결함이 우세하기 때문에, 고유결함 공공의 농도는 대단히 낮아서 무시할 수 있다. 따라서 이 외인성 영역에서의 이동도는 외인성 결함에 기인하는 양이온 이동도에만 의존하고, 그 온도의존성은 식(6.124)로부터 알 수 있다. 한편, 그림의 좌측인 고온부에서는 온도와 함께 고유결함이 증가하며, 그 농도는 외인성 결함의 농도에 필적 또는 능가하게 된다. 이와 같은 고유결함의 농도는 외인성 결함과는 달리 일정하지 않으며, 실제로 식(6.118)에 따른다. 따라서 그림의 고유결함 영역에서의 이온전도율은

$$\sigma = \frac{A_0}{T} \exp(-E_A / kT) \exp(-\Delta H_S / 2kT) \qquad \cdots\cdots (6.128)$$

로 나타낼 수 있다. 이 경우 $ln\sigma$T 와 1/T 의 그림은, 식(6.128)의 우변 2번째 항, 즉 양이온의 점프 활성화에너지 E_a 와 쇼트키결함의 생성엔탈피 ΔH_S를 포함하기 때문에, 보다 큰 활성화 에너지 E_S를 갖게 된다.

$$E_S = E_a + 1/2 \, \Delta H_S \qquad \cdots \cdots (6.129)$$

마찬가지로 프렌켈결함의 계에서는

$$E_F = E_a + 1/2 \, \Delta H_F \qquad \cdots \cdots (6.130)$$

이 된다. 이와 같은 그림으로부터, 외인성 영역의 활성화에너지는 0.05~1.1〔eV〕범위의 값을 취하며, 결함생성엔탈피보다 오히려 낮은 것을 알 수 있다. 지금까지 설명한 바와 같이, 온도상승에 의해 결함수가 증가하여 이온전도율은 커진다. 그러나 이온전도율을 향상시킴에 있어서, 온도를 올리는 것보다 약 0.2〔eV〕이하의 활성화에너지를 갖는 물질을 사용하는 것이 보다 좋은 방법이다. 이러한 물질은 그림 6.54의 우측상단에 위치하게 된다.

(3) 고체전해질

전지라는 것은 화학반응에 정전압에서의 전류를 발생시키는 전기화학적인 반응조이다. 표준적인 개회로 조건하에서 발생한 기전력(electromotive force: emf), 즉 전압은

$$\Delta G^{\ominus} = -nE^{\ominus}F \qquad \cdots \cdots (6.131)$$

과 같은 반응의 표준 깁즈자유에너지 변화와 관계된다. 여기서 n은 반응 중에 이동한 전자의 수, $E^{\ominus}$는 전지의 표준기전력(표준상태에서의 전압), F는 패러데이(Faraday) 상수 (96485〔C/mol〕또는 96485〔J/V〕)이다.

반응에 관여하는 이온은 전해질(electrolyte)을 통과해서, 전극(electrode)에서 산화 또는 환원된다. 전자는 +로 대전한 전극, 즉 양극(anode)에서 방출되어 외부회로를 통해 음극(cathode)으로 이동한다. 외부회로를 흐르는 전류는 각종 일에 이용할 수 있다.

고체전지가 잠재적으로 유용한 이유는, 넓은 범위의 온도에서 작동이 가능하고, 수명이 길며, 극히 소형으로 제조가 가능하기 때문이다. 2차전지(secondary battery) 또는 축전지 (storage battery) 제작에서도 고체전해질에 많은 관심을 보이고 있다. 이들 전지는 가역적 이며, 한번 반응이 일어나도 외부전원을 이용해서 전지반응을 역방향으로 함으로서 반응물질 의 농도를 다시 원래로 돌아가게 할 수 있다. 1차전지(primary battery)는 한번 방전되면 역반응을 일어나게 할 수 없으므로 재이용은 불가능하다. 만약 축전지가 충분한 전력을 생산할 수 있고, 가볍다면, 일례로 자동차의 대체동력원으로 사용할 수 있다.

LiI의 경우 이온전도성은 매우 낮지만, 일례로 심장의 심박조율기(pacemaker)용 전지로 사용되고 있다. LiI는 양극(Li)과 음극(전도성 고분자내에 함침시킨 I) 간의 고체전해질로 삽입되어 있으며, 양극에서는 $2Li(s) \rightarrow 2Li^+ + 2e^-$, 음극에서는 $I_2(s) + 2e^- \rightarrow 2I^-$, 전체적으로

는 $2Li(s) + I_2 \rightarrow 2LiI(s)$의 반응이 일어난다. LiI는 쇼트키결함을 내재하고 있기 때문에, 작은 Li^+이온이 고체전해질 내를 통과할 수 있으며, 방출되는 전자는 외부회로를 흐르게 되는 것이다.

앞서 설명한 바와 같이, 높은 이온전도성을 나타내는 고체전해질은 캐리어농도가 높거나 확산계수가 크며, 또는 그 양쪽을 함께 지니고 있다. 이것을 고체의 구조(주로 결정구조)로부터 살펴보면, 다음과 같은 종류의 구조조건을 만족시키는 것이 고이온전도성을 나타낸다.

1) 다수의 공공을 지닌 고체전해질

앞서 3장 그림 3.13과 같은, CaF_2 구조는 F-이온이 격자간 위치를 이동할 수 있는 많은 사이트를 지니고 있다. 만약 이 과정에서 활성화에너지가 충분히 낮다면, 이 구조를 갖는 화합물에서는 이온전도성을 기대할 수 있다. 실제 PbF_2의 경우, 실온에서는 이온전도율이 낮지만, 온도상승과 함께 이온전도율이 증가하여, 500℃에서 약 500 [S/m]의 한계값까지 증대된다.

지르코니아(ZrO_2)는 단사정구조인데, 1000℃ 이상에서는 정방정구조로 상전이하며, 더욱 고온이 되면 입방정의 CaF_2 구조를 갖는다. 이 입방정구조를 실온에서 안정화시키기 위해서는 CaO, Y_2O_3 등을 첨가한 ZrO_2를 약 1600℃ 부근까지 가열해서 새로운 상을 형성시키는데, 그 고용반응은

$$CaO \xrightarrow{\ ZrO_2\ } Ca_{Zr}'' + O_O^* + V_O^{\cdot\cdot} \qquad\qquad \cdots\cdots (6.132)$$

$$Y_2O_3 \xrightarrow{\ ZrO_2\ } 2Y_{Zr}' + 3O_O^* + V_O^{\cdot\cdot} \qquad\qquad \cdots\cdots (6.133)$$

과 같이 나타낼 수 있다. 생성되는 산소공공 $V_O^{\cdot\cdot}$는 CaO 또는 Y_2O_3의 고용량과 같다. 따라서 고용량을 증가시키면, 캐리어로 되는 산소공공이 증가해서 도전율도 증가한다. 그러나 어느 정도 이상으로 공공의 양이 증가하면, 공공끼리 또는 공공과 치환이온 간에 상호작용이 발생하여, 전도에 기여할 수 있는 유효한 공공의 양이 감소하기 때문에 도전율의 저하를 가져온다. ZrO_2의 경우, 최적양은 CaO가 ~15[mol%], Y_2O_3가 ~8[mol%] 정도로 알려져 있다. 이와 유사한 구조를 나타내는 것으로는 앞서 PbF_2, CaF_2, δ-Bi_2O_3 등이 있으며, 모두 음이온전도체이다.

안정화 지르코니아는 산소센서나 산소미터로 응용되고 있다. 이것은 그림 6.56에 나타낸 바와 같이, 안정화 지르코니아 평판을 2개의 다른 산소분압 영역 사이에 끼어 넣은 것으로, 만약에 $p' \rangle p''$라면 산소이온은 평판을 왼쪽에서 오른쪽으로 통과하게 된다. 따라서 전위차가

발생하게 되고, 이것이 산소의 존재를 알려주는 센서로서 작동한다. 또한 이 전위를 측정하는 것은 산소분압의 차를 측정하게 되므로 산소미터로서 작동하게 된다.

산소센서는 왼쪽의 전극(1)에서 O^{2-}로 환원되고, 이 산소이온은 안정화 지르코니아 안을 통과할 수 있으며, 오른쪽의 전극(2)에서 다시 산화되어 산소기체로 돌아가게 된다. 이 반응은 전극(1)에서 $O_2(p')+4e^-\rightarrow 2O^{2-}$, 전극(2)에서 $2O^{2-}\rightarrow O_2(p'')+4e^-$, 전체적으로는 $O_2(p')\rightarrow O_2(p'')$가 된다. 표준상태에서 이러한 반응의 깁즈자유에너지 변화와 전지의 표준기전력은 식(6.131)로 관계 지을 수 있으며, 비표준상태에서의 전지기전력 E는 다음의 네른스트(Nernst) 식으로 계산할 수 있다.

$$E = \left(\frac{2.303RT}{4F}\right)\log\left(\frac{p'}{p_{ref.}}\right) \qquad\cdots\cdots (6.134)$$

이식에서의 인자들은, 기지이던가 아니면 측정이 가능하기 때문에, 미지의 산소분압 p'을 직접 측정할 수 있다. 단, 이 전지가 작동하려면 앞서 설명한대로 전해질에서 전자전도성이 있어서는 안 된다.

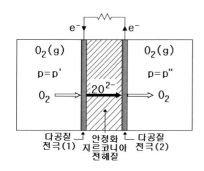

그림 6.56 산소센서의 모식도

2) 통계분포구조를 지닌 고체전해질

통계분포구조(평균구조) 고체전해질의 이온전도를, AgI를 일례로 설명하고자 한다. AgI는 146℃ 이하에서 섬아연광(zincblende)형 구조인 γ-AgI와 우르쯔광(wurtzite)형 구조인 β-AgI의 2가지 상이 존재한다. 어느 쪽도 요오드화물 이온의 최밀충전층에 형성되는 사면체사이트의 1/2을 Ag^+가 점유한다. 한편, 146℃ 이상에서는 새로운 상, 즉 요오드화물 이온이 체심입방격자를 이루는 α-AgI가 나타난다. 이상으로 전이할 때 이온전도율의 급격한 증가가 발생한다. α-AgI의 전기전도율은 131[S/㎝]로 대단히 높아서, β-AgI 또는 γ-AgI보다 10^4 배 정도가 된다. 이 값은 최고의 전기전도율을 나타내는 액체전해질에 필적할 정도이다.

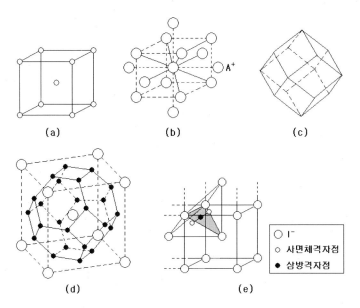

그림 6.57 *α*-AgI 구조
(a)I⁻이온의 체심입방(BCC) 배열
(b)BCC 배열을 제2 근접원자까지 확대
(c)사방 12면체
(d)절두 8면체와 BCC 배열
(e)2개의 4면체 격자점 사이의 삼방 격자점 위치

이러한 현상은 *α*-AgI의 구조로부터 설명이 가능하다. 결정구조는 그림 6.57(a)에 나타낸 I⁻이온의 체심입방(BCC) 배열을 기본으로 하고 있다. 각 I⁻이온은 같은 거리에 있는 8개의 I⁻이온에 둘러싸여 있다. Ag⁺이온이 구조 중에 어느 위치를 점유하는지를 알기 위해서는 체심입방구조를 보다 자세히 살펴볼 필요가 있다. 그림 6.57(b)에 (a)와 동일한 단위격자에 제2 근접이온을 추가로 나타내었다. 이들 제2 근접이온은 주위의 단위격자의 체심에 있는 6개의 이온으로, 8개의 제1 근접원자보다 15% 멀리 위치하고 있다. 이것은 그림 중의 A원자가 완전하게 규칙적으로 배열하고 있다는 것은 아니지만, 14개의 동종원자에 둘러싸여 있는 것을 의미한다. 이들 14개 원자는 그림(c)와 같은 사방 12면체(rhombic dodecahedron)의 정점에 존재한다. 이 구조는 그림(d)의 절두 8면체(truncated octahedron)를 이용해서 설명하는 편이 이해가 쉽다. 이 입체는 도메인(domain)이라고 하며, 각 정점은 최밀충전구조 중에서 볼 수 있는 4면체나 8면체 틈새와 같이, 격자간 사이트의 중심에 위치하는데, 이 사이트는 여기서는 왜곡된 4면체이다. 이와 같은 2개의 인접하는 왜곡된 4면체 틈새와 단위격자의 면에 있는 4면체 위치를 그림 6.57(e)에 나타내었으며,

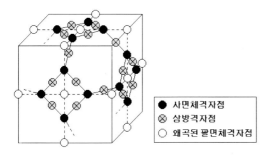

그림 6.58 α-AgI의 체심입방구조 중에서
가능한 양이온 사이트

● 사면체격자점
⊗ 삼방격자점
○ 왜곡된 꼴면체격자점

2개의 4면체가 연결되면 삼각형의 면을 공유하게 되는데, 이 면의 중심에 있는 삼방 격자점도 함께 나타내었다. 단위격자의 각면과 각변의 중심에 있는 제3 사이트도 정의할 수 있다. 이들 사이트는 왜곡 8면체 배위를 하고 있다. 따라서 이 구조는 Ag^+이온이 점유할 수 있는 많은 종류의 위치가 있다는 특이함을 가지고 있다. 그림 6.58에 이들의 위치를 나타내었다.

각 AgI 단위격자는 2개의 I^-이온(정점에 $8 \times 1/8$개와 체심에 1개)을 가지고 있기 때문에, 그 수에 대응해서 단 2개의 위치에만 Ag^+이온이 들어간다. 지금까지 설명한 가능한 사이트로서, 6개의 왜곡된 8면체 사이트, 12개의 4면체 사이트 및 24개의 삼방 사이트, 즉 총 42개의 사이트가 있기 때문에, Ag^+이온은 대단히 많은 위치를 선택할 수 있다. 단, 구조해석에 의하면, Ag^+이온은 통계적, 에너지적으로 등가인 12개의 4면체 사이트에 분포되어 있다. 따라서 이들 사이트만 고려하면, Ag^+이온 1개에 5개의 여분의 사이트가 존재함을 알 수 있다. 여기서부터 Ag^+이온이 비어있는 삼방사이트로 뛰어넘으면서, 4면체 사이트로부터 4면체 사이트로 그림 6.58에 실선으로 나타낸 경로를 움직이며, 계속적으로 프렌켈 결함의 생성과 소멸을 반복하면서 격자내를 쉽게 이동하는 것으로 생각할 수 있다. 이에 반해, 그림 중에 점선으로 나타낸 경로는 음이온이 보다 많이 들어간 8면체 사이트를 통과하는 것이 되므로, 보다 높은 에너지가 필요하게 된다. 이러한 실선으로 나타낸 경로의 점프는 배위수가 $4 \rightarrow 3 \rightarrow 4$ 로 변화만하는 것이며, 활성화에너지는 매우 낮아서 실험적으로 0.05[eV] 정도로 알려져 있다. 이렇듯 격자 중에서 Ag^+이온의 용이한 이동은 Ag^+이온의 준격자 융액(molten sublattice)으로도 표현되고 있으며, 준격자 융액에 관련된 특징은 다음과 같다.

● 이온의 전하수가 낮다. AgI에서 움직일 수 있는 Ag^+이온은 1가이다.
● 이온의 배위수가 낮다. 따라서 사이트로부터 사이트로 이온이 점프할 때, 배위수는 그다지 변하지 않으면서, 격자내에 활성화에너지가 낮은 통로가 형성된다.

● 음이온이 어느 정도 쉽게 분극된다. 이것은 음이온 주위의 전자운이 쉽게 왜곡되는 것을 의미한다. 따라서 양이온이 음이온의 옆을 통과하기가 쉽다.

● 양이온이 채울 빈 사이트수가 많이 존재한다.

이러한 특징은 그 밖의 다른 고속이온전도체(fast-ion conductor)를 탐색할 때 중요한 자료가 되며, 참고로 표 6.6에 α-AgI와 유사한 이온전도체를 나타내었다.

표 6.6 α-AgI와 유사한 이온전도체

음이온 구조	BCC	CCP	HCP	기타
	α-AgI	α-CuI	β-CuBr	RbAg$_4$I$_5$
	α-CuBr	α-Ag$_2$Te		
	α-Ag$_2$S	α-Cu$_2$Se		
	α-Ag$_2$Se	α-Ag$_2$HgI$_4$		

3) 고속이온전도 경로를 지닌 고체전해질

① **1차원 이온전도체** : 그림 6.59의 K$_x$Mg$_{x/2}$Ti$_{8-x/2}$O$_{16}$이나 Li$_2$Ti$_3$O$_7$과 같이, 결정의 어느 방향으로 터널상의 빈 공간을 가지고 있고, 그 빈 공간 방향으로 K$^+$ 및 Li$^+$이온이 대단히 빠르게 확산하는 형태의 고체전해질로, 1차원 이온전도체로 알려져 있다.

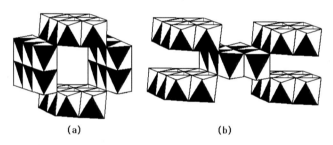

(a)   (b)

그림 6.59 터널구조를 갖는 결정의 다면체결합의 모식도
(a)KxMgx/2Ti8-x/2O16 (b)Li2Ti3O7

② **β-알루미나** : β-알루미나는 고속이온전도성을 나타내는 일련의 화합물의 명칭으로, 원천이 되는 화합물은 Na$_2$O·11Al$_2$O$_3$이다. 이러한 계열의 일반식은 R$_2$O·nX$_2$O$_3$로 나타내며, 여기서 n은 5~11의 범위, R은 Na, K, Ag, Li와 같은 알칼리금속의 1가 양이온, X는 Al^{3+}, Ga^{3+}, Fe^{3+} 등의 3가 양이온이다.

β-알루미나의 실제 조성은 이론식보다 매우 벗어나 있으며, 재료에는 Na$^+$나 O^{2-}이온이 다소 과잉으로 들어가 있다. Na$^+$이온이 존재하는 수에 따라 β와 β''의 2가지 이형이 존재한다. β''는 Na 과잉인 결정으로 n=5~7, β는 n=8~11의 조성을 갖는다.

β-알루미나 내에서 Na$^+$이온의 높은 전도성은 그 결정구조, 즉 그림 6.60과 같은 층상구

조에 의해서 나타난다. 구조는 산화물이온으로 만들어지는 스피넬블록 사이를 R과 O의 층이 끼어있으며, 이 R-O층내가 R$^+$이온의 고속전도 경로가 된다. 스피넬블록을 통한 R$^+$의 확산성이 매우 낮기 때문에 2차원 이온전도체라고 한다.

β-알루미나의 구조에 대해 조금 더 자세히 살펴보면, 산화물이온의 최밀충전층의 5층마다 O의 3/4가 빠져있다. 4개의 최밀충전층은 8면체 빈공간과 4면체 빈공간 모두에 Al^{3+}이온을 내포하고 있다. 이 부분이 스피넬광물 MgAl$_2$O$_4$의 결정구조(3장의 그림 3.21 참조)와 유사해서 스피넬블록이라고 한다. 4개의 최밀충전층은 경고한 Al-O-Al결합을 이루고 있고, 그 결합부의 중간인 산소원자가 다른 층의 1/4만큼의 산소밖에 함유하지 않는 5번째 층을 구성하고 있다. Na$^+$이온은 이 5번째의 산화물층에 존재하며, 이 층은 경면으로 되어 있다. 층의 배열방식은 C(ABC'A)B(ACBA)C·····와 같으며, 여기서 괄호안은 4개의 최밀충전층이며, 괄호사이의 기호는 5번째의 산화물층을 나타내고 있다. β''-알루미나는 β-알루미나와 유사한데, 단지 최밀충전층의 적층순서가 달라서, C(ABC'A)B(CABC)A(BCAB)C·····와 같은 적층을 하고 있다. Na$^+$이온은 1/2 단위격자의 정점과 바닥면에 위치하며, 공공이 다수 존재하기 때문에 사이트 선택이 다양하고, O^{2-}이온 보다 작다는 이유로 쉽게 이동할 수 있다.

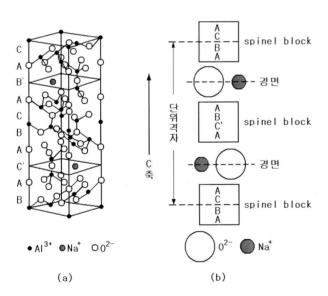

그림 6.60 Na$^+$ β-알루미나의 결정구조(a)와
c축 방향으로의 충전모형(b)

β-알루미나에서의 전도는 산소공공을 내포하는 평면에서만 일어나며, 이 평면은 전도면 (conduction plane)으로 알려져 있다. 알칼리금속은 치밀한 스피넬블록을 통과할 수 없지만, 평면내에서는 사이트에서 사이트로 쉽게 이동할 수 있다. 앞서 설명한 바와 같이, β-알루미나는 화학양론적인 조성에서는 얻을 수 없고, 항상 Na_2O를 과잉으로 함유한다. 이 경우 과잉의 Na이온은 화합물 전체를 중성으로 유지하기 위해서 별도의 보상이 있어야만 한다. 여기에는 복수의 가능성이 있지만, 실제로는 여분의 산화물이온이 보상하는 것으로 알려져 있으며, 전체의 조성식은 $(Na_2O)_{1+x} \cdot 11Al_2O_3$으로 나타낸다. 이러한 여분의 Na 및 산화물이온은 2가지 모두 5번째 층에 들어간다. O^{2-}이온은 스피넬블록으로부터 이동해 온 Al^{3+}이온에 의해 위치가 고정되지만, Na^+이온은 이동하기가 대단히 쉬워서, β-알루미나의 300℃에서의 이온전도율은 전형적인 액체전해질의 실온에서의 전기전도율에 가까운 값을 나타낸다.

일반적으로 β''-알루미나는 β-알루미나 보다 높은 전도성을 지니지만, 습도에 대해 민감한 경향이 있다. 실제로는 2가지 모두 전기화학전지 제조에 있어서 전해질로 사용되고 있으며, β-알루미나는 주로 전력공급용 전지의 전해질로 사용되고 있다. 앞서의 식(6.131)로부터 알 수 있듯이, 큰 전압을 얻기 위해서는, 예를 들어 알칼리금속과 할로겐 사이에서 일어나는 반응과 같이 큰 -값의 깁즈자유에너지 변화를 수반하는 전지반응을 일으켜야 한다. 단위중량당 에너지출력에 관해서 말하면, 그와 같은 반응은 물질 1〔kg〕에 대해서 1시간당 약 600〔kW〕의 전력생성이 가능하다. 그러나 이와 같은 반응성을 지닌 물질은, 전자는 흐르지 못하고 이온만 통과할 수 있는 전해질이어야만 하며, β-알루미나는 이러한 전지용 재료로서 대단히 유효하다고 말할 수 있다.

일례로, 나트륨-유황전지(sodium-sulphur cell)는 $Na^+ \beta$-알루미나를 전해질로 사용한다. 이 전지는 질량당 출력에너지가 1030〔Wh/kg〕으로 크기 때문에, 전기자동차 등의 용도개발이 진행되고 있다. 전해질은 용융나트륨과 용융유황을 격리시킨 것으로, 용융유황은 흑연펠트 중에 내재되어 외부회로에 접속된 집전체와 접촉하고 있다. 이 전지는 300℃의 고온에서 작동하지만, 이 작동온도를 유지하는데 필요한 열은 전지반응 자체로부터 공급된다. 전지의 작동기구는, 나트륨전해질의 계면에서 Na원자는 전자를 잃고, 결정내의 Na^+층에 들어간다.

$$2Na(l) \rightarrow 2Na^+ + 2e^- \qquad \cdots\cdots (6.135)$$

방전의 초기단계에서의 반응 일례로는,

$$2Na^+ + 5S(l) + 2e^- \rightarrow Na_2S_5(l) \qquad \cdots\cdots (6.136)$$

이 있으며, 따라서 전체 전지반응은

$$2Na(l) + 5S(l) \rightarrow Na_2S_5(l) \qquad \cdots\cdots (6.137)$$

이 된다. 그 후, Na_2S_3 조성에서 방전은 정지된다. 이 전극과정은 복잡하지만, 외부전원으로부터 전류를 흘려서 역방향으로 진행시킬 수 있다.

이 전지는 경량물질 사이에서 높은 에너지반응이 일어나기 때문에, 고에너지밀도를 얻을 수 있고, 또한 가역적인 충전이 가능해서 상업적으로도 큰 관심을 모으고 있다. 단 이것은 300℃라는 고온에서 작동하고, 반응성이 대단히 높은 부식성 화학물질을 내포하고 있기 때문에, 철저하게 안전을 유지하여야만 한다.

③ NASICON : 일반적으로 $Na_3Zr_2Si_2PO_{12}$로 나타내는 나시콘(NASICON)은 그림 6.61에서 볼 수 있는 3차원 망목상에 존재하는 터널을 통한 Na^+이온의 전도성이 대단히 높다. 300℃에서의 도전율은 약 0.3〔S/㎝〕 정도이다.

마지막으로 대표적인 고체전해질을 표 6.7에 나타내었다.

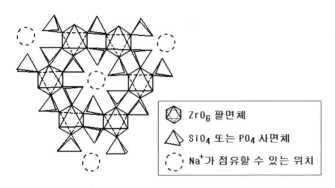

그림 6.61 $Na_3Zr_2Si_2PO_{12}$(NASICON) 결정에서의 망목구조

표 6.7 대표적인 고체전해질과 이온도전율

전도이온	물질	도전율[S/cm]	비고
Ag^+	α-AgI	1.0(150℃)	통계구조
	$RbAg_4I_5$	0.27(25℃)	"
Na^+	β-Al_2O_3	~0.1(200℃)	2차원 면내
	NASICON	0.3(300℃)	3차원 망목
Cu^+	$RbCu_4Cl_3I_2$	0.47(25℃)	통계구조
Li^+	Li_3N	~10^{-4}(200℃)	2차원 면내
	$Li_{2-x}O_{1-x}F_x(x<0.18)$	10^{-5}~10^{-3}(300℃)	다수 공공
K^+	$K_{1.6}Mg_{0.8}Ti_{7.2}O_{16}$	<10^{-2}(25℃)	1차원 터널
H^+	$H_8UO_2(IO_6)_2 \cdot 4H_2O$	7×10^{-3}(25℃)	2차원 면내
	$SrCeO_3$계	~10^{-2}(200℃)	페로브스카이트구조
O^{2-}	$Ca_{0.15}Zr_{0.85}O_{1.85}$	~10^{-3}(700℃)	다수 공공
	$Y_{0.08}Zr_{0.92}O_{1.96}$	~10^{-2}(700℃)	"
	$(Bi_2O_3)_{0.75}(Y_2O_3)_{0.25}$	~1.5×10^{-1}(700℃)	"
F^-	LaF_3	~10^{-4}(200℃)	"
	$PbSnF_4$	~10^{-1}(200℃)	"

6.4 유전성

(1) 분극

물질에 전계를 가하면, −전하를 지닌 입자(전자나 음이온)는 +전극으로, +전하를 지닌 입자(원자핵이나 양이온)는 −전극으로 향해 이동하기 시작한다. 이 이동이 현저하게 커서 전극내까지 포함한 정상전류가 흐르는 경우가 지금까지 설명한 전자전도 또는 이온전도이다. 그러나 물질에 따라서는 그 이동이 작아서 + − 양전하가 각각 −전극쪽과 +전극쪽으로 조금만 치우치는 경우가 있다. 모든 물질은 크던 작던 이와 같은 치우침이 발생된다. 이렇듯 + − 양전하의 중심이 어긋난 상태를, 극과 분리된 상태이어서 분극(polarization)이라고 하며, 분극에 의해 물질내에 전계가 유기되는 성질을 유전효과(dielectric effect)라고 하고, 그러한 물질을 유전체(dielectrics)라고 한다. 도체에서는 유전성은 도전성에 의해 숨겨져 관측되지 않기 때문에, 유전성은 절연체에서만 의미를 갖는다. 따라서 실용재료라는 관점에 보면, 반도체나 금속에서 유전성은 일반적으로 문제가 되지 않으며, 절연체=유전체로 볼 수 있다.

유전성이 나타나는 원인(분극기구)으로는 그림 6.62의 4가지를 생각할 수 있다.

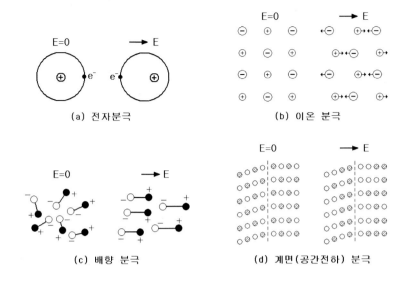

(a) 전자분극

(b) 이온 분극

(c) 배향 분극

(d) 계면(공간전하) 분극

그림 6.62 대표적인 분극기구

● **전자분극** : 원자핵과 전자운의 중심이 어긋난 분극

● **이온분극** : + - 양이온의 상대적 위치가 어긋난 분극

● **배향분극** : 쌍극자를 지닌 분자가 전계방향으로 배열하는 분극

● **계면분극** : 이종 물질의 계면에 전지이중층이 형성하는 분극으로 공간전하분극이라고도 한다. 가벼운 입자는 전계인가에 신속하게 응답하고, 무거운 입자의 응답은 느리다. 따라서 주파수가 다른 교류전계를 인가하고 분극정도를 측정하면, 이들을 구별할 수 있다.

(2) 비유전율

물질이 분극하는 것은 그 물질내에 전하가 축적된 것과 같다. 전하를 축적하는 디바이스가 콘덴서(condenser, 축전기)이며, 전기회로에 폭넓게 이용되고 있다. 평행인 2장의 금속판 (면적 A, 간격 d)에 진공중에서 전압 V를 걸면, 각판의 표면에는 금속내의 전자의 국부적인 이동에 의해 표면전하가 발생한다. 그 전하 Q_0〔C〕는

$$Q_0 = A\epsilon_0 \frac{V}{d} = C_0 V \qquad\qquad \cdots\cdots (6.138)$$

과 같이, 판의 면적과 전계크기($E = V/d$)에 비례한다. 여기서, C_0은 평행판 콘덴서에 축적되는 전기량으로 정전용량(electrostatic capacity, 단위: 〔F〕), 비례상수 ε_0은 진공 유전율(8.854×10^{-12}〔F/m〕)이다.

유전체재료를 2장의 금속판 사이에 넣으면, 전계에 의해 분극하므로 축적되는 정전용량은 증가한다. 전하, 전압, 정전용량간의 관계는 식(6.138)과 같은 양식으로

$$Q = A\epsilon \frac{V}{d} = CV \qquad \cdots\cdots (6.139)$$

로 나타내며, ε은 유전체의 유전율이다. 따라서 유전체가 있는 경우와 없는 경우의 정전용량비는

$$\frac{C}{C_0} = \frac{\epsilon}{\epsilon_0} = \epsilon_r \qquad \cdots\cdots (6.140)$$

으로 나타낼 수 있다. 즉, 유전율의 대소로 축적되는 전기량을 평가할 수 있다. 유전체의 유전율과 진공 유전율의 비 ϵ_r을 비유전율(relative dielectric constant)이라고 하며, 물질의 유전성 평가시 통상 이 값이 이용된다.

전계 E에 의해 발생한 유전체 내부의 분극크기, 즉 유전분극 P〔C/㎡〕는

$$P = \epsilon E - \epsilon_0 E = \epsilon_0 (\epsilon_r - 1) E \qquad \cdots\cdots (6.141)$$

로부터 구할 수 있으며, 전극의 단위면적당 전하량을 나타낸다. 이것은 전기쌍극자모멘트(단위: 〔Cm〕)의 단위체적당의 양과 동일하다. εE값을 D〔C/㎡〕로 나타내면 다음식과 같으며,

$$D = \epsilon E = \epsilon_0 E + P \qquad \cdots\cdots (6.142)$$

이 양을 전속밀도(electric flux density) 또는 전기변위(electric displacement)라고 한다. 또한

$$\chi = \frac{P}{\epsilon_0 E} = \epsilon_r - 1 \qquad \cdots\cdots (6.143)$$

을 전기감수율(electric susceptibility) 또는 대전율이라고 한다.

(3) 복소유전율과 유전완화

앞서 설명한 바와 같이, 유전성은 + -의 하전입자가 전계방향에 대해 조금 이동하는 것에 기인한다. 이동은 속도과정이므로, 인가하는 교류전계의 주파수가 높을수록 그 움직임은 전계에 따라갈 수 없게 되어 비유전율은 작아진다. 이것은 전력의 손실이 있는 것과 동일하다. 이러한 현상을 유전완화(dielectric relaxation) 또는 유전분산(dielectric dispersion)이라고 한다.

교류전계는 정현파이지만, 그 높이(전계강도)와 방향의 시간변화를 보면, 각속도 ω에서

시계반대방향으로 원운동하는 벡터와 같으며, 이 벡터는 $E = E_0(\cos\omega t + j\sin\omega t) = E_0 e^{jwt}$ 로 나타낼 수 있다. 따라서 분극 P는 교류전계에 대해 늦게 응답하기 때문에, 전속밀도는 $D = D_0 e^{j(wt-\delta)}$ 가 된다. 이와 같은 상황에서는, 유전율 $D/E = \epsilon^*$ 은

$$\epsilon^* = (\frac{D_0}{E_0})e^{-j\delta} = (\frac{D_0}{E_0})(\cos\delta - j\sin\delta) = \epsilon' - j\epsilon'' \qquad \cdots\cdots \ (6.144)$$

와 같이 복소수로 된다. 이것을 복소유전율이라고 하며, ε^* 으로 나타낸다. 물론 비유전율도 복소수로 된다.

$$\epsilon_r^* = \epsilon_r' - j\epsilon_r'' \qquad \cdots\cdots \ (6.145)$$

식(6.144), (6.145)의 실수항은 각각 식(6.139), (6.140)의 유전율에 상당하며, 허수항은 유전체에 있어서 손실전력(유전체 내부에 전하를 축적하기 때문에 소비되는 전력)에 관계한다. 이들의 비는

$$\frac{\epsilon''}{\epsilon'} = \frac{\epsilon_r''}{\epsilon_r'} = \tan\delta \qquad \cdots\cdots \ (6.146)$$

으로 나타내며, 이 값(손실계수)은 유전체의 하나의 중요한 물성값이 된다. 콘덴서재료로서는 이 값이 작은 쪽이 바람직하다. 또 유전체내의 전력손실을 유전손실(dielectric loss)이라고 하며, 단위체적당 손실은

$$W = E_0^2 \omega\epsilon'' = E_0^2 \omega\epsilon' \tan\delta$$

이 된다.

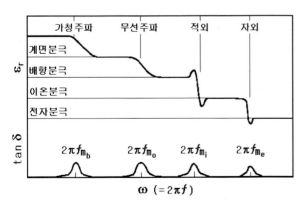

그림 6.63 비유전율과 $\tan\delta$의 주파수 의존성

주파수(f)에 의한 비유전율 및 $\tan\delta$의 변화를 그림 6.63에 모식적으로 나타내었다. 주파수가 낮은 영역에서는, + -의 교류전계에 대해 모든 쌍극자는 그 방향을 자유롭게 변화할 수 있다. 주파수를 증가시키면, 최초 공간전하에 기반을 둔 쌍극자의 방향변화가 주파수의 변화를 따라갈 수 없게 된다(배향분극, 이온분극의 순). 또한, 고주파영역에서는 전자분극만 관측되게 된다. 한편, 어느 분극도 전계인가 직후에 발생하는 것이 아니고, 어느 정도의 시간적인 지연을 수반한다. 이러한 현상이 앞서 설명한 유전완화현상이며, 이때 지연되는 시간을 유전완화시간, 그 역수를 완화주파수라고 한다. 따라서 전자→이온→배향→계면분극의 순서로 완화시간이 길어진다(완화주파수가 낮아진다). 또한 손실인자는 각각의 분극기구가 나타나기 시작하는 주파수영역에서 크게 된다.

전계와 분극간에 위상의 어긋남 δ가 발생하면, 전계에너지 모두가 분극에 활용되지는 않고, 일부는 열에너지로 방출되고 만다. 전압 V를 인가한 경우의 전력손실은 식(6.147)로부터,

$$W = V^2/R = V^2 \omega\, C \tan\delta = 2\pi f\, V^2 C \tan\delta \qquad \cdots\cdots (6.148)$$

로 나타낼 수 있다. C는 용량, ω는 각주파수 $2\pi f$이다. 따라서 일례로 $f = 10^6$〔Hz〕, $V = 100$〔V〕, $C = 1$〔μF〕, $\tan\delta = 10^{-3}$으로 하면, W≒63〔J/s〕의 손실이 발생한다. 최대손실이 발생하는 경우의 주파수 f_{mi}와 완화시간 τ_i의 관계는 $2\pi f_{mi} = 1/\tau_i =$ 완화주파수 이므로, 그림 6.63으로부터 f_{mi}를 구할 수 있다.

유전체의 유전완화기구에 관해서는, 주파수를 여러 가지로 변화시키면서 ε_r'과 ε_r''을 측정해서, 그것을 횡축 ε_r', 종축 ε_r''의 그림을 그려보면 여러 가지 흥미로운 것이 나타난다.

어떤 유전체의 전자분극과 이온분극을 포함한 분극율을 a, 쌍극자모멘트를 μ로 하면, 비유전율 ε_r^*과 다음의 디바이(Debye) 관계식이 성립한다.

$$\frac{\epsilon_r^* - 1}{\epsilon_r^* + 2} = \frac{N}{3\epsilon_0}\left(\alpha + \frac{1}{1 + j\omega\tau_0}\,\frac{\mu^2}{3\kappa T}\right) \qquad \cdots\cdots (6.149)$$

여기서 ε_0은 진공의 유전율, N은 단위체적중의 분자수, τ_0는 완화시간이다. ω가 0 과 ∞ 일 때의 비유전율을 각각 ε_{r0}, $\varepsilon_{r\infty}$로 하면,

$$\frac{\epsilon_{r0} - 1}{\epsilon_{r0} + 2} = \frac{N}{3\epsilon_0}\left(\alpha + \frac{\mu^2}{3\kappa T}\right) \qquad \cdots\cdots (6.150)$$

$$\frac{\epsilon_{r\infty} - 1}{\epsilon_{r\infty} + 2} = \frac{N\alpha}{3\epsilon_0} \qquad \cdots\cdots (6.151)$$

을 얻을 수 있다. 식(6.149),(6.150),(6.151)로부터 임의의 주파수에서의 비유전율은,

$$\epsilon_r^* = \epsilon_{r\infty} + \frac{\epsilon_{r0} - \epsilon_{r\infty}}{1 + j\omega\tau}, \qquad \tau = \frac{\epsilon_{r0} + 2}{\epsilon_{r\infty} + 2}\tau_0 \qquad \cdots\cdots (6.152)$$

가 되며, 또한 실수성분과 허수성분은

$$\epsilon_r' = \epsilon_{r\infty} + \frac{\epsilon_{r0} - \epsilon_{r\infty}}{1 + (\omega\tau)^2}, \qquad \epsilon_r'' = \frac{\omega\tau(\epsilon_{r0} - \epsilon_{r\infty})}{1 + (\omega\tau)^2} \qquad \cdots\cdots (6.153)$$

이 된다. $\omega\tau$ 를 소거하면, 이들 관계식은

$$(\epsilon_r' - \frac{\epsilon_{r0} + \epsilon_{r\infty}}{2})^2 + (\epsilon_r'')^2 = (\frac{\epsilon_{r0} - \epsilon_{r\infty}}{2})^2 \qquad \cdots\cdots (6.154)$$

와 같은 원의 방정식이 된다. 즉, ε_r'과 ε_r''의 관계는 그림 6.64(a)와 같은 원호가 된다. 지금까지 생각한 것은 쌍극자가 동일 종류로 가정하였으며, 이와 같은 관계가 성립하는 유전체를 단일완화계라고 한다. 그러나 실제의 유전체는 단일완화계의 거동을 나타내지 않고, 그림 (b)와 같이 원의 중심이 아래로 내려간 도형을 나타내는 경우가 많다. 이러한 계를 다완화계라고 한다.

교류전계하에서 이용되는 재료의 임피던스 Z는, 직류성분 R과 용량성분 C에 의해,

$$1/Z = (1/R) + (\omega C/j), \qquad (1/Z)^2 = (1/R)^2 + (\omega C)^2 \qquad \cdots\cdots (6.155)$$

로부터 구할 수 있다. 이 식으로부터 고주파전계하에서 용량성 저항 $(1/\omega C)$이 감소하기 때문에, 용량 C가 큰 재료에서는 임피던스가 작아지고, 절연성을 유지할 수 없게 된다. 또한, 전력손실은 식(6.148)에 의해 $C\,\tan\delta$에 비례하므로, 고주파전계하에서 사용될 수 있는 재료로는, 비유전율과 $\tan\delta$가 작고, 직류저항 R이 큰 것이어야 한다.

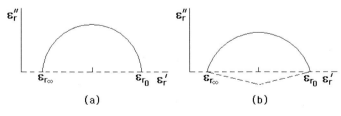

그림 6.64 Cole-Cole 원호법칙
(a)단일완화계   (b)다완화계

이와 같은 조건을 만족하는 대표적인 재료로서는, 알루미나-물라이트($3Al_2O_3 \cdot 2SiO_2$)계, 스테아타이트($MaO \cdot SiO_2$)-포스테라이트($2MaO \cdot SiO_2$)계, BeO계, Si_3N_4 등의 질화물계 세라믹스, 유리, 고분자 등을 들 수 있다. 복합조직을 지닌 재료에서는, 상경계, 입계, 기공 등 모체물질과는 다른 조성 및 구조를 지닌 영역이 존재한다(앞서 3장 그림 3.35 참조). 이들은 보통 전기적으로는 장해물로 작용하는 경우가 많지만, 고전계를 인가하면 입계나 기공 등의 부분에서 절연파괴가 일어나서 내전압을 저하시키기도 한다. 또 표면 및 계면에 있어서 이온확산이 쉽게 일어나서 저항을 감소시키기도 한다. 따라서 재료의 고순도화 및 치밀화가 필수불가결하다.

고주파 절연성이 요구되는 대표적인 예로, 집적회로(IC) 기판이 있다. 집적화로 회로에 발생하는 주울(Joule) 열이 방산하기 때문에, 열전도율이 높은 기판재료가 요구된다. 고주파 절연성, 고열전도성이라는 2가지 성질을 갖는 재료로는 세라믹스밖에 없어서, SiC-BeO계, AlN, BeO, 단결정 알루미나, 다이아몬드 등이 그 후보로 응용 및 연구가 진행되고 있다.

(4) 유전체의 종류

1) 상유전체

보통의 물질은 외부전계의 인가에 의해 비로소 분극한다. 그림 6.65에 전계의 크기 E와 분극의 크기 P의 관계를 모식적으로 나타내었는데, E와 P가 비례하는 경우(선형)와 비례하지 않는 경우(비선형)가 있다. 어느 경우에서도 전계가 없을 때는 분극이 일어나지 않고, 또한 전계를 증가시킬 때와 감소시킬 때 동일한 경로를 지나고 있다. 이러한 물질을 상유전체(paraelectrics)라고 한다.

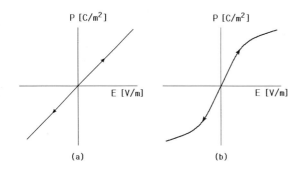

그림 6.65 상유전체에 있어서 전계세기 E와 분극크기 P의 관계
(a)선형 (b)비선형

E와 P의 관계가 선형일지 비선형일지는 직류전계 또는 매우 낮은 주파수의 교류전계에 의해 각 분극기구가 어느 정도 일어나는지에 관계하고 있다. 전자분극과 이온분극은 전계에 거의 비례하며, 이때의 비례상수를 분극률(polarizability)이라고 하고, 이러한 분극기구에 대한 분극률은 온도에 의존하지 않는다. 한편, 배향분극도 초기에는 전계에 비례해서 증가한다. 이 경우 분극률은 온도, 즉 열에너지가 쌍극자의 배향을 흩트리는 작용을 하기 때문에 온도에 의존하게 된다. $\mu E \ll \kappa T$라면, 겉보기 분극, 즉 단위체적당 분극 P는

$$P = \frac{N\mu^2 E}{3\kappa T} \qquad \cdots\cdots (6.148)$$

로부터 구할 수 있다. 여기서 μ는 1분자당의 쌍극자모멘트, N은 단위체적당의 분자수, κ는 볼쯔만상수, T는 절대온도이다. 모든 쌍극자가 전계방향으로 배향하게 되면, 그 후는 전계를 아무리 강하게 하여도 분극은 증가하지 않기 때문에, 당연히 분극은 비선형을 나타내게 된다.

각종 물질의 유전체로서의 성질을 표 6.8에 나타내었다. 보통 물질의 비유전율은 높아야 10정도이지만, 티탄산바륨계 세라믹스와 같이, 현저하게 큰 유전율을 나타내는 물질도 있다. 이러한 큰 유전율은 후술할 영구쌍극자간의 정전상호작용에 기인한다.

표 6.8 각종 유전체의 물성값 (25℃, 1[MHz])

물질	비유전율 ($\varepsilon_r{}'$)	유전손실 ($\tan\delta$)	저항률 [Ω cm]	절연내압 [kV/mm]
공기	1.0005			
PVC	5.5~10.0	0.05~0.10	$> 10^{14}$	20~80
페놀수지	4.0~6.0	0.02~0.04	$10^{11}\sim10^{13}$	9~14
폴리에스테르수지	3.7~4.0	0.025~0.035	$> 10^{14}$	12~14
실리콘오일	2.5	< 0.0002	$> 10^{14}$	–
운모	6.0~8.0	0.0002~0.0008	$> 10^{14}$	70~120
소다유리	6.0~8.0	0.01~0.025	$> 10^{13}$	5~20
석영유리	3.5	0.0001~0.0003	10^9	25~45
납유리	7.0~10.0	0.0005~0.0040	$> 10^{13}$	5~20
도자기	5.0~10.0	0.005~0.010	$10^8\sim10^{10}$	4~5
스테아타이트	6.2	< 0.0006	$> 10^{14}$	10
알루미나	10.0	< 0.0007	$> 10^{12}$	10
산화티탄	85	< 0.0008	$> 10^{14}$	5
MgO	8.0~9.0	0.0001~0.0008	$> 10^{14}$	30~45
BeO	6.5	0.0001~0.0002	$> 10^{14}$	> 10
Si$_3$N$_4$	9.4	–	$> 10^{14}$	10
티탄산바륨계	1300~15000	0.007~0.010	$> 10^{10}$	2~3

2) 강유전체, 반강유전체, 페리유전체

상유전체의 E와 P의 관계는 전계를 증가시킬 때와 감소시킬 때 동일하였지만, 다른 경우가 있다. 즉, 이력현상(hysteresis)을 나타내는 것이 있다. 전형적인 3개의 예를 그림 6.66에 나타내었으며, 각각 강유전체(ferroelectrics), 반강유전체(antiferroelectrics), 페리유전체(ferrielectrics)라고 한다. 강유전체는 외부전계가 없어도 분극하고 있는 물질로, 대표적인 예로 티탄산바륨($BaTiO_3$)이 있다. 반강유전체는 전계가 없어도 + -이온의 변위는 일어나지만, 전체 전기쌍극자모멘트가 소멸하는 것으로, 대표적인 예로 $PbZrO_3$가 있다. 또한 페리유전체에서는 전계가 없을 때의 모멘트방향이 그 결정의 단위격자마다 다르거나 또는 정-역방향의 모멘트 크기가 다른 것으로, 예로 $Ba_4Ti_3O_{12}$가 있다.

먼저 이력현상을 조금 자세하게 살펴보자(그림 6.67). 제조한 시료에 전계를 인가하지 않으면 당연히 분극은 발생하지 않는다. 이 시료에 전계를 인가해 가면, 분극은 그림에서 O→A→B→C와 같이 비선형적으로 증가한다(강유전체에 있어서는 분극의 크기가 전계 크기에 비례하지 않고, 유전율은 전계크기에 의해 변화한다. 따라서 통상 매우 약한 전계를 인가한 경우의 값으로 강유전체의 유전율을 결정하고 있다. 이것을 초기유전율이라고 한다). B→C 영역에서는 영구쌍극자의 배향에 근거한 분극이 포화에 도달해서, 유기분극(전자분극과 이온분극)만이 증가한다. BC의 연장선과 종축과의 교점을 E로 하면, OE 즉 P_s 값을 자발분극(spontaneous polarization)이라고 한다. 점C로부터 전계를 감소시키면, 원래의 곡선을 따라가지 않고, 전계 0에서 점D에 도달하게 된다. 이때의 값 P_r을 잔류분극(residual polarization)이라고 한다. 더욱 전계를 역방향으로 가하면, 점F에서 분극이 0으로 되돌아온다. 이때 역방향 전계의 크기 E_c를 항전계(coercive field)라고 한다.

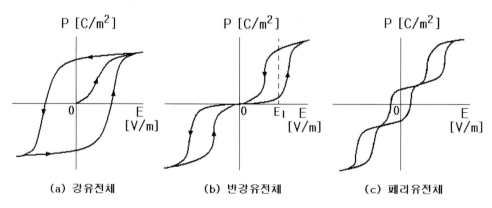

(a) 강유전체　　　(b) 반강유전체　　　(c) 페리유전체

그림 6.66 전계-분극곡선이 이력현상을 나타내는 유전체

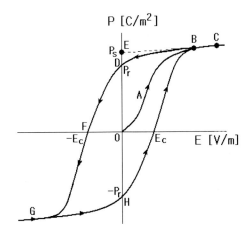

그림 6.67 강유전체의 이력경로

더욱 역전계를 강하게 하면, 점G에 도달하고, 그 후 전계를 약하게 하면 점D와 대칭위치인 점H에 도달한다. 이점으로부터 또다시 정방향으로 전계를 강하게 가하면, H→B→C와 같이 점C로 돌아와 이력곡선(hysteresis loop)이 완성된다. 이와 같이 강유전체의 특징은 자발분극이 일어나고, 전계가 0이어도 잔류분극이 남기 때문이다.

　일반적으로 자발분극은 양이온과 음이온의 중심이 어긋나면서 발생한다. 처리전 시료에서는 그 모멘트의 방향은 무질서하게 분포하고 있기 때문에, 전체적으로는 분극이 관측되지 않지만, 전계인가에 의해 전계방향으로 모멘트가 정렬하며, 전계를 0으로 하여도 그것이 잔류분극으로 남기 때문이다. 실제로는 방향을 정렬한 쌍극자 몇 개가 모여서 거시적인 영역을 형성하고 있다. 이와 같은 구역을 분역(domain)이라고 하며, 분역과 분역의 경계를 분역벽 (domain wall)이라고 한다. 분역내의 쌍극자의 방향은 유전체의 종류에 따라 다르지만, 유명한 강유전체인 정방정 $BaTiO_3$의 경우에서는 인접하는 2개의 분역이 그림 6.68과 같이 90^0 또는 180^0로 접하고 있다. 전계를 인가해서 분극하는 경우, 현실적으로는 전계방향과 평행 또는 그에 가까운 분극방향을 지닌 분역이 인접한 분역을 흡수해서 성장함에 따라 쌍극자 모멘트가 정렬하게 되는 것이다. 일단 배향한 분역을 다시 무질서하게 만들어 초기에 가까운 상태에서 분극을 0으로 하기 위한 항전계가 있다. 따라서 항전계의 크기는 자발분극의 방향을 정렬하기 위해 필요한 힘에 해당하며, 일단 분극한 강유전체의 역바이어스에 대한 저항력에도 상당한다. 전계의 인가에 대해 이와 같은 분역의 배열과정의 응답에 일정한 어긋남이나 지연이 이력의 원인이 된다. 분역벽으로는 앞서의 90^0분역벽과 180^0분역벽 이외에 120^0분역벽 등이 있다.

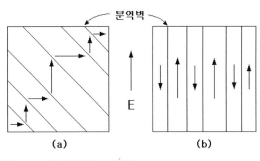

그림 6.68 강유전체의 분역구조
(a)90°분역   (b)180°분역

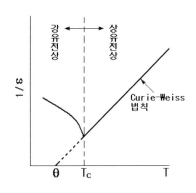

그림 6.69 Curie-Weiss 법칙

강유전체의 온도를 변화시키면 어떻게 될 것인가. 온도를 상승시키면, 열에너지를 받아서 격자원자의 열진동이 격렬해지며, 어느 온도 이상이 되면 자발분극이 소멸되어 상유전체로 전이된다. 이 온도를 퀴리(Curie) 온도 T_C 라고 하며, 상유전체에서의 유전율과 온도 간에는 다음의 퀴리-바이스(Curie-Weiss) 법칙이 성립한다(그림 6.69).

$$\epsilon = \frac{C}{(T-\theta)} \qquad\qquad \cdots\cdots (6.149)$$

여기서 C 는 퀴리상수, θ 는 특성온도($\leq T_C$) 이다. 강유전체의 비유전율은 퀴리온도에서 최대값을 나타내며, 그값은 수천부터 수만에도 이른다. 강유전체-상유전체의 전이는 가역반응으로, 이른바 변위형(비확산형) 상전이이기 때문에 반응이 대단히 빠르다.

　강유전체에 있어서 자발분극기구를 결정구조에 근거해서 살펴보면, 질서무질서형과 변위형의 2가지로 분류할 수 있다.

● **질서무질서형** : 결정분자 중에 존재하는 수소결합의 배열방식에서 유래한 형태로, 상유전상에서는 수소결합은 무질서한 배열을 하지만, 강유전상에서는 질서있는 배열을 함으로서 자발분극이 발생한다. 분극은 1개의 결정축으로만 따라서 서로 방향만 반대이기 때문에 180°분역만이 성립되며, $KNaC_4H_4O_6 \cdot 4H_2O$, KH_2PO_4 등이 여기에 속한다.

● **변위형** : 결정중의 + -이온이 원래의 평형위치에서 약간 위치가 변함에 의해서 자발분극이 발생하는 형태로, 대표적인 예로 $BaTiO_3$, $PbTiO_3$, $PbZr_{1-x}Ti_xO_3$ 등이 있다. $BaTiO_3$는 120℃ 이상에서 페로브스카이트형 결정구조를 갖는다(3장의 그림 3.20 참조). 이 구조에서 입방체의 꼭지점에 위치한 Ba^{2+}이온과 면심에 위한 O^{2-}이온은 서로 이온반경이 비슷해서 2개 이온이 함께 하나의 입방최밀충전구조를 형성하고 있다. 한편, T^{4+}이온은 6개의 O^{2-}이온

으로 둘러싸인 정팔면체의 중심에 위치한다. T^{4+}이온은 그 공간의 크기보다 작기 때문에 공간내에서 비교적 자유롭게 변위할 수 있는데, 이것이 큰 분극이 나타나는 요인이다. 입방정인 한 3차원적으로 등방적이어야 하므로 자발분극은 발생하지 않는다. 그러나 120℃ 이하가 되면 사정이 바뀐다. 즉, 결정은 정방정, 사방정, 능면체정으로 변태하며 등방적에서 벗어나므로, 자발분극이 발생해서 강유전성이 출현하게 된다. $BaTiO_3$의 포화자발분극의 크기와 온도의 관계를 그림 6.70에 나타내었다. 정방정(0~120℃)에 있어서 분극은 그림 6.71에 나타낸 바와 같이, Ti^{4+}, Ba^{2+} 및 O^{2-}의 변위에 기인하며, 분극방향은 c축이다. 사방정(-80~0℃)에서의 분극방향은 ⟨101⟩방향이며, 능면체정(-80℃ 이하)에서는 ⟨111⟩방향이 된다.

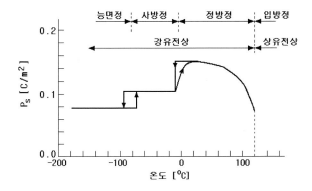

그림 6.70 $BaTiO_3$의 자발분극값

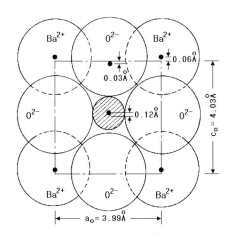

그림 6.71 정방정 $BaTiO_3$에서의 이온변위

CaTiO₃, SrTiO₃, MgTiO₃ 등도 기본적으로는 BaTiO₃와 동일한 결정구조를 갖는다. 그러나 MgTiO₃의 비유전율은 14 정도밖에 되지 않는다. 또한 CaTiO₃와 SrTiO₃의 비유전율은 150~300 정도로 비교적 크지만 이들도 상온부근에서는 상유전체이며, 강유전성은 -163℃ 이하의 SrTiO₃상에서 관측될 뿐이다. 이들 티탄산염과 BaTiO₃의 유전성의 현저한 상이점은, 이온의 크기와 관계가 있다. 일례로, 동일한 12배위의 경우, Ca^{2+}의 이온반경은 0.148[nm]로 Ba^{2+}의 0.175[nm]에 비해 매우 작다. 따라서 CaTiO₃에서는 Ca^{2+}의 변위가 발생해서 페로브스카이트구조는 사방정으로 크게 변형된다(입방정은 900℃ 이상에서 안정). 이렇게 되면 6개의 O^{2-}이온으로 둘러싸인 8면체 사이트의 공간이 좁아지게 되고, 그 안에서 Ti^{4+}는 변위할 수 없게 되어 강유전성이 나타나지 않는다.

BaTiO₃의 유전율 크기와 자발분극 크기는 직접적으로 관계하지는 않는다. 전계인가에 의해 어느 정도 각 이온이 변위하기 쉬운가, 즉 쌍극자가 유기되기 쉬운가 어려운가이다. 그림 6.72에 단결정 BaTiO₃의 비유전율의 온도의존성을 나타내었다. 입방정⇌정방정의 전이온도에서 비유전율이 현저하게 큰 값을 나타내고 있다. 다결정체를 소결한 세라믹스에서는 유전율의 값이 그림 6.72의 양축방향 값 사이가 되며, 당연히 이방성은 없어진다.

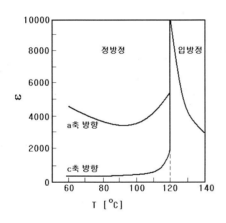

그림 6.72 BaTiO₃ 단결정의 비유전율의 온도의존성

(5) 콘덴서

1) 온도보상형 콘덴서

라디오나 TV의 전파수신용 전자회로는 인덕턴스 L과 커패시턴스 C를 조합한 공진회로로 구성된다. 그 공진주파수 f_0는

$$f_0 = \frac{1}{2\pi\sqrt{LC}} \qquad \cdots\cdots (6.150)$$

으로부터 구할 수 있다. 희망하는 전파를 안정적으로 수신하기 위해서는 f_0 가 안정하여야만 한다. 금속선의 저항은 온도와 함께 커지므로, 일반 금속선으로 만든 코일의 인덕턴스는 온도에 비례해서 증가한다. 따라서 발생하는 공진주파수의 어긋남을 보상하기 위해서는 콘덴서의 커패시턴스를 온도와 함께 감소시킬(- 온도특성) 필요가 있다. 이와 같은 용도의 콘덴서를 온도보상형 콘덴서라고 한다. 그밖에 +의 온도특성을 이용하는 경우나 온도에 의해 C 가 변화하면 곤란한 용도도 있다.

콘덴서의 온도특성은 세라믹재료의 성분비율에 의해 어느 정도 자유자재로 변화시킬 수 있다. 일례로, TiO_2, $CaTiO_3$, $SrTiO_3$ 등에서는 온도가 올라가면 용량이 감소하고, 반대로 $MgTiO_3$, $La_2Ti_2O_7$에서는 증가한다. 양쪽 특성의 것을 소정의 양을 혼합해서 소결시키면 여러 온도특성을 실현시킬 수 있다.

2) 고유전율형 콘덴서

비유전율이 큰 티탄산바륨계 세라믹스를 사용하면, 소형이면서 대용량인 콘덴서를 만들 수 있다. 그러나 그림 6.72에서 볼 수 있듯이, 비유전율이 가장 큰 것은 퀴리점 부근이다. 물론 우리가 콘덴서를 이용하는 것은 상온부근이기 때문에, 그대로는 고유전율을 이용할 수 없다. 그런데 퀴리온도 즉 입방정 ⇄ 정방정의 전이온도는 $BaTiO_3$ 결정격자 중의 Ba^{2+} 와 Ti^{4+}이온의 일부를 다른 이온, 일례로 Sr^{2+} 와 Zr^{4+}이온으로 치환함에 의해 매우 낮은 온도까지 내릴 수 있다. 이와 같은 효과를 갖는 첨가물을 시프터(shifter)라고 한다. 또한, 퀴리온도의 저하 정도는 이들 고용량에 의존하기 때문에 유전율의 극대값을 나타내는 온도는 어느 정도 자유롭게 조절할 수 있다. 이렇듯 일례로 20℃ 부근의 상온에서 큰 유전율을 갖는 세라믹스를 만들 수 있지만, 실용적으로는 그것만으로는 부족하다. 즉, 유전율 피크가 너무 예리해서 조금의 온도변화에서도 유전율이 크게 변화하는 문제점이 있다. 따라서 예리한 피크를 조금 무디게 만들 필요가 있다. 그렇게 변화시키기 위해서는 Ma^{2+}나 Ca^{2+} 등을 첨가하면 유효하며, 이것을 디프레서(depressor)라고 한다. 이와 같은 고용체를 이용함으로서 상온부근에서 높은 유전율을 갖는 콘덴서를 실현시킬 수 있다.

3) 적층형 콘덴서

유전체의 용량 C는

$$C = \epsilon_0 \epsilon \frac{S}{d} \qquad\qquad\qquad \cdots\cdots (6.151)$$

이므로, 전극면적을 가능한 넓게 하고(대면적화), 전극사이에 끼워 넣는 유전체를 가능한 얇게(박막화) 함으로서 용량을 증가시킬 수 있다. 한장의 유전체로 이와 같은 콘덴서를 만드는 것은 강도적으로 약하기 때문에 불가능하지만, 여러 장을 겹치면 가능해진다. 전극면적을 작게 하고, 두께를 가능한 얇게 해서 전극과 유전체세라믹스를 여러 층으로 적층시킴으로서 소형대용량을 실현시킨 콘덴서를 적층형 콘덴서라고 하며, 그 구조를 그림 6.73에 나타내었다. 하나의 세라믹 유전체층의 두께는 15~60〔μm〕 정도이다. $BaTiO_3$, $SrTiO_3$의 소결온도는 1300~1400℃로 고온이기 때문에, 고온에서 반응하지 않는 안정한 전극으로 Pt, Pd가 이용되고 있다. 그러나 Pt, Pd는 고가이기 때문에 저온소결이 가능한 유전체 재료를 채택함으로서 낮은 가격의 전극이용도 시도되고 있다. $Ba_4Ti_3O_{12}$-$PbTiO_3$계, Bi_2WO_3-Bi_2MoO_6계, $Pb(Fe_{2/3}W_{1/3})O_3$-$Pb(Fe_{1/2}Nb_{1/2})_3$계 등이 개발되어 내부전극으로 Ag가 이용되고 있다.

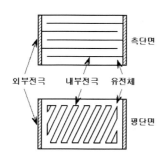

그림 6.73 적층형 콘덴서

4) 반도체형 콘덴서

반도체가 콘덴서로 된다는 것이 이상하게 생각될지 모르겠지만, 반도체의 표면 또는 결정입자 하나의 표면을 정교하게 제어하면, 반도체 세라믹스를 소재로 한 고용량의 콘덴서를 제작할 수 있다. 이것에는 크게 나누어 배리어형, 환원재산화형 및 BL형의 3종류가 있다.

● **배리어형** : 배리어(barrier)형의 소재로는 미량의 La_2O를 첨가한 $BaTiO_3$가 사용된다. $BaTiO_3$는 앞서 설명한 바와 같이 전형적인 유전체이지만, La_2O를 첨가하면 La^{3+}가

Ba^{2+} 위치에 치환형으로 고용되며, 그때 전기적인 중성조건을 만족시키기 위해서 식(6.152)와 같이 전도전자가 생성되어 $0.1 \sim 100 [\Omega m]$ 정도의 n형 반도체로 변화한다.

$$La_2O_3 + 2TiO_2 \xrightarrow{BaTiO_3} 2La_{Ba}^{\bullet} + 2Ti_{Ti}^* + 6O_O^* + \frac{1}{2}O_2 + 2e' \qquad \cdots\cdots (6.152)$$

이 소결체의 표면을 그림 6.74(a)와 같이, Ag로 전극처리하면 전극과 반도체의 페르미준위 차이에 의해 표면에 정류작용을 지닌 매우 얇은 쇼트키장벽층이 생성된다. 그곳이 콘덴서로서 작용하게 된다. 배리어층은 매우 얇기 때문에 정전용량이 커서 소형대용량이 된다. 단, 얇아서 내전압은 낮다.

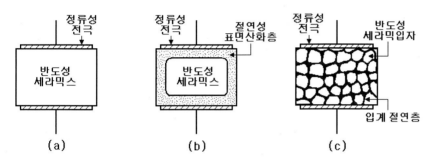

그림 6.74 반도체형 콘덴서
(a)배리어형   (b)환원재산화형   (c)BL형

● **환원재산화형** : $BaTiO_3$ 세라믹스의 반도체화는 환원분위기에서 소결함으로서도 가능하다. 즉, 격자 산소의 일부가 빼앗겨 식(6.153)과 같이, 도너전자가 생성되어 n형 반도체로 된다.

$$BaTiO_3 \rightarrow BaTiO_{3-x} + xV_O^{\bullet\bullet} + \frac{x}{2}O_2 + 2xe' \qquad \cdots\cdots (6.153)$$

이것을 다시 산소분위기에서 짧은 시간 열처리하면, 소결체의 표면만 재산화 되어 얇은 절연층 (유전체층)으로 되돌아간다. 이 열처리 후 양면을 Ag로 전극처리하면, 그림 6.74(b)와 같이, 전극/유전체/전극의 적층구조인 소형대용량의 콘덴서로 된다. 내전압은 앞서 배리어형 의 경우와 마찬가지로 낮다.

● **BL형** : 소결체의 표면이 아니고, 반도체 세라믹 입자 하나하나의 표면에 얇은 절연층을 만들어 소결하면, 결정입자끼리 절연층(입계)을 사이에 끼워 넣은 상태가 된다. 구체적으로는

La^{3+}를 첨가한 $BaTiO_3$나 $SrTiO_3$가 반도체입자로 이용되고, 이것을 절연성인 Bi_2O_3, CuO, Tl_2O_3 등을 바인더로 해서 소결 제작한다. 각 결정입자의 입계에 형성된 2중 쇼트키장벽이 소형 콘덴서로 작용하고, 그 콘덴서 집단이 복합적으로 직렬/병렬로 배열한 조직으로 되어, 큰 정전용량이 얻어진다. 겉보기 유전율은 경우에 따라 200,000에도 도달한다. 이러한 형태를 BL(Barrier Layer)형 콘덴서라고 하며, 조직적으로는 바리스터와 같은 범주에 들어간다(그림 6.74(c)).

고유전율(고용량) 재료의 일례를 표 6.9에 나타내었다.

표 6.9 고유전율(고용량) 재료의 일례

재료	비유전율 (1kHz)	유전손실 (1MHz)
$BaTiO_3$	~1200	$\sim 1 \times 10^{-2}$
$SrTiO_3$	332	5×10^{-4}
$CaTiO_3$	160	3×10^{-4}
$Na_{1/2}Bi_{1/2}TiO_3$	700	4×10^{-2}
$Bi_4Ti_3O_{12}$	112	2.9×10^{-3}
$Cd_2Nb_2O_7$	500~580	1.4×10^{-2}
TiO_2	100	$2 \times 10^{-4} \sim 5 \times 10^{-3}$
$(Ba,Sr)(Ti,Sn)O_3$	3000~10000	$1 \times 10^{-2} \sim 5 \times 10^{-2}$
$(Ba,Sr)TiO_3$ BL 콘덴서	40000~100000	$2 \times 10^{-2} \sim 1 \times 10^{-1}$

6.5 압전성

결정성 물질에 응력을 가하면, 왜곡이온의 상대위치가 변위한다. 대칭중심을 갖는 결정에서는 왜곡도 대칭적으로 되기 때문에 분극이 발생하지 않지만, 대칭중심이 없는 결정에서는 전기분극이 발생한다. 즉, 기계적인 에너지가 전기적인 에너지로 변환된다. 이와 같은 효과를 압전효과 또는 압전직접효과(piezoelectric direct effect)라고 하며, 이러한 성질을 나타내는 물질을 압전체라고 한다. 반대로, 압전체에 전계를 인가하면 이온이 전계에 끌려 변위하기 때문에 결정은 기계적으로 왜곡된다. 즉, 전기적 에너지가 기계적 에너지로 변환된다. 이런 효과를 압전 역효과(piezoelectric converse effect)라고 한다. 대칭성에 의해 결정은 32종류의 결정족으로 분류되는데, 그 중 대칭중심을 갖지 않는 것은 21종류가 있다. 이 중에서 1개의 예외(별도의 대칭성으로 인해 압전성이 나타나지 않는다)를 제외한 20 결정족에서 압전성이 나타난다.

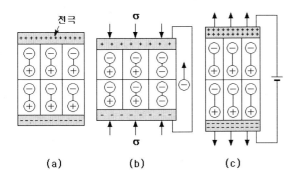

그림 6.75 분극한 결정의 압전성 모델
(a)무응력 (b)압축응력하 (c)인장응력하

압전성이 나타나는 방법으로는 2가지를 생각할 수 있는데, 그 중 하나는 결정자체가 모두 분극하고 있어서(자발분극) 기계적인 왜곡을 받으면 분극의 정도가 변화하는 경우이다. 그 양상을 그림 6.75에 나타내었다. 먼저 (a)에서는 자발분극으로 인해서 양전극에는 서로 다른 전하가 발생한다. 이러한 결정에 압축응력이 가해지면, (b)와 같이 + −이온간의 거리가 짧아지게 되므로 쌍극자모멘트가 작아지며, 전극을 단락시키면 여분의 전하가 회로를 흐르게 된다. 한편, (c)와 같이 인장응력을 가하면, (a)의 경우보다 전극에 축적되는 전하가 증가한다.

또 한가지 방법은 원래부터 자발분극을 갖지 않는 결정이 응력에 의해 전기분극을 발생하는 경우로, 그림 6.76(a)는 통상의 상태로 결정전체를 보면 + − 전하의 중심이 일치하고 있어서 분극을 발생하지 않지만, 이 결정을 c축 방향으로 신장(b) 또는 압축(c) 시키면 + −이온의 상대위치가 벗어나서 결정표면에 처리한 전극내에 전하가 유기되는 경우이다.

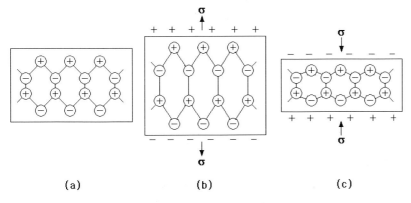

그림 6.76 자발분극을 갖지 않는 결정의 압전성 모델
(a)무응력 (b)인장응력하 (c)압축응력하

(1) 압전상수와 전기기계결합계수

기계적 에너지(응력 T와 왜곡 S)와 전기적 에너지(전계 E와 자속밀도 D) 간에는 다음의 관계(압전기본방정식)가 있다.

$$S = s^E T + dE, \quad D = dT + \epsilon^T E \qquad \cdots\cdots (6.154)$$

압전재료에 있어서는 왜곡 S(무차원)는 응력 T〔N/㎡〕뿐 만아니라 전계 E〔V/m〕에도 의존하며, 또한 자속밀도 D〔C/㎡〕도 E와 T 양쪽 모두에 의존하기 때문에, 보통 이와 같이 나타내며, d형식이라고 한다. 여기서, s^E는 E가 일정할 때의 탄성률(영율)의 역수인 탄성 컴플라이언스(elastic compliance), ϵ^T는 T가 일정할 때의 유전율이다. 또한, d는 가한 응력으로 어느 정도 분극이 유기되었는지, 또는 가한 전계로 어느 정도 기계적 왜곡이 발생했는지를 나타내는 물질상수로, 압전상수(piezoelectric constant)의 하나로 d상수 또는 압전변형상수(piezoelectric strain constant)라고 한다. 식(6.154)의 독립변수는, T, E, S, D의 4가지이므로, 이들간의 관계식으로는 다음의 3가지 형식이 있다.

$$T = c^D S + eD, \quad D = eS + \epsilon^S E \qquad \cdots\cdots (6.155)$$

$$T = c^D S - hD, \quad E = -hS + \beta^S D \qquad \cdots\cdots (6.156)$$

$$S = s^D T + gD, \quad E = -gT + \beta^T D \qquad \cdots\cdots (6.157)$$

식(6.155),(6.156),(6.157)을 각각 e형식, h형식, g형식이라고 하며, g상수는 압전변형상수 또는 전압출력상수로, e와 h상수는 압전응력상수라고도 한다. 여기서 β는 역유전율(coefficient of dielectric impermeability), C는 탄성력(elastic stiffness) 이다. 또한, 각 계수의 첨자문자는 각 변수가 일정할 때의 값을 나타낸다. 지금까지의 4종의 형식중에 한조의 상수 예를 들어 d형식의 ϵ^T, d, s^E를 알면 다른 형식의 상수는 전부 계산으로 구할 수 있다.

압전체의 경우 분극처리에 의해 비로소 압전성을 나타낸다. 분극처리를 한 세라믹스는 분극방향과 그 밖의 방향과는 성질이 다르며 재료상수는 텐서(tensor)로 나타내어야만 한다. 특히 압전세라믹스의 경우 분극처리한 축을 3으로 하고, 다른 축을 1, 2로 한다. 1 방향과 2 방향은 성질이 동일하다.

전기적 변위 D는 $D_1 \sim D_3$의 성분으로 구성되는 1단 텐서이고, 응력 T는 $T_1 \sim T_6$로 구성되는 2단 텐서이기 때문에 두 가지를 연관 짓는 d상수는 $d_{ij}(i=1\sim3, j=1\sim6)$의 3단 텐서로 된다. 분극처리한 세라믹스에서 독립적인 d상수는 d_{31}, d_{33}, d_{15} 뿐이다.

마찬가지로 변형 S는 2단 텐서($S_1 \sim S_6$), 응력 T도 2단 텐서($T_1 \sim T_6$)이므로 S^E는 $S_{ij}(i=1 \sim 6, j=1 \sim 6)$의 4단 텐서로 된다. 이중에서 분극처리한 세라믹스에서 독립적인 것은 $S_{11}{}^E$, $S_{33}{}^E$, $S_{12}{}^E$, $S_{13}{}^E$, $S_{55}{}^E$ 뿐이다.

유전율 ε^T는 전기장 E와 전기적 변위 D로부터 연관되는 상수로, E와 D가 1단 텐서($E_1 \sim E_3$, $D_1 \sim D_3$)이므로 2단 텐서가 된다. 분극처리한 세라믹스에서는 $\varepsilon_{11}{}^T$와 $\varepsilon_{33}{}^T$만이 독립적이다.

압전체로서 또 한가지 중요한 특성은, 전기적 에너지가 기계적 에너지로, 또는 그 역의 변환효율이다. 이것을 전기기계결합계수(electomechanical coupling coefficient) k라고 하며, 결정중에 축적된 기계적 에너지의 전기적 총입력에 대한 비의 평방근, 또는 결정중에 축적된 전기에너지의 기계적 총입력에 대한 비의 평방근으로 정의된다. 예를 들어, 전자의 경우 가한 전기적 에너지를 U_e, 그중 기계적 에너지로 변환된 양을 U_m으로 하면, 결합계수 k는

$$k^2 = \frac{U_m}{U_e} \qquad \cdots \cdots (6.158)$$

로부터 구할 수 있다. $U_e = ED/2 = \varepsilon^T E^2/2$. 이 에너지로 발생하는 왜곡 $S = dE$, 이 왜곡에 대응하는 응력 $T = S/s^E = dE/s^E$를 이용하면,

$$U_m = ST/2 = d^2 E^2/2s^E \qquad \cdots \cdots (6.159)$$

가 된다. 따라서

$$k^2 = \frac{U_m}{U_e} = \frac{d^2}{\epsilon^T s^E} \qquad \cdots \cdots (6.160)$$

이 된다. 후자의 전기적 에너지로부터 기계적 에너지로의 변환에서도 같은 방법을 적용시키면,

$$\frac{U_m{}'}{U_e{}'} = 1 - \frac{s^D}{s^E} = \frac{d^2}{\epsilon^T s^E} = k^2 \qquad \cdots \cdots (6.161)$$

이 되며, 변환효율은 역시 전기기계결합상수 k의 2승으로 같아진다. k를 크게 하기 위해서는, 압전상수와 영율이 커야하고, 비유전율이 작아야 한다는 조건을 만족시켜야만 한다.

이상적인 콘덴서의 I-V특성과 마찬가지로, 이상적인 탄성체가 진동하는 경우에 있어서 응력과 변형간의 위상은 90° 차이가 있다. 실제적으로는 이 위상차이가 90°보다 작고 진동에너지의 일부는 열에너지로 손실된다. 콘덴서의 경우와 마찬가지로 90°와의 차이를 δ로 해서 탄성체의 품질평가를 나타내는 파라미터, 즉 기계적 품질계수 Q_M (mechanical Q factor)은

$$Q_M = 1/\tan\delta \qquad\qquad\qquad\cdots\cdots (6.162)$$

로 정의되며, Q_M이 클수록 손실이 적은 우수한 재료가 된다.

(2) 재료상수의 평가

전술한 바와 같이 분극처리한 일정 형상의 압전체(그림 6.77)에 교류전압을 인가하면 역압전효과에 의해 전기적 신호가 기계적 진동으로 변환된다. 인가한 교류의 주파수가 시료의 어느 고유 공진주파수에 근접하면 유기된 기계적 진동이 전기적 신호로 되돌아와서 전기적으로도 공진 및 반공진점이 나타난다. 시료의 기계적 진동에는 여러 가지 형태가 있고, 각각의 진동모드에 대한 압전성을 분리해서 구할 수 있다. 분극처리한 세라믹스의 경우 전술한 바와 같이 d_{31}, d_{33}, d_{15}, S_{11}^{E}, S_{33}^{E}, S_{12}^{E}, S_{13}^{E}, S_{55}^{E}, ε_{11}^{T}, ε_{33}^{T}를 구하면 모든 형식(d, g, e, h형식)의 상수를 계산할 수 있다. 여기서는 동적방법에 의해 이들 재료상수 및 전기기계결합계수를 구하는 방법에 대해 설명하고자 한다.

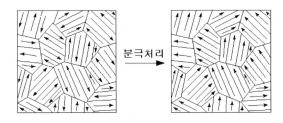

그림 6.77 분극처리

1) 봉의 종효과

봉의 종효과로부터는 k_{33}, S_{33}^{E}, d_{33}을 구할 수 있다. 이 진동모드는 그림 6.78과 같이 분극처리한 봉상시료의 l방향의 진동이다. 이 2단자 시료의 전기적 측정으로부터 공진주파수 f_R, 반공진주파수 f_A 및 유전율 ε_{33}^{T}를 구한다. f_R, f_A는 각각 임피던스가 0위상이 되는 주파수의 낮은 쪽과 높은 쪽이다. 엄밀하게는 진동자의 전기적 등가회로에서 직렬회로의 공진주파수 f_s와 병렬공진회로의 공진주파수 f_0을 이용하여야만 하지만, 간편한 측정을 위해 f_R과 f_A를 대신 사용한 것이다. 또는 임피던스 최소 및 최대 주파수 f_m, f_n을 사용하여도 무방하다. 측정값과 표 6.10의 식ⓐ~ⓔ를 이용해서 k_{33}, S_{33}^{E}, d_{33}을 구한다.

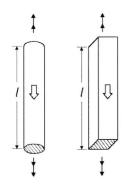

그림 6.78 봉의 종효과 측정용 시료형상
(⇩분극방향, ↑ ↓ 진동방향)

2) 봉의 횡효과

봉의 횡효과로부터는 k_{31}, $S_{11}{}^E$, d_{31}을 구할 수 있다. 이 진동모드는 그림 6.79와 같이 두께방향으로 분극처리한 봉상시료의 l방향의 진동형태이다. 표 6.10의 식ⓕ~ⓘ를 이용한다.

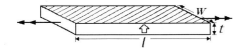

그림 6.79 봉의 횡효과 측정용 시료형상
(⇧분극방향, ← →진동방향)

3) 원판의 확장진동

원판의 확장진동으로부터는 k_p (근사값)을 구할 수 있다. 또 횡효과의 결과와 조합해서 k_p, $S_{12}{}^E$, σ^E (프와송비)를 구할 수 있다. 이 진동모드는 그림 6.80과 같은 형상으로 두께방향으로 분극처리한 원판의 직경방향으로의 확장진동이다. f_A, f_B는 종효과의 경우와 유사하다. 이 진동모드에서는 표 6.10의 식ⓙ~ⓜ을 이용하면 되는데, 식에서 η_1은 σ^E값에 의해 크게 변하지 않기 때문에 $\eta_1 \fallingdotseq 2.05$로 계산하여도 무리는 없다.

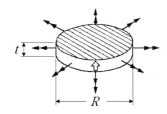

그림 6.80 원판의 확장진동효과 측정용 시료형상
(⇧분극방향, ↑진동방향)

4) 판의 전단진동

판의 전단진동으로부터는 k_{15}, S_{55}^E, d_{15} 를 구할 수 있다. 먼저 그림 6.81과 같은 판상시료의 $t-w$ 면을 전극처리해서 분극시킨 후 전극을 제거한다. 그다음 $l-t$ 면을 전극처리해서 측정한다. 이 진동은 전단진동이다. 이 모드의 f_A, f_B 부터도 k_{15} 를 구할 수 있지만, 다른 진동모드와 결합하기 쉽기 때문에, 공진주파수 부근의 유전율과 주파수와의 관계를 구하고 공진주파수보다 낮은 쪽의 유전율을 ε_{11}^T, 높은 쪽을 ε_{11}^S 로 하고 표 6.10의 식ⓝ으로부터 구한다.

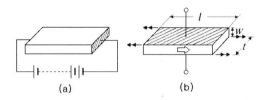

그림 6.81 판의 전단진동 측정용 시료형상으로 분극처리(a)한
뒤 전극의 위치를 (b)와 같이 바꾼다.
(⇨분극방향, ← →진동방향)

5) 판의 두께진동

판의 두께진동과 횡효과, 확장진동의 결과를 조합해서 표 6.10의 식ⓡ~ⓤ을 이용해서 컴플라이언스의 최후에 남은 S_{13}^E 를 구할 수 있다. 이 진동은 확장진동가 동일한 형상의 시료의 두께방향의 진동이다.

어떠한 공진에 대응하는가는, 취급하는 재질에 가깝다고 생각되는 물질의 주파수상수(frequency constant)의 문헌이나 표10.1의 식ⓒ,ⓗ,ⓞ,ⓢ로부터 도출하면 된다.

(3) 기계적 품질계수의 평가

기계적 품질계수 Q_M 은 임피던스가 최소로 되는 주파수 f_m 의 에서의 임피던스를 R_1 이라고 하면,

$$Q_M = \frac{1}{2\pi f_R R_1 Cf\{1 - (f_R/f_A)\}^2} \qquad \cdots\cdots (6.163)$$

으로부터 계산할 수 있다. 여기서 f_R, f_A는 f_m, f_n 의 값을 이용하면 되고,. R_1 은 벡터임피던스 미터로부터 직접 읽으면 된다.

표 6.10 재료상수의 계산식

(1) 봉의 종효과

ⓐ $k_{33}^2 = \dfrac{\pi}{2} \cdot \dfrac{f_R}{f_A} \, tan(\dfrac{\pi}{2} \cdot \dfrac{f_A - f_R}{f_A})$

ⓑ $\dfrac{1}{k_{33}^2} = 0.405 \dfrac{f_R}{f_A - f_R} + 0.810$ (근사식)

ⓒ $f_A \cdot l = \dfrac{1}{2} \sqrt{\dfrac{1}{\rho \cdot S_{33}^D}}$

ⓓ $S_{33}^E = S_{33}^D / (1 - k_{33}^2)$

ⓔ $k_{33} = \sqrt{\dfrac{d_{33}^2}{\epsilon_{33}^T \cdot S_{33}^E}}$

(2) 봉의 횡효과

ⓕ $\dfrac{k_{31}^2}{1 - k_{31}^2} = \dfrac{\pi}{2} \cdot \dfrac{f_A}{f_R} \, tan(\dfrac{\pi}{2} \cdot \dfrac{f_A - f_R}{f_R})$

ⓖ $\dfrac{1}{k_{31}^2} = 0.405 \dfrac{f_R}{f_A - f_R} + 0.595$ (근사식)

ⓗ $f_R \cdot l = \dfrac{1}{2} \sqrt{\dfrac{1}{\rho \cdot S_{11}^E}}$

ⓘ $k_{31} = \sqrt{\dfrac{d_{31}^2}{\epsilon_{33}^T \cdot S_{11}^E}}$

(3) 원판의 확장진동

ⓙ $S_{11}^E = \dfrac{\pi^2 R^2 f_R^2 \{1 - (\sigma^E)^2\} \rho}{\eta_1}$

(여기서 η_1은 $\eta_1 J(\eta_1) - (1 - \sigma^E) J(\eta_1) = 0$의 근이며 근사적으로 2.05이다. J_0, J_1은 0차 및 1차의 제1종 Bessel 함수*이다.)

ⓚ $k_p^2 = \dfrac{\eta_1^2 - \{1 - (\sigma^E)^2\}}{2(1 + \sigma^E)} \cdot \dfrac{f_A^2 - f_R^2}{f_A^2}$

ⓛ $\dfrac{1}{k_p^2} = 0.395 \dfrac{f_R}{f_A - f_R} + 0.574$ (근사식)

ⓜ $\sigma^E = -\dfrac{S_{12}^E}{S_{11}^E}$

(4) 판의 전단진동

ⓝ $k_{15}^2 = 1 - \dfrac{\epsilon_{11}^S}{\epsilon_{11}^T}$

ⓞ $\omega f_A = \dfrac{1}{2} \sqrt{\dfrac{C_{44}^D}{\rho}}$

ⓟ $k_{15}^2 = 1 - \dfrac{C_{44}^E}{C_{44}^D}$

ⓠ $k_{15}^2 = \dfrac{d_{15}^2}{\epsilon_{11}^T \cdot S_{44}^E}$

(5) 판의 두께진동

ⓡ $k_t^2 = \dfrac{\pi}{2} \cdot \dfrac{f_R}{f_A} \, tan(\dfrac{\pi}{2} \cdot \dfrac{f_A - f_R}{f_A})$

ⓢ $t f_A = \dfrac{1}{2} \sqrt{\dfrac{C_{33}^D}{\rho}}$

ⓣ $k_t^2 = 1 - \dfrac{C_{33}^E}{C_{33}^D}$

ⓤ $C_{33}^E = \dfrac{S_{11}^E + S_{12}^E}{S_{33}^E (S_{11}^E + S_{12}^E) - 2(S_{13}^E)^2}$

*Bessel 함수는 $J_n(\eta_1) = (\dfrac{\eta_1}{2})^n \sum\limits_{K=0}^{\infty} \dfrac{(-\eta_1^2/4)^K}{K!(K+n)!}$ 의 근사식을 이용하면 편리하다.

(4) 압전 세라믹스

1) 티탄산바륨계

자발분극을 갖는 강유전체재료는 모두 압전성을 나타낸다. 따라서 대표적인 강유전체인 티탄산바륨도 당연히 압전체로 이용 가능하다. 앞서 설명한 바와 같이, 입방정의 $BaTiO_3$는 자발분극을 나타내지 않지만, 퀴리점 120℃ 이하에서는 강유전상인 정방정으로 전이해서 압전성을 나타낸다. 더욱 온도를 낮추면, 0℃에서 다른 강유전상(사방정)으로 전이하기 때문에 압전특성은 변화한다. 따라서 일반적으로 안정한 압전체로 이용 가능한 것은 정방정 영역으로 제한되지만, 실용상 0~120℃라는 온도범위는 너무 좁다. 퀴리온도를 올림과 동시에 사방정으로의 전이온도를 저하시킬 필요가 있다. 따라서 그 방법은 강유전체에서 설명하였고, 이 경우는 Ba^{2+}의 일부를 Pb^{2+} 및 Ca^{2+}로 치환함으로서 각각 퀴리온도의 상승, 사방정으로의 전이온도 저하를 실현하고 있다. 일례로 $Ba_{0.88}Pb_{0.08}Ca_{0.04}TiO_3$ 조성의 변성 티탄산바륨 세라믹스가 초음파 어군탐지기 등에 사용되고 있다.

2) 티탄산지르콘산납계

압전체 세라믹스는 $BaTiO_3$계로부터 시작되었지만, 보다 뛰어난 특성을 지닌 재료탐색을 목적으로 각종 페로브스카이트형 복합산화물에 대해 연구되어 왔다. 그 결과, 강유전성의 티탄산과 반강유전성의 지르콘산납의 고용체인 PZT($PbZr_{1-x}Ti_xO_3$)에서 $BaTiO_3$계보다 훨씬 뛰어난 압전특성을 얻을 수 있었다.

반강유전상은 $PbZrO_3$ 부근에서만 나타나고, 대부분의 조성은 강유전체를 나타내며, 또한 강유전성 영역은 Zr/Ti＝53/47 조성을 경계로 Ti 농도를 증가시키면 능면체정에서 정방정으로 상전이 발생하고, 이 조성부근에서 압전상수와 전기기계결합계수가 현저하게 높아진다 (그림 6.82).

상전이경계는 온도변화도 작고, $BaTiO_3$의 약 2배에 해당하는 압전상수($BaTiO_3$의 d_{33}≒ 190~270〔pC/N〕)를 안정하게 사용할 수 있다. 고온에서 소결시 Pb가 증발하는 결점이 있지만, Pb의 일부를 Ca, Sr 등으로 치환하거나, PbO 증기 중에서 분위기 소결함에 의해 비교적 쉽게 고성능의 압전체를 제작할 수 있다.

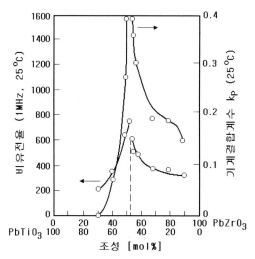

그림 6.82 PZT 세라믹스의 조성과 유전율, 전기
기계결합계수의 관계

또한, PZT($\varepsilon \sim 600$)에 Pb(Mg$_{1/3}$Nb$_{2/3}$)O$_3$, Pb(Mn$_{1/3}$Sb$_{2/3}$)O$_3$, Pb(Co$_{1/3}$Nb$_{2/3}$)O$_3$ 등을 첨가하면, 제반 압전특성을 대폭 변화시킬 수 있는 장점이 있으며, 목적에 부합하는 조성선택이 가능하다. 또한, (Bi$_{1/2}$Na$_{1/2}$)TiO$_3$를 주성분으로 한 다성분계 고용체세라믹스나 Bi층상구조 강유전체 (Bi$_2$O$_2$)$^{2+}$(A$_{m-1}$B$_m$O$_{3m+1}$)$^{2-}$ (m=1~5)를 이용한 입자배향형 안전세라믹스에 대한 연구도 활발하다. 이와 같은 압전체 재료는 초음파세척기, 초음파가공기 등의 진동자나 압전트랜스, 탄성표면파 필터 등, 전기-기계에너지의 변환재료로 다방면에서 실용화되어 있다.

6.6 초전성

유전체(절연체)에 열을 가하면 전기가 발생하는 것이 있다. 이를 후술할 열전변환기능의 하나인 초전효과(pyroelectric effect)라고 한다. 결정의 대칭성에 의해 분류된 32결정족 중 대칭중심을 갖지 않는 20결정족에서 압전성을 나타내는데, 그중 극성결정인 10결정족이 초전성을 나타낸다. 즉, 결정의 상하축 방향 또는 좌우축 방향이 결정학적으로 등가가 아닌 경우에 초전성이 나타난다. 초전결정 중에 외부전계 인가에 의해 자발분극의 방향을 반전시킬 수 있는 것이 강유전체이다. 즉, 강유전체는 반드시 초전체이며, 초전체는 반드시 압전체이지만, 그 역은 항상 성립하는 것은 아니다. 이를 그림 6.83에 나타내었다.

(1) 초전효과

결정내의 +전하와 -전하의 중심이 일치하지 않는 극성결정에서는 자발분극이 존재한다. 결정이 일정온도로 유지되어 있을 때는, 표면에 대기중의 분자나 이온이 흡착해서 결정내의 자발분극을 소멸시키기 때문에, 실제로 외부에서 분극을 관측할 수 없다(그림 6.84(a)). 이 상태에서 결정의 온도를 급격하게 변화시키면, 자발분극은 온도의 함수이므로, 그림 6.84(b)와 같이 자발분극의 크기가 변하고, 과잉의 표면전하가 외부회로에 의해서 전류 또는 전압으로 관측할 수 있다. 그 후 결정의 온도가 일정하게 되면, 다시 흡착분자 등에 의해 전하가 균형을 이루는 평형상태에 도달하게 되고, 분극은 관측할 수 없게 된다(그림 6.84(c)). 이와 같이 초전효과는 하나의 평형상태로부터 다른 평형상태로의 변화과정에서 과도적으로 관측되는 물성으로, 자발분극의 온도변화에 의존하며, 그 계수를 초전계수 λ [c/m^{2}K]라고 한다.

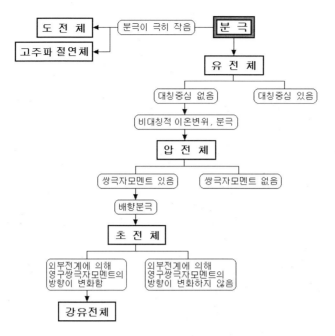

그림 6.83 유전체, 압전체, 초전체, 강유전체의 관계

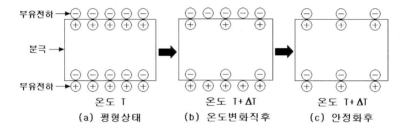

그림 6.84 초전성의 출현기구

$$\lambda = dP_s/dT \qquad \cdots\cdots (6.164)$$

한편, 초전효과에 의한 전류는 자발분극의 시간적 변화에서 구할 수 있으며, 다음식과 같이 온도변화의 빠르기에 비례하는 것을 알 수 있다.

$$i_P = A(dP_s/dt) = A(dP_s/dT)(dT/dt) \qquad \cdots\cdots (6.165)$$

여기서 A 는 전극면적이다. 따라서 초전계수는

$$\lambda = i_P / [A(dT/dt)] \quad\quad\quad \cdots\cdots (6.166)$$

이 되며, i_P와 온도로부터 구할 수 있다.

초전효과는 전극의 전하를 전류 또는 전압으로 끌어내어 이용된다. 초전계수가 큰 경우에 큰 초전류, 초전압을 얻을 수 있는 것은 당연하지만, 열용량이나 유전율 등 다른 물성값에도 의존한다. 열에너지의 유입에 의한 온도변화가 크게 되려면 열용량(비열)이 작은 편이 좋다. 또한 큰 초전압을 얻기 위해서는 동일한 표면전하에 대해서는 정전용량이 작은, 즉 비유전율이 작은 편이 좋다. 게다가 유전손실에 의한 잡음을 경감시키기 위해서는 $\tan\delta$가 작은 쪽이 바람직하다. 따라서 물질의 초전성을 평가하는데는 다음의 3가지의 성능지수가 이용된다.

$$F_I = \lambda / C_{vol} \quad\quad\quad \cdots\cdots (6.167)$$

$$F_V = \lambda / [\epsilon_r C_{vol}] \quad\quad\quad \cdots\cdots (6.168)$$

$$F_D = \lambda / [C_{vol} \sqrt{\epsilon_r \tan\delta}] \quad\quad\quad \cdots\cdots (6.169)$$

여기서, F_I는 초전류 성능지수, F_V는 초전압 성능지수, F_D는 비검출율 성능지수이며, C_{vol}는 단위체적당 정압열용량, ε_r은 비유전율이다.

(2) 초전재료

초전재료로서는 큰 초전계수를 갖는 강유전체가 바람직하지만, 보다 퀴리온도가 높아야 하고, 출력으로서의 초전류나 초전압은 두께에 반비례하기 때문에 시료를 얇게 가공할 수 있어야 하며, 신뢰성이 높고 양산성이 있어야 한다. 주요한 초전재료의 특성값을 표 6.11에 나타내었다.

표 6.11 각종 초전재료의 물성

재료	초전계수 [10^{-8}C/cm²K]	비유전율	C_{vol} [J/cm³K]	F_V [10^{-19}C/cmJ]	T_c [℃]
TGS 단결정	3.5	38	2.13	4.3	49.5
LiTaO₃ 단결정	2.3	54	3.13	1.4	618
SBN 단결정	6.5	380	2.33	0.73	115
Pb₂Geᵢ₃O₁₁ 단결정	1.1	40	1.98	1.4	178
PT계	1.8	190	3.19	0.3	460
PZT계	5.0	380	2.42	0.53	220
PZ계	3.5	250	2.6	0.54	200
PT박막	3.0	97	3.2	0.97	
PVDF	0.4	13	2.4	1.3	120

단결정재료로서는 오래 전부터 TGS($(NH_2CH_2COOH)_3 \cdot 3H_2SO_4)$)가 알려져 있는데, 퀴리온도가 낮고, 약간 수용성이라는 결점이 있다. $LiTaO_3$의 초전계수는 TGS와 비교시 작지만, 퀴리온도가 높고 단결정도 제작하기가 쉬우며, 성능지수에 관여하는 유전율, 비열 등도 적절한 값을 갖는다. 그밖에 $SrNb_2O_6$과 $BaNb_2O_6$의 고용체계의 단결정인 SBN(통상은 $Sr_{0.48}Ba_{0.52}Nb_2O_6$의 조성), $Pb_5Ge_3O_{11}$ 단결정도 이용되고 있다.

미세한 결정립 분말을 소결시킨 세라믹스는, 결정립의 배향이 무질서하기 때문에 그대로는 분극을 발생시키지 못한다. 그러나 압전성 세라믹스에서 설명한 바와 같이, 분극처리를 하면 분역내의 쌍극자의 방향이 정렬되기 때문에 자발분극이 나타나서 초전성을 갖게 된다. 또한 양산성이나 가공성면에서는 단결정보다 더욱 유리하다. 이러한 초전성 세라믹스로서는, PT 계($PbTiO_3$), PCT계($(Pb_{0.76}Ca_{0.24})Ti_{0.96}(Co_{1/2}W_{1/2})_{0.04}O_3$), PZ계($PbZrO_3$), PZT 계, PZT 3성분계($(Pb(Zr_{1-x}Ti_x)_{1-y}(Sn_{1/2}Sb_{1/2})_yO_3$) 등이 이용되고 있다.

분극은 결정구조의 이방성에 기인한다. 예를 들어, $PbTiO_3$은 정방정계로 분극은 그 c축 방향으로 발생한다. 세라믹스 중의 결정입자의 배향성을 높이면 초전특성은 향상하게 된다. 이와 같은 생각으로 적당한 기판 위에 결정입자를 박막상으로 직접 성장시키는 방법이 검토되고 있다. 표 6.11의 PT박막은 〔100〕 MgO 단결정 기판위에 고주파 마그네트론 스퍼터법에 의해 에피택셜 성장시킨 $PbTiO_3$박막이며, PT세라믹스보다 초전성능이 훨씬 향상된 것을 알 수 있다. 단, 제조원가는 높아진다.

PVDF와 같은 유기고분자필름도 초전성을 나타낸다. 초전계수는 작지만 유전율도 작기 때문에, 성능지수는 비교적 높다. 박막화나 대면적화 등 가공이 매우 용이하다. 또한 초전성 세라믹스 분말을 폴리머내에 분산시킨 복합화도 검토되고 있다.

이러한 초전체는 적외선(열선) 검지에 이용되고 있다. 가시광에 가까운 근적외선은 눈에 보이지 않는 전자파이며, 대기 침투력이 커서 열작용이 강하기 때문에, 이것을 검출 이용함에 의해 각종 유명한 기능디바이스가 개발되고 있다.

6.7 자기적 성질

자기는 일부 정전기와 유사한 점을 가지고 있지만, 본질적으로는 다르다. 예를 들면, 정전기의 +와 −에 작용하는 인력과 척력은 자기의 S극과 N극과 유사하다. 그러나 +와 −는 방전하면 0이 되지만, S와 N은 아무리 근접하여도 자기는 소멸하지 않는다.

코일에 전류를 흘리면 코일면의 수직방향으로 자기모멘트가 발생한다. 물질을 구성하는 원자 또는 이온 중의 모든 전자는 정해진 궤도안에서 원운동을 하고 있으며, 또한 스핀이라는 자전운동을 하고 있다. -전하를 갖는 전자의 운동궤도 및 자전운동은 초미소 코일에 전류가 흐르고 있는 상태와 같으므로, 이러한 전자운동에 의해 자성이 나타나는 것이다. 그 양상을 그림 6.85에 나타내었으며, 발생하는 자기모멘트를 각각 궤도자기모멘트, 스핀자기모멘트라 한다. 이것의 크기는 앞서 2장에서 설명한, 자기양자수 m_l, 스핀양자수 m_s 를 이용하면, 궤도자기모멘트는

$$M_l = -m_l \mu_B \qquad \qquad \cdots\cdots (6.170)$$

스핀자기모멘트는

$$M_s = -2m_s \mu_B \qquad \qquad \cdots\cdots (6.171)$$

로 나타낼 수 있다. 여기서 μ_B 는 보어자자(Bohr magneton, 전자의 자자)로 불리는 자기모멘트의 양자역학적 최소단위이며, 전자의 전하 e(1.6022×10^{-19}〔C〕), 전자의 질량 m_e(9.1094×10^{-31}〔kg〕), 플랑크상수 h(6.6261×10^{-34}〔Js〕)를 이용해서 다음의 식으로부터 구할 수 있다.

$$\mu_B = eh/4\pi m_e = 9.274 \times 10^{-24} [J/T] \qquad \cdots\cdots (6.172)$$

여기서 단위 T는 테슬라(Tesla)라고 하며, SI 기본단위에서는 〔kg/s^{2}A〕로 나타내는 자속밀도의 단위이다.

원자 또는 이온이 폐각구조(s^2, p^6, d^{10}, f^{14})를 취하는 경우는, 궤도자기모멘트도 스핀자기모멘트도 전체로 보면 소멸되어 자성은 나타나지 않는다. 이에 반해, 완전하게 채워지지 않은 전자각을 갖는 원자 또는 이온에서는, 훈트(Hund)의 규칙에 의해 전자는 부대전자(unpaired electron)의 수가 최고로 되도록 배열하기 때문에, 그 배열에 상응하는 궤도자기모멘트와 스핀자기모멘트가 발생하며, 전체로는 그 합이 나타나게 된다. 이와 같은 원자 또는 이온으로서는 $3d$ 또는 $4d$ 궤도가 채워지지 않은 천이금속과, $4f$ 궤도가 채워지지 않은 희토류금속이 있다. 산화물계 세라믹스에서는, 이들 금속원자는 전자를 몇 개인가 잃고 이온으로 되어있다. 이온상태에서의 스핀자기모멘트 값은 보어자자단위로 표 6.12에 나타낸 바와 같다. 세라믹스계 물질 중에는 각 원자의 전자궤도는 화학결합에 의해 고정되어 있고, 보통은 궤도자기모멘트는 전체로 보면 소멸된 것과 같이 속박되어 있다. 따라서 자성으로서는 주로 스핀자기모멘트만 고려해도 무방하다. 즉, 부대전자의 존재가 세라믹스의 자기적 성질을 크게 지배한다고 말할 수 있다.

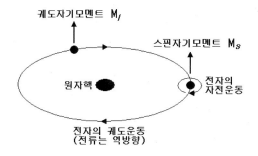

그림 6.85 전자의 원운동에 의한 자기모멘트 발생

표 6.12 천이금속 및 희토류 이온의 스핀자기모멘트

이온 종류	전자수		스핀방향	스핀자기모멘트 [μB]
	d	f		
Sc^{3+}, Ti^{4+}, V^{5+}, Y^{3+}	0			0
Ti^{3+}, V^{4+}	1		→	1
Ti^{2+}, V^{3+}, Cr^{4+}	2		→ →	2
V^{2+}, Cr^{3+}, Mn^{4+}	3		→ → →	3
Cr^{2+}, Mn^{3+}	4		→ → → →	4
Mn^{2+}, Fe^{3+}	5		→ → → → →	5
Fe^{2+}, Co^{3+}	6		⇌ → → → →	4
Co^{2+}, Ni^{3+}	7		⇌ ⇌ → → →	3
Ni^{2+}	8		⇌ ⇌ ⇌ → →	2
Cu^{2+}	9		⇌ ⇌ ⇌ ⇌ →	1
Cu^{+}, Zn^{2+}	10		⇌ ⇌ ⇌ ⇌ ⇌	0
La^{3+}, Ce^{4+}		0		0
Gd^{3+}		7	→ → → → → → →	7

　자기적 성질을 강하게 갖게 하기 위해서는, 자기모멘트를 동일한 방향으로 배열시켜야만 하는데, 자기모멘트의 배열에는 다음과 같은 3가지 단계가 있다.

　① 부대전자가 동일 원자내의 궤도에 어떻게 들어가는가, 또 그때 스핀은 소멸하는가, 강해지는가, 그 결과 자기모멘트는 어떻게 되는가. 즉, 동일 원자내에 존재하고 있는 복수 전자의 각운동량이 어떻게 구성되는가(훈트의 법칙 등).

　② 근접하는 원자와 원자간에서 자기모멘트가 어떻게 상호작용하는가. 단위격자내에서 자기모멘트를 소멸시키는가, 강하게 하는가(직접교환상호작용, 초교환상호작용 등).

　③ 미소한 단결정 자구(도메인)로부터 구성되는 다결정에 있어서, 자구의 자화방향은 어떻게 배향할 것인가.

(1) 자기모멘트와 그 상호작용

1) 동일 원자 내에서의 각운동량 합성

원자 또는 이온에 국재하고 있는 전자는, 양자역학적인 규제를 받으면서 운동하고 있으며, 그 상태에 있는 전자의 궤도각운동량과 스핀각운동량은 벡터적으로 결합해서 합성벡터 L과 S를 만든다. 이것이 러셀-사운더즈(Russel-Saunders) 결합에 의해, 전각운동량 J를 만든다. 따라서 1개의 원자 또는 이온의 자기모멘트 μ_M은,

$$\mu_M = -(L+2S)\mu_B \qquad \cdots\cdots (6.173)$$

으로 나타낼 수 있다. 이중에서 L과 $2S$의 J방향 성분만이 유효자기모멘트 μ_{eff}로서 나타난다. 즉,

$$\mu_{eff} = -g\mu_B J \qquad \cdots\cdots (6.174)$$

로, μ_{eff}의 크기는 다음 식으로부터 구할 수 있다.

$$\mu_{eff} = g\mu_B \sqrt{J(J+1)} \qquad \cdots\cdots (6.175)$$

$$g = \frac{3}{2} + \frac{S(S+1) - L(L+1)}{2J(J+1)} \qquad \cdots\cdots (6.176)$$

g는 g인자 또는 란데(Landé)인자라고 한다. 또한 $\mu_{eff}/\mu_B = g\sqrt{J(J+1)}$을 유효보어자자수라고 한다. 식(6.175), (6.176)에서의 S, L, J는 훈트의 규칙에 의해 도출할 수 있다.

앞서 설명한 바와 같이, 구성원자 또는 이온의 전자구조가 폐각구조인 물질에서는 자계방향의 궤도자기모멘트와 스핀자기모멘트의 총합이 0이기 때문에, 유효자기모멘트도 0이 된다. 이와 같은 현상을 반자성(diamagnetism)이라고 하며, 기초과학적으로는 중요하지만, 재료의 관점에서는 이용가치가 낮다. 이에 반해, 불완전 전자각을 갖는(부대전자를 갖는) 원자나 이온은 유한의 합성자기모멘트를 갖기 때문에 물질의 여러 가지 자기적 성질을 지배한다. 자성원소라고 하는 것은 앞서 설명한 바와 같이, d궤도와 f궤도에 부대전자를 갖는 천이원소와 희토류원소를 가리키며, 원자번호 21번~28번의 철족($3d$원소)와, 57번~71번의 란타니드족($4f$원소)이 실용적인 면에서 특히 중요하다.

d궤도에는 전부 10개의 전자가 들어갈 수 있는데, 훈트의 법칙에 따르면, 복수개의 전자가 있으면 서로 정전기적 반발력을 피하기 위해, 서로 다른 궤도에 또한 스핀의 방향을 동일하게 해서 들어간다. 따라서 전자는 가능한 부대전자로 되어, 큰 자기모멘트가 생성되게 된다. 철족 이온의 유효자기모멘트에는 궤도운동으로부터의 기여가 효과적이지 못하고, 스핀만이

기여한다. 그 이유는 $3d$궤도가 핵으로부터 비교적 멀리까지 확대되어 있기 때문에, 인접한 원자의 $3d$ 궤도와의 상호작용이 있고, 이것에 의해 궤도자기모멘트가 외부자계에 대해 배향할 수 없어서 동결된 상태로 되기 때문으로 생각할 수 있다. 란타노이드에서는 $4f$궤도가 핵에 가깝게 끌려있기 때문에, 유효자기모멘트에는 궤도운동과 스핀 모두가 기여하게 된다.

2) 자기모멘트간의 상호작용

불완전 전자각 구조를 갖는 상자성 원자 또는 이온이 갖는 자기모멘트가 물질내에서는 무질서한 방향을 향하고, 자계중에서는 모멘트가 정렬하는 움직임을 하지만, 자계를 제거하면 원래의 무질서한 상태로 되돌아가는 성질을 상자성(paramagnetism)이라고 한다. 이에 반해, 근접하는 원자간에서 자기모멘트가 어느 종류의 상호작용을 해서, 특정 방향으로 모든 모멘트가 방향을 정렬하는 것을 강자성(ferromagnetism)이라고 하며, 모멘트가 서로 반대 방향으로 향해서 전체적으로는 소멸되어 0으로 되는 것을 반강자성(antiferromagnetism)이라고 한다. 또한, 역방향의 자기모멘트의 크기가 달라서 잔여자기모멘트가 발생하는 것을 페리자성(ferrimagnetism)이라 하며, 각 자성체 중에서의 자기모멘트의 배열방식을 그림 6.86에 나타내었다.

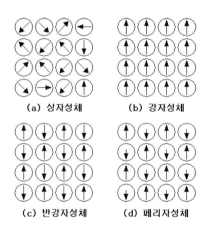

(a) 상자성체 (b) 강자성체

(c) 반강자성체 (d) 페리자성체

그림 6.86 각종 자성체에서의 자기모멘트 배열

● **직접교환 상호작용** : Fe, Co, Ni 등의 금속이나 합금은 실온에서 강자성을 나타낸다. 앞서 설명한 바와 같이, 이들 $3d$ 원소의 자기모멘트의 크기를 결정하는 것은 주로 스핀이다. 일반적으로 인접하는 원자에 속해 있는 전자의 스핀-스핀 상호작용의 에너지 E_i 는,

$$E_i = -\frac{1}{2}J_{12}(1+4S_1 \cdot S_2) \qquad \cdots\cdots (6.177)$$

로 나타낼 수 있다. 여기서, S_1, S_2는 원자 1, 2의 스핀, J_{12}는 교환적분이다. J_{12}에는 핵과 전자, 전자와 전자, 핵과 핵의 쿨롱에너지가 내포되어 있으며, 반발항이 인력항보다 크면 $J_{12} > 0$으로 되기 때문에, 스핀은 서로 평행으로 되며 안정화한다. Fe, Co, Ni에서는 $J_{12} > 0$으로 되는 상호작용이 발생하기 때문에 강자성체가 된다. 단, 이것은 이른바 국재전자 모형에 근거를 둔 것이며, 밴드구조를 형성하는 금속의 강자성을 충분하게 설명하고 있다고 보기에는 어렵다. 이에 반해, 내부자장 존재하에서는 페르미에너지 이하의 전자의 +와 − 스핀수에 차이가 발생하기 때문에, 강자성이 출현한다는 집합전자모형이나, s 궤도로부터 형성되는 전도대의 전자와 d 전자와의 상호교환작용에서 서로 평행한 스핀으로 된다는 s-d 전자의 상호작용모델 등도 제안되고 있다.

반대로, 인력항 > 반발항이라면 $J_{12} < 0$으로 되어, 스핀은 서로 반대방향으로 평행 배열한다. Cr, a-Mn에서는 $J_{12} < 0$이어서 반강자성체가 된다.

● **초교환 상호작용** : 산화물이나 황화물 등의 화합물에서는, 큰 자기모멘트를 갖는 금속이 온이 O^{2-}나 S^{2-}에 의해 떨어져 있기 때문에 금속과 같은 직접교환상호작용은 발생하기 어렵다. 결합이 이온성이라면 O^{2-}나 S^{2-}는 완전히 폐각적이어서 자기적 상호작용이 전혀 없는 반자성이 되어, 물질의 자기적 성질을 소멸시키는 역할을 한다. 그러나 실제적으로 페라이트 등 일부 물질에서는 자기적인 강한 상호작용을 볼 수 있다. 이를 설명하기 위해 제안된 것이 초교환 상호작용이다. NiO를 예를 들어 설명하면, 그림 6.87에 나타낸 바와 같이, Ni^{2+}로부터 결합축 방향으로 신장된 $3d$ 궤도가 O^{2-}의 $2p$ 궤도와 중첩하고, 따라서 $2p$의 전자가 $3d$궤도의 빈자리에 부대전자인 d 전자와 스핀을 반대 방향으로 해서 들어간다는 가정하의 모델이다. 이와 같은 모델은 여기상태에서는 발생할 수 있다. 여기서 O^{2-}로부터 1개의 전자가 왼쪽의 Ni^{2+}의 $3d$ 궤도로 여기되면, $2p$ 궤도에 남아있는 전자의 스핀과 오른쪽의 Ni^{2+}의 스핀간에 직접교환상호작용이 일어나서 서로 반대방향으로 평행한 스핀이 된다. 한편, 왼쪽의 Ni^{2+}의 $3d$ 궤도에 들어간 O^{2-}의 $2p$ 전자는 Ni^{2+}의 $3d$ 전자(부대전자)에 대해 스핀을 반대 방향으로 향하여야만 한다. 그 결과 그림 6.87에 나타낸 바와 같이 왼쪽과 오른쪽의 Ni^{2+}의 스핀자기모멘트는 서로 반대방향으로 평행하게 된다. 이와 같이, 여기상태에서 Ni^{2+}이온간에는 반강자성적인 상호작용이 발생하여, NiO는 반강자성체가 된다. MnO, CoO 등도 같은 형태의 반강자성체이다. 초교환 상호작용의 에너지 E_s는 근사적으로,

$$E_s \fallingdotseq -b^2 J_{pd}(S_1 \cdot S_2)/\Delta E^2 \qquad \cdots\cdots (6.178)$$

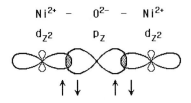

그림 6.87 NiO에서의 초교환 상호작용

표 6.13 3d 이온의 초교환 상호작용

3d 전자	이온쌍	결합각	J_{pd} 부호	상호작용
d^3-d^3	Mn^{4+}-O-Mn^{4+}	180	−	↑ ↓
	Cr^{3+}-O-Cr^{3+}	180	−	↑ ↓
	Cr^{3+}-O-Cr^{3+}	90	+	↑ ↑
d^5-d^5	Mn^{2+}-O-Mn^{2+}	180	−	↑ ↓
	Fe^{3+}-O-Fe^{3+}	180	−	↑ ↓
	Fe^{3+}-O-Fe^{3+}	90	−	↑ ↓
d^3-d^5	Cr^{3+}-O-Fe^{3+}	180	+	↑ ↑
	Cr^{3+}-O-Fe^{3+}	90	−	↑ ↓
d^6-d^6	Fe^{2+}-O-Fe^{2+}	180	−	↑ ↓
d^7-d^7	Co^{2+}-O-Co^{2+}	180	−	↑ ↓
d^8-d^8	Ni^{2+}-O-Ni^{2+}	180	−	↑ ↓
	Ni^{2+}-O-Ni^{2+}	90	+	↑ ↑

로부터 구할 수 있다. 여기서 b 는 전이적분, ΔE 는 여기에너지, J_{pd} 는 교환적분이다. E_s 는 대략 10-2~10-3〔eV〕 정도의 값이 된다. J_{pd} 가 +의 경우는 초교환 상호작용에 의해 자기, 자기모멘트는 평행으로 배열하고, −의 경우는 반대평형으로 배열한다. J_{pd} 의 크기와 부호는 M-O-M′의 결합각, 전자수 등에도 의존한다. 그 일례를 표 6.13에 나타내었다.

스피넬페라이트 MFe_2O_4 (M: Fe, Co, Ni, Cu)는 역스피넬구조를 갖는다(3장의 3.2결 정구조 참조). 4면체위치(A사이트)를 Fe^{3+}, 8면체위치(B사이트)를 Fe^{3+} 와 Mn^{2+} 이 반씩 점유하고 있다. O^{2-} 를 사이에 둔 결합각은 A-O-B에서 약 125°, B-O-B에서 90°이며, 이들 간에 강한 초교환 상호작용이 일어나고 있다. 따라서 A사이트와 B사이트의 자기모멘트 는 서로 반대방향 평행으로 되어있고, Fe^{3+} 의 자기모멘트는 서로 소멸되지만, M^{2+} 의 자기모 멘트가 남기 때문에 페리자성을 나타낸다. MFe_2O_4 에 반강자성체인 $ZnFe_2O_4$ (9K이상에서 는 상자성체)를 고용시키면 유효보어자자수를 증가시킬 수 있는데(그림 6.88), 이는 4배위 지향성이 큰 Zn^{2+} 으로 인한 $Zn_x^{2+}Fe_{1-x}^{3+}[M_{1+x}^{2+}Fe_{1+x}^{3+}]O_4$ 라는 양이온분포구조에 기 인한다. 일례로, M^{2+} 가 Ni^{2+} 인 경우 잔여자기모멘트는 $5(1+x)\mu_B + 2(1-x)\mu_B - 5(1-x)\mu_B$

= $(2+8x)\mu_B$ 에 비례하게 되며, x의 증가에 따라서 증가하게 된다. 이와 같이, MFe_2O_4 단독에서는 잔여자기모멘트가 작지만, $ZnFe_2O_4$의 고용에 의해 Fe^{3+}를 A로부터 B사이트롤 밀어내서, 잔여자기모멘트를 증가시킬 수 있다. $ZnFe_2O_4$의 고용량이 클수록, B사이트에서 의 $Fe^{3+}-O^{2-}-Fe^{3+}$의 반강자성적인 상호작용의 영향이 커지므로(그림 6.88), 잔여자기모멘 트의 크기는 저하하게 된다.

유용한 산화물 자성재료인 $Mo \cdot 6Fe_2O_3$ (M: Ba, Sr)이나 가넷형 $X_3Z_5O_{12}$ (X: Y, Sm, Gd, Lu 등, Z: Fe, Ga)에서도 같은 형태의 초교환 상호작용에 의해 페리자성을 나타낸다.

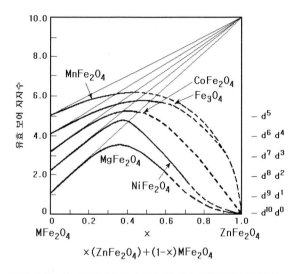

그림 6.88 스피넬페라이트에 있어서 유효보어자자수의 변화

3) 자기전이

강자성체, 페리자성체, 반강자성체의 온도를 상승시키면 계의 엔트로피가 증가해서, 깁즈 자유에너지를 감소시키기 위해 어느 온도이상에서는 자기모멘트를 무질서하게 배열시켜 상자 성체로 전이하는 쪽이 안정하다. 자기모멘트간의 직접교환상호작용 또는 초교환 상호작용의 크기는, 열적인 요란작용에 대한 저항력의 척도가 된다. 자기모멘트간의 상호작용이 클수록 이러한 전이온도가 높아진다. 강자성체 및 페리자성체가 상자성체로 전이하는 온도를 퀴리 (Curie) 온도 T_C 라고 한다. 또한 반강자성체가 상자성체로 전이하는 온도를 닐(Néel) 온도, T_N 이라고 한다. 표 6.14에 각종 자성체의 퀴리온도 및 닐온도를 나타내었다.

표 6.14 Curie 온도와 Néel 온도

자성체 종류	물질	Curie 온도 [K]	Néel 온도 [K]
강자성체	Fe	1043	
	Co	1400	
	Ni	631	
	Gd	289	
	Dy	105	
페리자성체	Fe_3O_4	858	
	$MnFe_2O_4$	573	
	$CoFe_2O_4$	793	
	$NiFe_2O_4$	858	
	$CuFe_2O_4$	728	
	$MgFe_2O_4$	710	
	$\gamma\text{-}Fe_2O_3$	948	
	$BaO\cdot6Fe_2O_3$	450	
	$SrO\cdot6Fe_2O_3$	460	
반강자성체	MnO		122
	FeO		198
	CoO		291
	NiO		523
	Cr		475
	$\alpha\text{-}Mn$		100
	$ZnFe_2O_4$		9.5

상자성 온도영역에서의 몰자화율 χ_m 은, 강자성체 및 페리자성체의 경우는

$$\chi_m = C_m / (T - T_C) \qquad \cdots\cdots (6.179)$$

이고, 반강자성체의 경우는

$$\chi_m = C_m / (T + T_N) \qquad \cdots\cdots (6.180)$$

이 된다. 여기서 C_m 은 퀴리상수이며 유효자기모멘트 μ_{eff}와

$$C_m = \frac{N \cdot \mu_{eff}^2}{3\kappa} \qquad \cdots\cdots (6.181)$$

의 관계가 있으며, 여기서 N 은 아보가드로 수, κ는 볼쯔만상수이다. 식(6.175)를 이용하면,

$$[g\sqrt{J(J+1)}]^2 = \frac{3\kappa}{N \cdot \mu_B^2} \cdot C_m = 8.0\, C_m \qquad \cdots\cdots (6.182)$$

가 되며, 상자성영역에서 자화율을 측정함으로서 $g\sqrt{J(J+1)}$ 을 구할 수 있으며, 원자나 이온 내의 부대전자의 운동상태에 관한 정보를 얻을 수 있다.

(2) 강자성과 페리자성

1) 이방성 에너지

지금까지 상자성 원자 또는 이온의 자기모멘트의 방향이 상호교환작용이나 초교환 상호작용에 의해 평행 또는 반대방향 평행으로 정렬하는 것에 대해 설명하였다. 이렇게 정렬된 자기모멘트는 결정안에서 어떤 방향으로 향하고 있는지를 살펴보면, 입방정 Fe에서는 ⟨100⟩ 방향으로, Ni는 ⟨111⟩방향으로, $MnFeO_4$는 ⟨111⟩방향으로 자기모멘트가 정렬하기 쉬운 것으로 알려져 있다. 이와 같은 결정학적 방향을 자화용이방향이라고 한다.

결정내에서 자기모멘트가 자화용이방향 이외로 향하기 위해서는 에너지가 필요한데, 이 에너지를 이방성 에너지라고 한다. 육방정 및 정방정 등에서 결정주축(c축)과 자기모멘트가 이루는 각을 θ로 할 때, 이방성 에너지 E_u 는

$$E_u = K_1 \sin^2\theta + K_2 \sin^4\theta \qquad \cdots\cdots (6.183)$$

으로 근사시킬 수 있다. 여기서 K_1 과 K_2 는 이방성상수라고 하는 정수이다. 자화용이방향은 E_u가 최소로 되는 방향이므로, $K_1 > 0$ (통상 K_2 는 K_1 에 비해 작다)이면 $\theta = 0$, 즉 c축 방향으로 되고, $K_1 < 0$이면 c축과 직각방향이 된다. 한편, 입방정에서는 a축을 자화용이방향으로 해서, 이방성 에너지 E 는

$$E = K_1(\alpha_1^2\alpha_2^2 + \alpha_2^2\alpha_3^2 + \alpha_3^2\alpha_1^2) + K_2\alpha_1^2\alpha_2^2\alpha_3^2 \qquad \cdots\cdots (6.184)$$

로부터 구할 수 있다. 여기서 a_1, a_2, a_3은 주축에 대한 방향여현이다. $K_1 > 0$ 이라면 자화용이방향은 ⟨100⟩, $K_1 < 0$ 이면 ⟨111⟩방향으로 된다.

2) 자구구조

하나의 거시적인 강자성 단결정에서도, 실은 자기모멘트의 방향이 모두 자화용이방향을 향해서 정렬되는 것은 아니다. 만약 정렬한다고 하여도 자기모멘트간의 쿨롱퍼텐셜에너지(정자기에너지)가 자극(N극과 S극) 끼리의 반발로 인해 대단히 커서, 불안정한 상태로 되고 만다. 그보다 그림 6.89에 나타낸 바와 같이, 자기모멘트의 방향이 정렬되고 싶은 몇 개의 영역(이것을 자구(magnetic domain)라고 한다)으로 분할되고, 서로 역방향으로 모멘트가 배열하는 쪽이 정자기에너지 면에서는 보다 안정된다. 이와 같이, 자구가 형성되면 그 경계에는 자벽(magnetic domain walls)이 형성되며, 통상 수십~수백 ㎚의 두께가 된다.

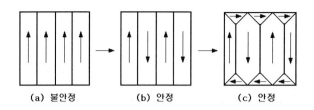

(a) 불안정   (b) 안정   (c) 안정

그림 6.89 자구구조의 모식도

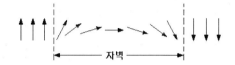

그림 6.90 자벽에서의 자기모멘트 방향

이러한 자구내에서 자기모멘트는 그림 6.90과 같이 연속적으로 방향이 변화하고 있다. 따라서 자벽이 존재하면, 교환상호작용이나 이방성 에너지를 극복해서 자기모멘트의 방향을 변화시켜야만 하는 양만큼, 부분적으로는 불안정하지만, 전체로서는 안정화된다. 게다가 그림 6.89(c)와 같이, 삼각프리즘상의 자구가 표면에 형성되면, 정자기에너지가 더욱 감소하여 보다 안정화된다. 단, 자벽수의 증가와 자왜(자계중에서 강자성대가 비틀리는 현상)에 의한 내부응력의 증가로 인해, 수가 너무 많으면 오히려 불안정하게 된다.

이상과 같이, 자구구조는 정자기에너지, 자벽에너지, 자왜에 의한 탄성에너지의 총합이 최소가 되도록 형성되며, 통상 90^{0}자구와 180^{0}자구가 혼합된 상태를 이룬다. 따라서 자성체 물질에 따라, 또는 크기, 형상에 의해서도 자구구조는 다르다. 요컨대, 강자성체에 있어서도 페리자성체에 있어서도 가장 안정한 자구구조를 만들고, 특별한 자화처리를 하면 전체로서는 자기모멘트의 합이 0의 상태를 취하고 있다는 것이다. 자화처리를 한다는 것은 에너지상태가 높은 준안정한 상태로 만든다는 것인데, 후술할 영구자석은 이러한 상태로 사용된다.

3) 강자성체, 페리자성체의 자화

앞서 설명한 바와 같이, 상자성체에서는 자계인가에 의해 자기모멘트가 회전해서 자계방향으로 정렬된다. 이때 자성체중의 자속밀도(magnetic flux density) $B[\text{Wb/m}^2]$는, 자계강도를 $H[\text{A/m}]$로 하면 다음의 식으로 나타낼 수 있다.

$$B = \mu_0 \mu_r H \qquad\qquad \cdots\cdots (6.185)$$

여기서 μ_0 는 진공의 투자율(permeability)로 $4\pi \times 10^{-7}$[Wb/Am]이고, μ_r 은 상자성체의 비투자율이다. μ_r은 도전성 물질의 도전율 σ $(J=\sigma E)$나 유전체의 비유전율 ε_r $(P=\varepsilon_0\varepsilon_r E)$에 상당하는 상자성을 나타내는 기본적인 물질상수이다. 자속밀도 B는 외부자계 H와 자성체 내부에 유기된 자기쌍극자모멘트 M과의 합이므로, 다음의 식으로부터 구할 수 있다.

$$B = \mu_0(H+M) \qquad\qquad \cdots\cdots (6.186)$$

식(6.185), (6.186)으로부터,

$$M = (\mu_r - 1)H = \chi H \qquad\qquad \cdots\cdots (6.187)$$

의 관계가 성립한다. M은 자화, χ는 자화율(magnetic susceptibility)이라고 한다. 식 (6.187)로부터, 자계중에 놓여진 상자성체의 자화는, 자계강도에 비례하며, 자계를 0으로 하면 자화도 0으로 되어, 자기모멘트의 방향이 무질서한 상태로 되돌아가는 것을 이해할 수 있다.

반면에 강자성체의 경우에는, 앞서 설명한 바와 같이, 자화 무처리 시료의 경우 강자성체내 에는 자구구조가 형성되어 있기 때문에 자기모멘트는 서로 소멸되고, 외부자계 H 가 0의 상태에서는 전체로서 자화 M 은 0이 된다. 그러나 자계강도를 증가시키면, 그림 6.91의 모식도와 같이, 자계방향과 가까운 방향의 자화방향을 갖는 자구가 인접한 자구를 잠식해서 성장하게 된다. 즉, 자벽이 이동해 간다. 1개의 큰 자구가 형성된 후, 자화가 회전해서 외부자 계 방향과 평행하게 되면, 그 이상 자계강도를 증가시켜도 M 값은 변화하지 않는다. 이때의 M 을 포화자화(saturated magnetization) M_s 라고 한다. 이 상태로부터 자계를 감소시 켜도 자화는 원래 상태로 돌아가지 않고, H 가 0이 되어도 M 은 유한값 M_r 로서 잔존하며, M_r 을 잔류자화(residual magnetization)라고 한다. 여기서 외부자계의 방향을 반대로 해서 증가시키면, 일단 $H=-H_c$ 에서 M 이 0으로 된 후, 역방향으로 자화가 포화된다. 이와 같이, 자계를 소인시켰을 때의 M-H 관계는 그림 6.92(b)의 이력곡선을 나타내며, H_c 는 그 이상의 자계를 인가시켜도 자화방향이 변화하지 않는다는 의미로, 보자력(coercive field) 또는 항자력이라고 한다.

페리자성체의 M-H 이력곡선은 그림 6.92(c)와 같이 된다. 페리자성체에서는 잔여자기 모멘트가 강유전체와 같은 거동을 나타내지만, 높은 자계에서는 초교환 상호작용에 의해 거의 소멸된 자기모멘트 성분이 약간 기여하기 때문에, $+H$ 와 $-H$ 측에 각각 하나씩 이력곡선 이 추가된다. 그러나 잔류자화, 보자력 등의 점에 관해서는, 강유전체와 같다고 볼 수 있으며, 실제 응용시에도 원점 0 주위의 이력곡선이 이용된다.

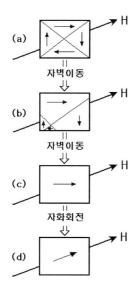

그림 6.91 강자성체의 자화에 있어서
자구구조변화

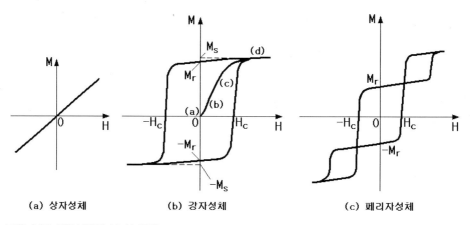

(a) 상자성체　　　　(b) 강자성체　　　　(c) 페리자성체

그림 6.92 강자성체의 M-H 특성
(그림에서 (a),(b),(c),(d)는 그림 6.91에 나타낸 상태에 대응)

　　강자성체나 페리자성체의 비투자율은, 상자성체와 같이 하나의 상수로 나타내기가 어렵다. 따라서 자화 무처리 시료에서 측정되는 $(dM/dH)_{H\to 0}+1=\mu_i$ 를 초투자율(initial permeability)로 정의한다. 또한 $(dM/dH)+1$ 값은 H의 증가과 함께 증가한 후, 최대값 μ_m 을 나타내고 그 후 감소한다. 최대투자율 μ_m 은 고투자율 재료에서는 $10^5 \sim 10^6$까지에도 이른다. 이와 같은 재료에서는 H_c가 작기 때문에 그림 6.92(b)에서와 같은 각형성을 나타내

지 않고, 직선적인 M-H 이력을 나타낸다.

4) 연자성과 경자성

지금까지 강자성체, 페리자성체의 자화가 자벽의 이동과 자화의 회전에 의해 비가역적으로 일어나기 때문에 M-H 이력이 나타나는 것에 대해 설명하였다. 보자력 H_c는 이들 자벽이동과 자화회전의 난이도를 나타내는 척도이다. H_c가 작으면 낮은 자계에서도 자벽이동과 자화회전이 쉽게 일어나는데 이를 연자성(soft magnetism)이라고 하며, 반면에 H_c가 크면 일어나기가 어려운데 이를 경자성(hard magnetism)이라고 한다. 따라서 H_c가 작은 자성체를 연자성체, H_c가 큰 자성체를 경자성체라고 한다.

보자력 H_c의 크기는 동일 물질에서도 불순물, 격자결함 등의 존재나 열처리 방법, 내부응력 등에 의해 다르다. 즉, 구조 민감성 물성값이라고 볼 수 있다. 따라서 이론적으로 H_c를 구하기는 곤란하지만, 다음의 두 가지 경우를 설명하고자 한다.

● 자벽이동의 난이도에 의해 H_c가 결정되는 경우

$$H_c = \pi \frac{\lambda \sigma_0}{M_s}\left(\frac{\delta}{l}\right) \qquad \cdots\cdots (6.188)$$

여기서 λ는 자왜상수, σ_0과 l은 내부응력 σ를 $\sigma_0 \sin(2\pi x/l)$로 근사시켰을 때의 정수값, δ는 자벽의 폭, M_s는 포화자화이다. 자왜상수 λ는 자성체에 자계를 인가하였을 때 그림 6.93과 같은 포화변형량을 나타내며, 통상 $10^{-5} \sim 10^{-6}$ 정도의 값이 된다.

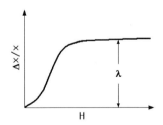

그림 6.93 자계중에서의 자성체의 변형

● H_c가 자화(주로 스핀)의 회전에 의해 결정되는 경우

$$H_c \fallingdotseq 2K/M_s \qquad \cdots\cdots (6.189)$$

여기서 K는 이방성 상수(자화용이방향을 결정하는 주된 상수)이다.

① 연자성 재료

고주파 철심재료나 자기헤드재료 등 연자성 재료에서는 고투자율이 요구되는 재료가 많다. 초투자율 μ_i는 일반적으로

$$\mu_i = \frac{M_s^2}{aK + b\lambda\xi} \qquad\qquad \cdots\cdots (6.190)$$

으로 나타낼 수 있다. 여기서 a와 b는 상수, ξ는 결정의 비틀림을 나타낸다. 식(6.188)로부터 연자성 재료는 큰 M_s, 작은 λ와 δ를 갖는 재료이어야만 하지만, 식(6.190)으로부터 M_s가 크고, λ가 작다는 조건은 초투자율 μ_i를 크게 하는 조건과 일치한다. 또한 이방성 상수 K가 작으면 자화의 회전을 용이하게 해서 H_c를 작게 함과 동시에, μ_i를 크게 하는데도 연관된다. 이와 같은 조건을 만족하는 것으로, 앞서 설명한 Ni-Zn계 페라이트나 Mn-Zn계 페라이트 등 스피넬페라이트가 이용되고 있다.

② 경자성 재료

경자성 재료는 주로 영구자석으로 사용되고 있기 때문에, 큰 H_c, 큰 B_r (잔류자속밀도)이 요구된다. 식(6.188)과 (6.190)으로부터 이방성 상수 K가 크고, 자왜상수 λ가 큰 재료가 이들 조건을 만족시킨다. 또한 영구자석이 구비하여야만 하는 조건으로, BH (자속밀도×자계강도) 에너지곱이 커야 한다. 영구자석의 경우는 M-H이력 대신에 B-H이력(기본적인 곡선의 형태는 변하지 않는다)이 이용되는데, 이력곡선의 각형성이 좋은 것이 BH 에너지곱이 가장 크게 된다. 영구자석재료로는 $\mathrm{BaO \cdot 6Fe_2O_3}$, $\mathrm{SrO \cdot 6Fe_2O_3}$나 Al-Ni-Co계 알니코(Alnico) 합금, 희토류-Co계 합금 등이 이용된다.

보자력 H_c가 구조민감한 물성값이라고 설명하였는데, 그 성질을 이용해서 미세구조제어에 의한 H_c 향상을 꾀한 방법으로, 고용경화 또는 석출경화법이 있다. 합금계 자석으로서 중요한 Al-Ni-Co계 알니코자석은 고온에서 합금화한 것을 적당한 냉각조건으로 2상 분리(석출)시킨 것이다. 2상 계면에서는 자벽의 이동이 방해되기 때문에, 높은 H_c를 얻을 수 있다. 또한 자벽의 이동이 일어나면 잔류자화가 저하되기 때문에, 자벽을 잃는 연구도 시도되고 있다. 즉, 입자를 미세화하면, 거시적인 자구구조가 형성되기 어려워서, 어느 임계입경 r_c 이하에서는 단자구 구조(1개의 입자중에 1개의 자구)를 갖게 되는 것을 이용한 것이다. 이와 같은 미립자에서는 M-H 또는 B-H 이력현상은 자화회전에 의해서만 발생하게 되며, 이력의 각형성을 향상시켜, 최대 에너지곱이 높아진다. r_c는 자벽의 계면에너지를 γ라고 하면

$$r_c = 9\gamma/4\pi M_s^2 \qquad\qquad \cdots\cdots (6.191)$$

로부터 얻을 수 있다. $BaO \cdot 6Fe_2O_3$에서는 r_c는 $0.5 \sim 0.9 [\mu m]$ 정도이다. 따라서 서브마이크론 이하의 페라이트 미립자 소결체나 유리 중에 미세결정을 석출시킨 글라스세라믹스 등의 제작에 의해 자기특성 향상을 시도하고 있다. 또한 알니코자석에서는 자계하에서 냉각·석출에 의해 그림 6.94와 같은 침상 미립자상을 석출시켜, 자계인가방향의 자기특성이 대단히 우수한 재료를 만들고 있다.

$BaO \cdot 6Fe_2O_3$과 $SrO \cdot 6Fe_2O_3$은 육방정계 구조이어서, c축이 자화용이방향으로 된다. 이방성 상수는 표 6.15에서 볼 수 있듯이 대단히 크고, 보자력도 $2 \sim 3 [kOe]$으로 비교적 크다. 자계중에서 페라이트분말을 성형해서 소결후의 c축 배향성을 높여, 자화의 회전을 보다 곤란하게 해서 H_c를 높일 수 있다. 희토류–Co계 자석은 희토류원소가 $3d$ 천이원소와는 다르게 궤도각운동량이 동결되지 않고 남기 때문에, $BaO \cdot 6Fe_2O_3$ 등과 비교해서 약 10배 정도 이방성 상수가 커지는 것을 이용한 것이다. 페라이트의 경우와 마찬가지로, 자계중에서 분말성형해서 소결하는 방법, 또는 알니코자석과 마찬가지로, 석출경화에 의해 H_c를 높이는 방법 등이 이용되고 있다. 표 6.15에 각종 자석의 기본 특성을 나타내었다.

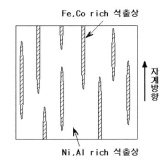

그림 6.94 알니코자석의 미세조직

표 6.15 각종 자석의 기본특성

자석 종류	보자력 [kOe]	잔류자속밀도 [kGauss]	최대 에너지적 × 10^6 [Gauss·Oe]
$BaO \cdot 6Fe_2O_3$(이방성)	2.2	3.7	2.9
$BaO \cdot 6Fe_2O_3$(등방성)	2.0	2.0	1.0
$SrO \cdot 6Fe_2O_3$(이방성)	2.5	3.8	3.1
$SrO \cdot 6Fe_2O_3$(등방성)	2.2	2.2	1.3
Alnico 5	0.6	12.5	4.8
$SmCo_5$	9.9	10.0	24.6
$Sm_{42}Pr_{58}Co_5$	10.1	10.3	26.0

5) 자성체 손실

강자성체, 페리자성체를 교류자계에서 사용하는 경우, 여러 가지 요인에 근거한 에너지손실이 나타난다. 이것을 자성손실이라고 하며, 대별해서 이력손실, 소용돌이전류손실, 잔류손실이 알려져 있다.

● **이력손실** : 자벽의 이동이나 자화회전 등에 필요한 에너지손실에 대한 것으로, 낮은 자계에서는 레일리(Rayleigh) 법칙에 의해 자속밀도 B의 3승에 비례한다.

● **소용돌이전류손실** : 표현그대로 고주파에 의해 유기된 소용돌이전류가 주울열을 발생시켜 생기는 손실로, 이 손실은 주파수에 비례하고, 자성체의 저항률(도전율의 역수)에 반비례한다.

● **잔류손실** : 자기여효(magnetic aftereffect, 자계를 인가한 후, 자화가 평형값에 도달할 때까지 유한의 지연시간을 필요로 하는 현상)에 근거를 둔 손실과 공명현상에 근거를 둔 손실로부터 발생한다.

그림 6.95에 금속자성체와 페라이트의 손실의 구성모델을 나타내었다.

실용재료에서 주로 문제가 되는 것은, 소용돌이전류손실과 잔류손실이다. 금속계의 강자성체는 일반적으로 저항이 작기 때문에 고주파하에서 소용돌이손실이 크게 되어 실용적으로 견디기 어렵게 된다. 이에 반해, 산화물 페라이트는 금속과 비교시 저항률이 커서 소용돌이전류손실은 그다지 문제가 되지 않는다. 예를 들어, 고주파자심재료로서 이용되는 Ni-Zn페라이트 소결체는 CaO와 SiO_2를 소량 첨가함으로서 고저항화가 가능하다. 이것은 입계에 형성된 규산칼슘 절연층에 의한 것으로 알려져 있다. 산화물 페라이트에서는 오히려 잔류손실이 문제가 된다. 특히 공명현상에 의한 손실이 중요하다. 자화용이방향으로 고정된 자기모멘트는 외부자계의 변화에 따른 진동운동을 하고 있으며, 그 고유주파수와 외부자계의 주파수가 같게 되면 공명하기 때문에 에너지손실이 발생한다. 이것을 자연공명이라고 하며, 이때의 공명주파수 f_r 은,

$$f_r = \frac{4\nu M_s}{3(\mu_r - 1)} \quad\quad\quad \cdots\cdots (6.192)$$

로 나타낼 수 있으며, 여기서 ν 는 자이로(gyro) 자기계수, μ_i 은 자화회전에 의한 초투자율이다. 식(6.192)로부터 일반적으로 초투자율이 큰 재료일수록 낮은 주파수에서 공명한다고 말할 수 있다. 스피넬페라이트에서 f_r 은 30~300〔㎒〕 정도가 된다. 이 공명주파수 부근에서는 투자율의 급격한 감소도 일어난다. 따라서 f_r 을 임계주파수 또는 스누크(Snoek)의 한계라고

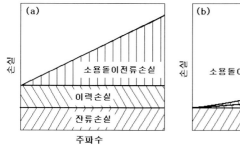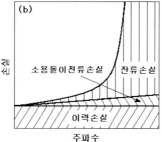

그림 6.95 자성손실과 주파수의 관계
(a)금속자성체   (b)페라이트

하며, 고투자율 재료의 사용가능한 주파수범위의 상한으로 볼 수 있다.

또한 형상공명 또는 치수공명이라는 것도 있다. 이것은 자성체내에 전자파의 정상파에 의한 공명현상이다. 자성체내에서의 전자파의 파장을 λ, 주파수를 f, 광속을 c로 하면,

$$\lambda = c/f \sqrt{\epsilon_r \mu_r} \qquad \cdots \cdots (6.193)$$

의 관계가 성립한다. 여기서 ϵ_r은 비유전율, μ_r은 비투자율이다. Mn-Zn페라이트에서는 μ_r은이 ~10^3, ϵ_r이 ~5×10^4이므로, f가 1.5〔㎒〕에서는 λ는 2.6〔㎝〕이 된다. 이 경우, $\lambda/2$ 즉 1.3〔㎝〕의 정수배의 치수에서 공명이 발생한다.

공명현상은 고주파하에서 사용되는 페라이트에 있어서 에너지손실이라는 의미로는 단점의 요인이 되지만, 역으로 이것을 장점으로 이용한 것이 전파흡수체이다.

6.8 자기전기적 성질

(1) 홀(Hall) 효과

그림 6.96과 같이 반도체의 길이방향(x방향)으로 전류 I를 공급하고 이것에 직각($-z$방향)으로 자속밀도 B의 자계를 가하면 드리프트에 의해서 흐르는 캐리어에 로렌츠 힘(Lorentz force)이 작용한다. 이 때문에 캐리어는 그림의 반도체의 윗면 방향으로 밀리게 된다.

p형 반도체이면 캐리어가 정공이므로 윗면(y방향)에 정공밀도가 높게 된다. 아랫면($-y$방향)에서는 정공을 방출한 억셉터가 반도체의 결합에 기여하고 있어 움직일 수 없는 음이온이 과잉하게 된다. 따라서 윗면에서 아랫면으로 전계가 발생해서 정공이 아랫면에서 윗면으로의

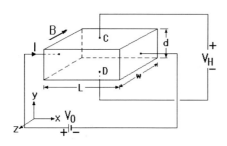

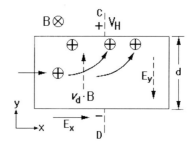

그림 6.96 Hall 효과 그림 6.97 p형 반도체의 전압

이동의 방해되도록 작용하므로 평형이 유지된다. 이 결과 반도체의 윗면과 아랫면 사이에 그림과 같이 극성의 전압 V_H가 발생하게 된다(그림 6.97 참조). n형 반도체에서는 캐리어가 전자이므로 윗면 쪽에 전자밀도가 높게 되어 전계는 아랫면에서 윗면으로 향해서 생긴다. 이 경우의 발생 전압의 극성은 그림과는 반대로 된다.

이와 같이 전류와 자계가 직각 방향으로 있을 때, 이들 양자에 직각 방향으로 전압이 유기되는 현상을 홀효과(Hall effect), 발생하는 전압을 홀전압이라고 한다.

그림 6.97에서 p형 반도체의 경우 캐리어는 정공이므로 드리프트 속도 v_d로 x방향으로 움직이고 있는 정공에 작용하는 로렌츠 힘 f는

$$f = e v_d B \qquad\qquad \cdots\cdots (6.194)$$

로 주어진다. 이 힘은 D에서 C로 향하고 있어(y축 방향), 정공이 전극 C측으로 밀려나게 된다. 이 때문에 CD사이에 C에서 D로 향해서 홀전계 E_y가 생겨 이것이 홀전압 V_H가 발생한다. 균일한 전계이면 E_y는 반도체의 두께 d를 써서 다음 식으로 나타낼 수 있다.

$$E_y = -\frac{V_H}{d} \qquad\qquad \cdots\cdots (6.195)$$

이 전계 E_y가 정공에 미치는 하향의 힘과 로렌츠 힘에 의한 상향의 힘이 평형을 이루어, 다음식이 성립된다.

$$e v_d B = \frac{e V_H}{d} \qquad\qquad \cdots\cdots (6.196)$$

정공에 의해서 x방향으로 흐르는 전류 I는

$$I = e p v_d w d \qquad\qquad \cdots\cdots (6.197)$$

이다. 여기서 p는 정공밀도, w는 시료의 폭이다. 식(6.196)에서 홀전압 V_H는

$$V_H = v_d B d = \frac{IB}{epw} = R_H \frac{IB}{w} \quad \cdots\cdots (6.198)$$

로 주어진다. 여기서 R_H는 홀계수(Hall coefficient)로 재료의 종류에 의해 결정되는 상수이다.

$$R_H = \frac{1}{ep} \quad \cdots\cdots (6.199)$$

n형 반도체의 경우에는 캐리어가 전자이므로 홀계수 R_H는

$$R_H = -\frac{1}{en} \quad \cdots\cdots (6.200)$$

으로 표시되며, 여기서 n은 전자밀도이다. 따라서 p형 반도체의 경우 V_H는 +, n형인 경우는 -값을 갖는다. 즉, V_H의 측정에 의하여 반도체가 p형인지 혹은 n형인지를 결정할 수 있다. 또, R_H 값으로부터 캐리어 밀도를 구할 수 있다.

지금까지의 계산은 캐리어의 드리프트 속도가 일정한 것으로 했으나, 실제는 드리프트 속도에 무질서한 열운동이 더해지므로 캐리어의 속도에 분포가 존재한다. 또 캐리어가 이동하는 사이에 받는 산란도 앞에서 설명한 바와 같이 ①격자진동에 의한 산란, ②이온화 불순물에 의한 산란이 있다. 이들의 영향을 고려하면 홀계수 R_H는 일반적으로 다음과 같이 된다. p형의 경우는,

$$R_H = \frac{\gamma}{ep} \quad \cdots\cdots (6.201)$$

n형의 경우는,

$$R_H = -\frac{\gamma}{en} \quad \cdots\cdots (6.202)$$

가 된다. 여기서 γ는 속도분포와 산란효과를 고려한 보정계수이다. 캐리어의 속도분포는 볼츠만 분포로 음향형 격자진동에 의한 산란을 받는 경우 $\gamma = 3\pi/8$ 이다. Si나 Ge에서 실온에서 홀계수의 캐리어밀도를 계산하는 경우에는 이 값을 적용한다. 반면에 이온화 불순물에 의한 산란을 받는 경우는 $\gamma = 315\pi/512$로 된다.

반도체의 도전율 σ를 측정하고 상기의 홀계수를 이용하면 홀 이동도 μ_H를 계산할 수 있다.

$$\mu_H = \sigma R_H \qquad \cdots\cdots (6.203)$$

또한, 홀 이동도와 드리프트 이동도의 관계는 다음 식과 같이 된다.

$$\mu = \frac{\mu_H}{\gamma} \qquad \cdots\cdots (6.204)$$

캐리어로서 정공과 전자가 동시에 존재하는 경우에는 홀계수 R_H는 $\gamma=1$로 해서,

$$R_H = \frac{1}{e} \cdot \frac{p\mu_p^2 - n\mu_n^2}{(n\mu_n + p\mu_p)^2} \qquad \cdots\cdots (6.205)$$

가 되며, 이 식은 $p\mu_p{}^2$와 $n\mu_n{}^2$의 대소관계에 의해서 R_H의 부호가 변한다는 것을 의미하고 있다. 일반적으로 μ_n은 μ_p에 비해서 크므로 식(6.205)에서 n, p의 값이 변하면 R_H의 부호가 변하게 된다.

그림 6.98에 p형 반도체의 홀계수 R_H의 온도의존성을 나타내었다. 저온에서 중온까지 포화영역이 이어져 있어 R_H는 식(6.199)로 주어지지만, 온도가 상승해서 전자·정공쌍이 생성하기기 시작하면 전자밀도가 증가되어 식(6.205)에 의해 R_H가 감소한다.

$p\mu_p{}^2 = n\mu_n{}^2$에서 R_H의 반전이 일어나고, n형으로 되어 R_H가 증가하게 된다. 더욱 온도를 올리면 반도체는 진성상태로 들어가므로 다시 R_H가 감소하게 된다. 또, R_H값으로부터 캐리어밀도를 구할 수 있다. 식(6.205)의 홀계수는 실질적으로, n형 반도체에서는 $-\frac{3\pi}{8} \times \frac{1}{ne}$, p형 반도체에서는 $\frac{3\pi}{8} \times \frac{1}{pe}$, 진성반도체에서는 0이 된다.

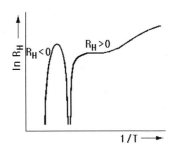

그림 6.98 p형 반도체의 Hall
계수의 온도의존성

(2) 자기저항 효과

반도체에 자계를 가하면 전기저항이 변화하는 현상을 자기저항 효과라고 한다. 그림 6.96과 같이 자계를 전류방향과 직각으로 가하는 경우의 효과를 횡자기저항효과, 양자가 서로 평행인 경우를 종자기저항효과라고 한다.

자계에 의해서 생긴 홀전계에 의한 힘은 평균으로서 로렌츠 힘과 평형을 유지하고, 캐리어 속도에 분포가 있으면 평균치와 다른 속도를 갖는 캐리어에 대해서는 홀전계에 의한 힘은 로렌츠 힘을 완전히 없애지 못하므로 이들의 캐리어의 궤도는 자계에 의해서 변한다. 따라서 평균치와 다른 속도를 갖는 캐리어가 반도체를 통과하는 사이에 산란을 받는 횟수가 증가하여 전류방향의 평균자유행정이 감소해서 저항이 증가하게 된다. 이것이 횡자기저항효과이며, 이 경우 저항률의 증가비율은

$$\frac{\Delta \rho}{\rho_0} \simeq \xi R_{H0}^2 \, \sigma_0^2 \, B^2 \qquad \cdots \cdots (6.206)$$

으로 나타내며 자속밀도 B의 제곱에 비례한다. 여기서 ρ_0, σ_0 및 R_{H0}는 각각 자계가 약한 경우의 저항률, 도전율 및 홀계수이며 ξ는 자기저항계수이다. 자기저항계수는 캐리어의 산란기구에 따라 다르다. 속도분포에 볼츠만 분포를 고려하면 음향형 격자진동에 의한 산란을 받는 경우는 $\xi = 0.275$, 이온화 불순물 산란을 받는 경우는 $\xi = 0.57$로 된다. 자속밀도가 대단히 크게 되면 자기저항효과에 포화가 나타난다.

Ge나 Si에서는 횡자기저항효과가 큰 값을 갖고 결정축 방향에 따라 커다란 이방성을 나타낸다. 이것은 등에너지면이 구면이 아니기 때문에 생기는 현상으로 이러한 종자기저항효과의 정밀한 측정결과에서 에너지대 구조를 해명할 수 있다.

6.9 열전적 성질

(1) 열전현상

1) 제벡효과(Seebeck effect)

종류가 다른 두가지 물질 a와 b를 그림 6.99와 같이 연결하면, 2개의 접합부를 갖는 회로가 된다. 이 접합회로의 한쪽 접합부를 가열시켜 고온 T_{hi}로, 다른 쪽 접합부를 냉각시켜 저온 T_{cj}로 유지하면, 스위치를 여는 순간 이 개방회로의 단자간에는 접합부 온도차 Δ

$T_j = T_{hj} - T_{cj}$ 에 대한 개방전압 V_{ab} 가 발생한다. 이 현상을 제벡(Seebeck) 효과라고 하며, 발생하는 열기전력(thermoelectromotive force)이라고 한다. 온도측정에 폭 넓게 이용되고 있는 열전대는 이 현상을 이용한 것이다.

개방전압 V_{ab} 는 넓은 온도범위에 있어서 온도차 ΔT_j 와 직선적인 관계가 된다고는 볼 수 없기 때문에, 한쪽 접합부의 온도가 일정할 때, 다른 쪽 접합부의 온도가 1〔K〕변화할 때의 개방열기전력 변화 a_{ab} 를 물질 a의 b에 대한 상대열전능이라고 한다. 열전능 (thermoelectric power)을 열전율 또는 제벡계수(Seebeck coefficient)라고도 한다. 물질은 주어진 온도에서 고유의 열전능을 갖으며, 이것을 절대열전능이라고 한다. a_a 와 a_b 를 각각 물질 a와 b의 절대열전능이라고 하면, 상대열전능 a_{ab} 는

$$\alpha_{ab} = \alpha_a - \alpha_b \qquad \qquad \cdots\cdots (6.207)$$

로 나타낼 수 있다. 여러 가지 물질의 절대열전능은, 절대열전능을 실험적으로 알고 있는 기준물질, 일례로 납, 구리, 백금 등과 접합시키고, 그 상대열전능의 측정값과 식(6.207)을 이용하면 구할 수 있다. 그림 6.99에서 회로스위치를 닫으면, 고온접합부에서 물질 b로부터 물질 a로, 저온접합부에서 a로부터 b로 전류가 흐르는 전압이 발생하는 경우의 열전능 a_{ab} 는 +, 전류방향이 그 반대인 경우에는 −의 부호를 갖는다고 한다.

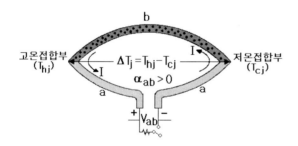

그림 6.99 Seebeck 효과

그림 6.100(a)와 같이 가늘고 긴 반도체의 한 쪽을 온도 T, 다른 끝단을 $T + \Delta T$로 해서 반도체 시편에 일정한 온도 구배를 준다. 균일한 억셉터 밀도를 갖는 p형 반도체로 온도 T 부근에서는 정공밀도가 온도상승과 함께 증가하도록 한다. 정공밀도는 온도가 높은 오른쪽 이 온도가 낮은 왼쪽보다 많다. 따라서 정공은 오른쪽에서 왼쪽으로 확산하여 왼쪽에 축적해서 +의 공간전하가 생긴다. 오른쪽에서는 −로 이온화된 억셉터가 과잉하게 되므로 왼쪽에서 오른쪽으로 향해 전계 E 가 발생한다.

이 전계는 정공에 대해서 왼쪽에서 오른쪽으로 드리프트 시키는 효과를 나타낸다. 정상상태에서는 이 드리프트 효과와 확산효과가 평형이 된다. 이것을 에너지대로 나타내면 그림 6.100(b)와 같이 된다. 양단의 페르미 준위의 차가 열기전력으로서 관측되어진다.

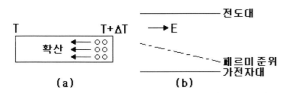

그림 6.100 p형 반도체에서의 Seebeck 효과

2) 페르체효과(Peltier effect)

그림 6.99와 마찬가지로 물질 a와 b의 접합회로에 전지를 연결해서, 그림 6.101과 같이 직류를 흘리면, 한쪽 접합부에서는 열을 흡수하고, 다른 쪽 접합부에서는 열을 발생한다. 이 현상을 페르체(Peltier) 효과라고 한다. 양접합부의 온도를 T_j로 유지하고, 그 온도에 있어서 상대열전능을 α_{ab}, 전류를 I라고 하면, 단위시간내에 접합부가 흡수 또는 발생하는 열량의 절대값 $|q_P|$는

$$|q_P| = \alpha_{ab} T_j I = \pi I \quad\quad\quad\quad \cdots\cdots (6.208)$$

로 나타낼 수 있다. $\pi = \alpha_{ab} T_j$ 를 페르체계수라고 한다.

α_{ab} 가 +인 경우, 전류가 b로부터 a로 흐르는 접합부에서는 흡열, a로부터 b로 흐르는 접합부에서는 발열한다. 상대열전능의 부호 또는 전류의 방향 중 어느 쪽을 반대로 하면 접합부에서의 흡열과 발열의 관계가 역전된다.

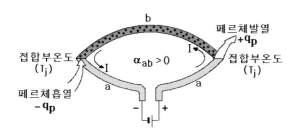

그림 6.101 Peltier 효과

3) 톰슨효과(Thomson effect)

조성이 균일한 물질에서, 그림 6.102와 같이 왼쪽 끝을 저온 T_{cj}, 오른쪽 끝을 고온 T_{hj}로 유지하고, 온도구배가 있는 길이 L 방향을 따라서 전류를 흘리면, 이 물질내부에서 흡열 또는 발열이 발생한다. 이것은 물질의 절대열전능 a가 온도에 의해서 다르기 때문에 발생하는 현상으로, 톰슨(Thomson) 효과라고 한다. 온도구배를 dT/dL, 전류밀도를 J라고 하면, 단위체적당 단위시간내에 흡수 또는 발생하는 열량의 절대값 $|q_T|$는

$$|q_T| = \tau J \frac{dT}{dL} \qquad \cdots\cdots (6.209)$$

로 나타낼 수 있으며, 여기서 τ를 톰슨계수라고 하며, τ와 절대열전능 a와 간에는

$$\tau = T \frac{d\alpha}{dT} \qquad \cdots\cdots (6.210)$$

의 관계가 있다. 이론적으로는 이식을 이용해서 τ값으로부터 절대열전능 a를 구할 수 있지만, 톰슨열 그 자체의 측정은 매우 어렵다. 그러나 절대열전능의 이론값은 정확하게 구할 수 있기 때문에, 식(6.210)으로부터 τ를 알 수 있다. 열전능이 온도상승과 함께 증가하는 물질의 τ의 부호는 +이며, 그림 6.102와 같이 고온부를 향해 전류가 흐르면 물질내부에서 열흡수가 발생하며, τ의 부호나 전류의 방향 어느 쪽이 반대로 되면 열의 발생이 일어난다.

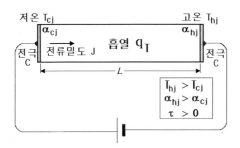

그림 6.102 Thomson 효과

4) 주울(Joule)열과 열전도

① 주울열

전기저항이 있는 물질에 전류를 흘리면 주울열이 발생한다. 흐르는 전류밀도가 J일 때, 단위체적당 단위시간내에 발생하는 주울열 q_J는,

254

$$q_J = \rho J^2 = \frac{J^2}{\sigma} \qquad \cdots\cdots (6.211)$$

로 나타내며, 여기서 ρ는 저항률, $\sigma = 1/\rho$는 도전율이다. 단면적 A, 길이 L의 조성이 균일한 물질의 저항을 r로 하면, σ 또는 ρ는 앞서 전자전도성에서 설명한 바와 같이,

$$\sigma = \frac{1}{\rho} = \frac{L}{rA} \qquad \cdots\cdots (6.212)$$

로부터 구할 수 있다.

② 열전도

물질에 온도구배가 있으면, 물질을 통해 열의 흐름이 발생한다. 조성이 균일한 물질의 온도구배에서 직각인 단위단면적을 단위시간내에 통과하는 열량 q_κ는,

$$q_\kappa = \kappa \frac{dT}{dL} \qquad \cdots\cdots (6.213)$$

으로 나타낼 수 있다. 여기서 κ를 열전도율이라고 한다. 단면적 A, 길이 L의 물질에서, 온도구배가 있는 길이방향으로 온도차 1〔K〕당 단위시간내에 관류하는 열량을 K라고 하면, 열전도율은

$$K = \kappa \frac{A}{L} \qquad \cdots\cdots (6.214)$$

로부터 구할 수 있다. 여기서 K는 열컨덕턴스(thermal conductance)이며, 그 역수 $W = 1/K$를 열저항이라고 한다.

열전효과라고 하는 제벡, 페르체 및 톰슨의 세가지 효과는 가역현상이지만, 전기저항이 있는 물질에 전류가 흐르면 주울열이 발생하고, 물질에 온도구배가 있으면 열의 전도가 발생한다. 주울효과와 열전도는 비가역현상이다. 따라서 열전변환은 이들 가역과 비가역 과정이 밀접하게 관계한 결과로서 발생하는 효과를 이용해서 전기에너지를 냉각이나 가열로, 또한 역으로 열에너지를 전력으로 직접 변환하는 것을 말한다.

그림 6.99 및 6.101에 나타낸 물질 a와 b의 접합회로에서, 물질 a 대신에 p형 열전반도체를, b 대신에 n형 열전반도체를 사용하면, p형 열전반도체의 절대열전능 a_p는 +, n형의 절대열전능 a_n은 -의 부호를 갖으며, 2개의 절대값은 금속과 비교하면 대단히 크므로, p형과 n형 열전반도체를 쌍으로 접합시키면, 그 상대열전능(a_{pn})은 $a_p + |a_n|$의 값으로 되어, 큰 제벡효과를 얻을 수 있다.

물질 a와 b 대신에 p형과 n형 열전반도체를 이용한 접합회로는, 반도체와 비교시 저항률이 매우 작고 열전도율이 매우 큰 금속을 전극 C로 사용해서, 그림 6.103(a)와 같은 II형으로, 또는 (b)와 같이 한쪽 접합부가 p형과 n형의 직접접합으로 형성된 V형으로 응용되고 있다. 전극은 열전도율이 열전소자의 구성 재료보다 200배 이상 높은 구리, 은 등의 금속이 사용되기 때문에, 전극의 온도는 열전소자의 접합부온도와 같다고 볼 수 있다.

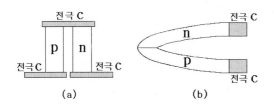

그림 6.103 열전소자의 형상 (a)Π 형, (b)V형

(2) 열전냉각

그림 6.104에 단일의 II형 소자를 이용한 열전냉각장치의 원리를 나타내었다. 그림에서 소자의 상대열전능 q_{pn} 의 부호는 +로 한다. 오른쪽의 n측 전극에 +, p측 전극에 −의 전압을 걸어서 n형으로부터 p형으로 전류를 흘리면, 그림 6.101의 접합부에 금속전극 C를 개재시켜서 대비해 보면 알 수 있듯이, 페르체효과에 의해 왼쪽의 p-n접합전극에서는 열을 흡수하고, 오른쪽의 각 단자전극에서는 열이 발생한다. 오른쪽의 각 전극에는 적당한 방열기를 밀착시켜 발생한 열을 효율적으로 온도 T_h 의 외계에 방산시키면, 왼쪽의 p-n접합전극에서는 온도 T_c 의 냉각대상물로부터 열을 계속 흡수하기 때문에, 이것을 냉각에 이용할 수 있다. 장치가 정상상태에 도달하면 소자에 일정 전류 I 가 흘러, 왼쪽 접합부가 저온 T_{cj} 로 되어 열량 q_c 를 흡열하고, 오른쪽 접합부가 고온 T_{hj} 로 되어 열량 q_h 를 방열한다.

열전냉각소자의 흡열량 q_c 및 발열량 q_h 는 다음과 같은 간단한 식으로 나타낼 수 있다.

$$|q_c| = \alpha_e T_{cj} I - \frac{1}{2} r_e I^2 - K_e \Delta T_j \qquad\qquad \cdots\cdots (6.215)$$

$$q_h = \alpha_e T_{hj} I + \frac{1}{2} r_e I^2 - K_e \Delta T_j \qquad\qquad \cdots\cdots (6.216)$$

이들 식의 제1항은 전류에 의해 접합부에서 발생하는 페르체 열로 흡열·발열 모두 가역적으로 발생한다. 제2항은 마찬가지로 전류에 의해 p형과 n형 반도체내에서 발생하는 주울열로, 저온과 고온측에 각각 절반씩 분배되어 유입되며, 제3항은 p형과 n형 반도체를 통해서 고온접

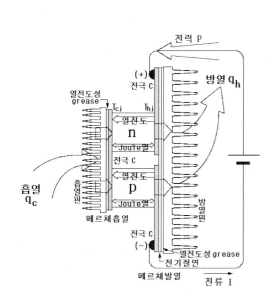

그림 6.104 열전냉각장치의 에너지수지

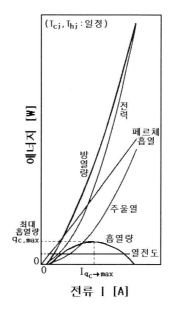

그림 6.105 열전냉각소자의 전류와
에너지수지의 관계

합부에서 저온접합부로 관류하는 열의 전도를 나타낸다. 제2항과 제3항은 에너지를 손실하는 비가역적과정이다.

그림 6.105는 전류증가에 따른 식(215), (216)의 우변 각항의 일반적인 변화를 절대값으로 나타낸 것이다. 그림으로부터 알 수 있듯이, 페르체 흡열량의 절대값은 전류에 비례해서 직선적으로 증가하지만, 주울열은 전류의 2승에 비례해서 증가하기 때문에, 흡열량의 절대값 $|q_c|$는 전류 $I_{qc→max}$ 에서 최대가 되며, 그보다 큰 전류에서는 서서히 저하해서, 결국은 주울열이 페르체 흡열을 능가하게 된다. 즉, 열전냉각에서는 $I_{qc→max}$ 이상의 전류로 소자를 사용하는 것은 전력을 무의미하게 소비하는 것이 된다.

(3) 열전발전

그림 6.106에 단일의 Π형 소자를 이용한 열전발전장치의 원리를 나타내었다. 그림에서 소자의 상대열전능 a_{pn} 은 냉각의 경우와 동일하게 +로 한다. 왼쪽의 p-n접합전극을 온도 T_h 인 가열매체로 가열해서 고온으로 하고, 이 고온전극으로부터 p형 및 n형 반도체를 통해서 오른쪽의 각 저온전극으로 전도하는 열을 밀착시킨 적당한 방열기에 의해 온도 T_c 의 외계로 방열시킨다. 이렇게 하면 소자의 좌우 접합부분에 온도차가 발생해서, 제벡효과에 의해 오른

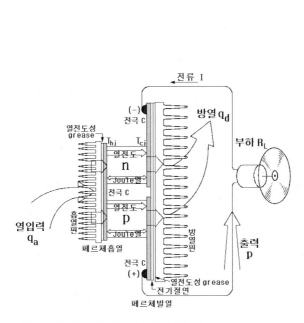

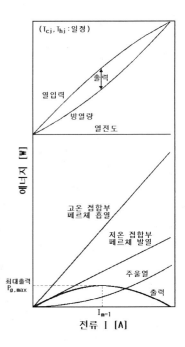

그림 6.106 열전발전장치의 에너지수지

그림 6.107 열전발전소자의 전류와
에너지수지의 관계

쪽의 p측 전극에 +, n측 전극에 −의 전압이 발생한다. 이 양극을 단자로서, 예를 들어
모터 등의 외부부하를 연결하면, 전류가 흘러 전기출력을 얻을 수 있다. 이와 같은 접합쌍은
열기전력만을 이용하는 일반적인 측온용 금속열전대와 구별해서 열전발전소자 또는 열발전소
자라고 한다. 그림 6.106에서는, 왼쪽의 p-n접합전극이 고온 T_{hj}, 열입력이 q_a, 왼쪽의
양전극이 저온 T_{cj}, 방열량 q_d가 되어 정상상태에 도달해서, 외부부하 R_L에 일정전류 I가
흐르고 있다.

열전발전소자에의 열입력 q_a 및 방열량 q_d는, 앞서의 열전냉각과 같이,

$$q_a = \alpha_e T_{hj} I - \frac{1}{2} r_e I^2 + K_e \Delta T_j \qquad \cdots\cdots (6.217)$$

$$q_d = \alpha_e T_{cj} I + \frac{1}{2} r_e I^2 + K_e \Delta T_j \qquad \cdots\cdots (6.218)$$

로 나타낼 수 있다. 이식들에서 제1항, 제2항 및 제3항의 의미도 열전냉각에서와 같으며,
우변 각항의 일반적인 변화 경향을 그림 6.107의 하단에 나타내었다. 이식들과 그림으로부터
알 수 있듯이, 열전발전은 제벡효과만이 아니고, 페르체효과와도 밀접한 관계를 갖는다.

제벡효과에 의해서 열기전력이 발생하여도 부하저항을 연결하지 않으면 전류가 흐르지 않고 식(6.217)과 (6.218)의 제1항인 페르체효과와 제2항인 주울열은 발생하지 않는다. 그러나 부하를 연결해서 전류가 흐르면, 제벡효과에 의해 고온접합부에서 $a_e T_{hj} I$ 의 열량이 매초 흡수되어, 저온접합부에서 $a_e T_{cj} I$ 의 열량이 방출된다. 그 결과, 소자 중에는 $a_e (T_{hj} - T_{hj}) I = a_e \Delta T_j I$ 의 열량이 흡수되는 것으로 되며, 이 에너지와 주울열 $r_e I^2$ 의 차가 전기적 에너지로 나타나게 된다. 소자를 전도하는 열량 $K_e \Delta T_j$ 는 $r_e I^2$ 나 $a_e \Delta T_j I$ 의 값과 비교하면 대단히 크지만, 이것은 소자의 좌우 접합부간에 온도차를 형성시키는 역할을 하며, 에너지면으로서는 쓸모없이 버려진다.

열전발전소자로부터 얻어지는 전기에너지(출력) P_g 는 그림 6.107의 상단에 나타낸 바와 같이, 고온전극으로의 열입력 q_a 에서 저온전극의 방열량 q_d 를 뺀 값으로,

$$P_g = q_a - q_d$$

$$= (\alpha_e \Delta T_j - r_e I) I = R_L I^2 \qquad \cdots\cdots (6.219)$$

가 된다. 이식에서

$$V_g = \alpha_e \Delta T_j - r_e I \qquad \cdots\cdots (6.220)$$

으로 하면, V_g 는 폐회로의 단자전압이 된다. 이 값은 제벡효과에 의한 열기전력 $a_e \Delta T_j$ 에서 열전소자의 내부저항 r_e 에 의해 발생한 전압 $r_e I$ 를 뺀 것이다. 따라서 $P_g = V_g I$ 는 열에너지로부터 변환된 전기에너지, 즉 전력이 된다.

외부부하의 저항 R_L 과 소자의 내부저항 r_e 의 비를,

$$\frac{R_L}{r_e} = m \qquad \cdots\cdots (6.221)$$

로 하면, 그림 6.106에 흐르는 전류 I 는,

$$I = \frac{\alpha_e \Delta T_j}{r_e + R_L} = \frac{\alpha_e \Delta T_j}{(1+m) r_e} \qquad \cdots\cdots (6.222)$$

가 된다.

열전발전소자의 발전출력이 최대로 되는 조건은,

$$P_g = R_L I^2 = \frac{\alpha_e \Delta T_j}{r_e} \frac{m}{(1+m)^2} \qquad \cdots\cdots (6.223)$$

을 m 으로 미분해서 0으로 두면,

$$m = 1 : r_e = R_L \qquad\qquad \cdots\cdots (6.224)$$

가 구해진다. 이때의 단자전압은

$$(V_g)_{m=1} = \frac{1}{2}\alpha_e \Delta T_j \qquad\qquad \cdots\cdots (6.225)$$

가 되고, 전류는

$$I_{m=1} = \frac{\alpha_e \Delta T_j}{2\,r_e} \qquad\qquad \cdots\cdots (6.226)$$

이 되어, 발전출력의 최대값은,

$$P_{g,\max} = \frac{1}{4}\frac{\alpha_e \Delta T_j{}^2}{r_e} = \frac{1}{4}ZK_e\,\Delta T_j{}^2 \qquad\qquad \cdots\cdots (6.227)$$

로부터 구할 수 있다. 여기서 Z는

$$Z = \frac{\alpha_e{}^2}{r_e K_e} \qquad\qquad \cdots\cdots (6.228)$$

로 나타내는 열전재료의 성능지수(figure of merit)이다.

따라서 열전발전의 변환효율 η는 발전출력과 열입력의 비로 얻어지므로, 식(6.217)과 (6.223)을 이용하면,

$$\eta = \frac{P_g}{q_a} = \frac{\Delta T_j}{T_{hj}}\frac{\dfrac{m}{1+m}}{1+\dfrac{1+m}{Z\,T_{hj}}-\dfrac{\Delta T_j}{2\,T_{hj}(1+m)}} \qquad\qquad \cdots\cdots (6.229)$$

로 나타낼 수 있다.

열전발전은 고온열원과 저온열원 사이에서 작동하는 열기관의 일종으로 생각하면, 식 (6.229)의 우변 제1항 $\Delta T_j/T_{hj}$는 카르노효율 η_c에, 제2항은 소자내의 주울열과 열전도에 의해 에너지를 손실하는 비가역과정에 대응한다. 즉, 변환된 전력의 일부는 소자의 내부저항에 의한 주울열 $r_e I^2$ 로서 내부에서 소비되어, 외부저항 R_L 로 나오는 전력은 전체 전력중 $m/(1+m)$만이 된다. 변환효율을 저하시키는 가장 큰 요인은, 소자의 고온부에서 저온부로의 전도에 의해 흐르는 열량 $K_e\Delta T_j$ 이다. 현재 실용화되어 있는 열전발전소자에서는 이렇게

쓸모없이 버려지는 열량은 페르체효과에 의한 유효한 흡열량 $\alpha_e \Delta T_j I$ 와 비교해서 일반적으로 크다. 식(6.229)의 분모에 있는 $(1+m)/(ZT_{hj})$는 주로 열전도에 의한 열손실을 나타낸다. 열전발전의 출력을 크게 하기 위해서는, 식(6.223)의 $m=1$ 부근에서 사용하여야만 한다. 현재 실용화되어 있는 열전반도체에서는 $ZT_{hj}=0.6\sim1.5$ 정도이어서, $(1+m)/(ZT_{hj})=$ $2\sim3$이 되며, 발전에 유효한 흡열량 $\alpha_e \Delta T_j I$ 의 $2\sim3$배의 열량이 소자내를 통해서 저온부로 흐르는 것이 된다. 이와 같이, 쓸모없이 흐르는 열량이 많다면, 소자의 길이를 길게 해서 열저항을 증가시키면 개선될 것 같지만, 이렇게 하면 소자의 내부저항이 증가해서 전류가 감소하여 발전출력이 저하하기 때문에 개선되지 않는다. 효율개선은 식(6.229)에서 알 수 있듯이, 동작온도가 정해져 있다면 성능지수 Z의 개선이 가장 유효하다. 이는 앞서의 열전냉각의 효율에서도 마찬가지이다.

따라서 이후 열전재료의 성능지수 및 그 향상에 대해 설명하고자 한다.

(4) 성능지수

열전소자에 이용한 p형과 n형 열전반도체의 열전능, 저항률 및 열전도율의 동작온도 $T_{cj}\sim$ T_{hj} 에 있어서 평균값을 각각 $\alpha_p \cdot \alpha_n$, $\rho_p \cdot \rho_n$, $\kappa_p \cdot \kappa_n$, 단면적 및 길이를 $A_p \cdot A_n$, $L_p \cdot L_n$ 으로 하면, 성능지수 Z의 우변의 p형과 n형을 쌍으로 한 열전소자의 평균상대열전능 α_e, 전기저항 r_e 및 열컨덕턴스 K_e 는,

$$\alpha_e = \alpha_p + |\alpha_n| \qquad\qquad \cdots\cdots (6.230)$$

$$r_e = \rho_p \frac{L_p}{A_p} + \rho_n \frac{L_n}{A_n} \qquad\qquad \cdots\cdots (6.231)$$

$$K_e = \kappa_p \frac{A_p}{L_p} + \kappa_n \frac{A_n}{L_n} \qquad\qquad \cdots\cdots (6.232)$$

로 나타낼 수 있다.

열전소자의 성능지수 Z를 최대로 하기 위해서는, 식(6.228)의 우변의 분모항인 $r_e K_e$ 가 최소가 되도록, p형과 n형 열전재료의 형상을 최적으로 할 필요가 있다. 그 조건은 식 (6.231)과 (6.232)의 곱을 $L_n A_p / L_p A_n$ 으로 미분해서 0으로 하면,

$$\frac{L_n A_p}{L_p A_n} = \frac{\rho_p \kappa_p}{\rho_n \kappa_n} \qquad\qquad \cdots\cdots (6.233)$$

의 관계를 얻을 수 있다. 지금까지 설명한 Π형 열전소자에서는 $L_p = L_n = L$로 하지만, 이때 p형과 n형의 저항률 및 열전도율이 현저하게 다를 때는, 그 단면적비를 식(6.233)의 최적조건 $(A_p/A_n)_{opt} = \sqrt{(\rho_p \kappa_p)/(\rho_n \kappa_n)}$에 적합하도록 선택한다. 이와 같이 소자의 단면적비를 선택하면, $(r_e K_e)_{min} = (\sqrt{\rho_p \kappa_p} + \sqrt{\rho_n \kappa_n})^2$로 되고, 이것을 식(6.228)에 대입하면, 열전소자의 Z의 최대값은,

$$Z = \frac{(\alpha_p + |\alpha_n|)^2}{(\sqrt{\rho_p \kappa_p} + \sqrt{\rho_n \kappa_n})^2} \quad \cdots\cdots (6.234)$$

로 나타낼 수 있다. 이식으로부터 알 수 있듯이, 열전소자의 성능지수는 열전재료의 형상을 최적으로 선택하면, p형과 n형 열전반도체 재료가 갖는 고유의 열전능, 저항률 및 열전도율에 의해 좌우된다.

$$Z_p = \frac{\alpha_p^2}{\rho_p \kappa_p} \quad \cdots\cdots (6.235)$$

$$Z_n = \frac{\alpha_n^2}{\rho_n \kappa_n} \quad \cdots\cdots (6.236)$$

이라고 하면, $\rho_p \kappa_p = \rho_n \kappa_n$의 경우는,

$$Z = \frac{1}{4}(Z_p + Z_n) + \frac{1}{2}\sqrt{Z_p Z_n} \quad \cdots\cdots (6.237)$$

$a_p = |a_n|$의 경우는,

$$Z = \frac{4 Z_p Z_n}{(\sqrt{Z_p} + \sqrt{Z_n})^2} \quad \cdots\cdots (6.238)$$

이 되며, Z는 Z_p와 Z_n이 클수록 커진다. Z_p와 Z_n은 열전소자의 형상에 관계하지 않는 재료고유의 물성으로, Z가 열전소자의 성능지수인데 반해, Z_p와 Z_n은 열전재료의 성능지수라고 한다.

Z_p와 Z_n이 큰 재료는 캐리어농도가 높은 p형 및 n형의 불순물 반도체 중에서 선택할 수 있다. 그러나 이들 열전재료의 성능지수는 그림 6.108과 그림 6.109에 나타낸 바와 같이, 그 종류에 따라 크기가 다르며, 또한 각각 고유의 온도의존성과 극대값을 나타내는 온도가 있기 때문에, 용도에 적합한 온도영역에서 재료성능지수의 평균이 적정값을 갖도록 재료를 선택할 필요가 있다.

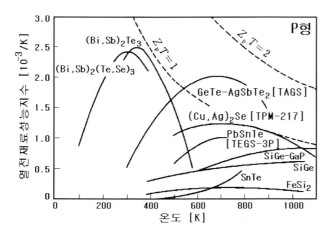

그림 6.108 p형 열전재료의 성능지수

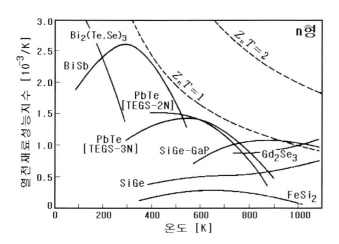

그림 6.109 n형 열전재료의 성능지수

현재까지 개발된 열전재료의 성능지수 Z_p 및 Z_n 과, 그 값을 나타내는 절대온도 T와의 곱으로 나타내는 무차원 성능지수 Z_pT, Z_nT의 최대값은 거의 1에 가까우며, 2 이상의 것은 아직 발견되지 않고 있다.

앞서 설명한대로 열전소자를 구성하는 p형 또는 n형 열전재료의 성능지수 Z는 열전능 a, 전기전도도 σ 및 열전도도 κ의 함수로 되어 있다. 이들 물리상수는 독립적인 것이 아니고, 모두 캐리어농도의 함수이다. 그림 6.110은 전자의 이동도가 온도의 -1.72승에 비례하는 것으로 하고, 격자의 열전도율 κ_{ph}를 1.3〔W/mK〕으로 일정한 것으로 해서 계산한 열전파라미터와 전자농도 n 의 관계를 나타낸 것이다. 그림으로부터 알 수 있듯이, 전기전도도 σ는 전자농도 n 의 증가에 따라서 당연히 증대하지만, 열전능 a는 반대로 감소해서 0에 근접한다. 열전도율 κ는 일반적으로 전자의 열전도율 κ_{el} 과 격자의 열전도율 κ_{ph} 로부터

$$\kappa = \kappa_{el} + \kappa_{ph} = LT\sigma + \kappa_{ph} \qquad\qquad \cdots\cdots (6.239)$$

로 나타낼 수 있다. 여기서 L 은 로렌쯔(Lorentz) 수이다. 식(6.239)에서 κ_{el} 은 캐리어농도 n 에 비례하지만, κ_{ph} 는 제1근사에서는 n 에 의존하지 않는다. 그림 6.110에서 볼 수 있듯이, Z 가 극대값을 나타내는 전자농도 n 은 약 $10^{25}[1/\text{m}^3]$ 의 영역이며, 금속의 전자농도의 약 1/1000 정도이다. 이 영역에 있어서 κ_{el} 은 단원소반도체(C, Si, Ge 등)의 κ_{ph} 의 1%이하로 작고, 또한 화합물반도체의 κ_{ph} 의 10% 정도이다. 따라서 전자농도가 작은 영역에서는 Z 가 극대값을 나타내는 전자농도는 전기적 성질의 곱인 전기적 성능지수 αa^2 (electrical figure of merit 또는 power factor)의 극대값과 비교해서 그다지 큰 변화가 없다. 이와 같은 정성적인 고찰로부터, Z 가 큰 물질은 적당한 불순물 첨가에 의해 캐리어농도를 적성값으로 제어할 수 있는 반도체이어야 하는 것을 알 수 있다.

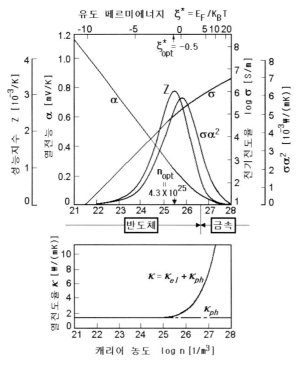

그림 6.110 열전능, 전기전도도, 열전도율 및 성능지수의
캐리어농도 의존성

6.10 광학/광전적 성질

결정은 전하를 갖은 원자핵과 전자의 집단이므로, 여기에 광이 조사되면 광의 굴절, 흡수, 반사, 발광, 광전도 등의 여러 가지 현상이 나타난다.

(1) 광의 흡수

1) 반도체의 광흡수

반도체의 광학적 성질은 본질적으로는 절연체와 같지만, 반도체의 경우에는 앞서 설명한 바와 같이, 밴드갭이 중요한 의미를 갖으며 절연체와 달리 캐리어로서의 전도전자나 정공에 의한 흡수도 관찰되고 있다.

반도체에 광을 조사할 때의 광흡수 스펙트럼은 크게 3개의 영역으로 나누어지는데, ①광과 반도체 원자의 내각전자와의 상호작용에 의한 흡수영역, ②광과 반도체 내의 자유캐리어(전자와 정공)와의 상호작용에 의한 흡수(자유캐리어 흡수)영역, ③중간영역이다. 이중에서 ③의 중간영역은 반도체의 광흡수에서 가장 중요한 역할을 하는 영역으로 여기서는 가전자대에서 도전대로 전자여기, 불순물 원자나 격자결함의 주변에 존재하는 전자와 광과의 상호작용이 있어 엄밀하게는 양자역학적 천이로 다루지 않으면 안 된다.

광이 흡수되는 정도는 광의 주파수 ν(파장 λ)와 금지대폭 E_g로 정해진다. 광의 주파수가 낮고 광자가 갖는 에너지 $h\nu$가 E_g보다도 적으면 광은 거의 대부분 그 반도체를 투과하고 $h\nu \geqq E_g$와 같이 진동수가 높은 경우에는, 진동수의 증가와 함께 광의 흡수가 급격하게 증가한다. 어느 정도 이상의 주파수가 되면 흡수에는 변화가 보이지 않게 되며, 광은 반도체를 투과하지 않게 된다(그림 6.111).

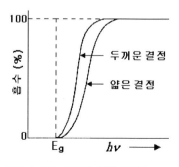

그림 6.111 결정에 의한 광흡수

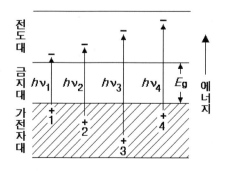

그림 6.112 광흡수에 의한 천이

광자의 에너지가 E_g 보다 큰 경우에는 그림 6.112와 같이 광의 흡수에 의해서 가전자대의 전자가 전도대로 여기되어 가전자대에는 정공이 형성되어진다. 즉, 전자·정공쌍이 생성되지만, 광자의 에너지가 E_g 보다 작으면 광흡수는 있어도 전자·정공쌍은 생기지 않는다. 물론, 저에너지의 광자의 경우에도 자유캐리어의 에너지를 그들 캐리어가 존재하고 있는 허용대내에 증가시키는 것도 가능하지만, 캐리어수가 적기 때문에 이러한 캐리어에 의한 흡수는 문제가 되지 않는다. 따라서 그림 6.111에 있어서 흡수특성은 $h\nu = E_g$ 의 점에서 수직인 점선으로 나타내어야 하겠지만, 실제로는 실선으로 나타낸 점진적인 변화를 나타내는 특성으로 된다.

지금까지 설명한 반도체의 광흡수에 대해 보다 구체적으로 설명하면, 그림 6.113과 6.114로 나타낼 수 있다.

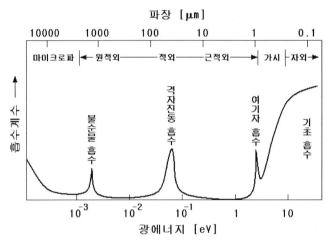

그림 6.113 반도체에 있어서 여러 가지 광흡수

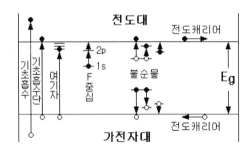

그림 6.114 반도체의 광흡수 기구

그림 6.114에 나타낸 반도체의 광흡수 기구의 모식도에서, 먼저 조사광의 에너지가 밴드갭 에너지보다 크면, 가전자대에 있는 전자는 이 에너지를 흡수해서 전도대로 여기되며, 정공을 생성시킨다. 이것을 기초흡수(fundamental absorption) 또는 고유흡수라고 하며, 기초흡수가 발생하는 최저에너지를 기초흡수단이라고 한다. 이 흡수단(absorption edge)을 측정하면 밴드갭 에너지를 알 수 있다. 1[eV]에 상당하는 광의 파장은 1.24[μm]이므로,

$$\lambda = \frac{hc}{E_g} = 1.24 \times 10^{-4} / E_g \qquad \cdots\cdots (6.240)$$

을 이용해서 밴드갭 에너지를 구할 수 있다. 여기서 h는 플랑크상수, c는 광속이다. 일례로, CdS는 512[nm]의 광을 흡수해서 노란색을 띤 오렌지색을 나타낸다. 512[nm]의 광을 흡수한다는 것으로부터 에너지갭은 2.42[eV]로 계산할 수 있다. 또한 GaAs는 에너지갭이 1.5[eV]이어서 가시광역은 모두 흡수된다.

기초흡수단 보다 약간 낮은 에너지에서는 전자나 정공이 쿨롱력으로 결합한 여기자(exciton)가 생성하는 흡수가 존재한다. 다음으로, 도너, 억셉터 등의 불순물에 의한 흡수가 원적외선영역에서 발생한다. 이것은 전자 또는 정공이 광에너지를 흡수해서 전도대 또는 가전자대에 여기되는 과정에 의한 것이다. 적외영역에서는 격자진동에 의한 광흡수가 발생한다.

앞서 설명하였지만, 반도체의 밴드갭 에너지보다 큰 광에너지가 주어지면, 전도전자와 정공쌍이 생성되고, 이 전자와 정공은 일정 시간 후는 재결합해서 소멸하고 만다. 그러나 광의 정상적인 조사에 의해, 전자나 정공을 계속 생성하면, 정상상태에서는 결국 전도에 기여하는 일정 수의 전자 및 정공이 전도대 및 가전자대에 존재하기 때문에, 반도체의 전기저항은 감소한다. 이것이 광전도의 원리이다. 이 여기된 전자나 정공에 의한 전류를 외부로 끌어내기 위해서는, 외부로부터 전압을 가하면 된다. 그 결과, 전자는 +극 쪽으로, 정공은 -극 쪽으로 흘러, 전체로서는 광전류 ΔI가 흐른다. 광전도는 광을 전기신호로 변환하는 기능으로서 폭 넓게 응용되고 있으며, 뒤에서 자세히 설명하기로 한다.

반도체의 밴드갭 에너지보다 작은 광에너지가 주어지면, 광을 흡수해서 전도대 부근까지 전자가 올라가고 가전자대에 정공이 생성한다(그림 6.114). 이와 같은 전자·정공쌍을 여기자라고 하며, + -의 전하가 서로 쿨롱힘으로 당겨져 전기적으로는 중성이어서, 결정내를 움직일 수는 있지만, 전류로는 되지 않기 때문에 전기전도에는 기여하지 않는다. 그러나 광의 흡수나 발광에는 크게 관여하며, 특히 열에너지를 받으면, 전자·정공쌍을 생성하던가, 불순물 원자나 트랩에 충돌해서 전자를 자유롭게 하기도 하는데, 이러한 현상은 후술의 광도전 현상에서 볼 수 있다. 또한, 여기자를 생성하는 광에너지는 밴드갭 에너지보다 약간 긴 파장에 의해 예리한 흡수를 나타낸다(그림 6.113).

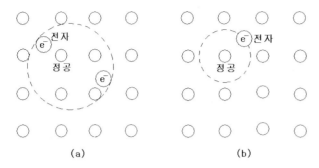

그림 6.115 여기자
(a)모트·와니에 여기자 (b)프렌켈 여기자

여기자에는, 약하게 속박된 경우와 강하게 속박된 경우가 있다. 이 두 종류의 여기자를 모식적으로 나타낸 것이 그림 6.115이다. (a)는 모트 · 와니에(Mott-Wannier) 여기자라고 하며, 반도체에서 볼 수 있으며 전자 · 정공쌍이 움직이는 범위는 격자간격보다 훨씬 크다. (b)에서는 전자와 정공이 원자 또는 그 부근에 국재하기 때문에 여기된 원자상태가 다음 격자점으로 계속 이동해 간다. 이를 프렌켈 여기자라고 하며, 분자결정에서 볼 수 있다.

불순물 흡수는 그림 6.114에서 볼 수 있듯이, 광흡수에 의해 비교적 깊은 전자나 정공의 트랩준위에서 전도대로 전자를 해방시키던가, 가전자대로 정공을 해방시키는 경우를 말한다. 이와 같은 경우에는 기초흡수의 파장보다도 매우 긴 파장영역에서 나타나며(그림 6.113), 이와 같은 깊은 트랩준위는 결정의 불완전성에 근거를 둔 것이 많다.

광을 흡수하는 능력은 흡수계수 $\alpha(\lambda)$로 정의된다. 이것은 파장 λ, 강도 I_0의 광이 입사할 때 거리 x에 있어서 강도 I는

$$I = I_0 \exp[-\alpha(\lambda)x] \qquad \cdots\cdots (6.241)$$

로부터 구할 수 있다. 기초흡수에 관해서는 반도체가 갖는 에너지대가 큰 영향을 준다. 광학천이에서는 에너지 보존과 운동량 보존이 만족되지 않으면 안 된다. 그림 6.115(a)와 같은 에너지대 구조에서는 가전자대에서 전도대로 전자의 천이는 같은 운동량 k에서 일어나므로 에너지 보존법칙이 성립한다. 그러나 그림 6.115(b)의 경우에는 가전자대의 운동량 k와 다른 운동량 k를 갖는 전도대로의 천이이므로, 운동량 보존을 위해 음자(phonon, 격자진동을 양자화 한 것)의 도움을 빌리지 않으면 안 된다. 이 때문에 (a)에 비해서 (b)의 천이확률은 적게 되고, 따라서 흡수계수도 적게 된다. (a)와 같은 천이를 직접천이(direct transition), (b)를 간접천이(indirect transition)라고 한다.

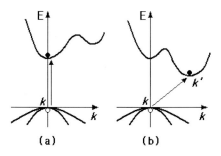

그림 6.116 반도체에서의 광학천이
(a)직접천이 (b)간접천이

2) 절연체의 광흡수

반도체와 마찬가지로 절연체의 경우도 전자가 밴드갭 에너지를 뛰어 넘을 수 있을 충분한 에너지를 갖는 광의 조사가 아니면 여기는 발생하지 않는다. 예를 들면, 대표적인 절연체인 NaCl은 완전결정의 경우 밴드갭 에너지가 9.4[eV]이어서, 자외영역에서 기초흡수가 관측된다. 즉, 적외부터 가시광에 걸쳐 투명하며, 가시광에서 자외로 이동함에 따라 불투명이 되며 광의 흡수가 발생한다. 절연체인 NaCl, KCl 등의 이온결정은, 반도체의 경우와 마찬가지로 이러한 기초흡수 외에 여기자흡수, 불순물흡수, 적외흡수가 일어난다.

그림 6.117(a)와 같이 할로겐화 알칼리의 여기자흡수는 항상 기초흡수에 가까운 곳에 나타난다. 이 경우의 여기자는 앞서 설명한 바와 같이, 전자 1개가 음이온으로부터 양이온으로 이동해서, 중성의 원자쌍이 형성된 상태이다(그림 6.117(b)). 따라서 완전히 떨어진 상태보다 안정해서 에너지적으로는 낮은 상태이므로, 기초흡수보다 장파장쪽에서 나타나며, 무거운 원소를 함유하는 화합물일수록 장파장쪽에서 발생한다.

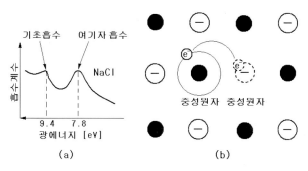

그림 6.117 여기자 흡수(a)와 여기자의 개념도(b)

적외흡수는, 전자에 의한 흡수가 아니고, 이온이 결정격자의 진동에 의해 주기적 운동을 하고 있기 때문에, 그 격자진동수에 공명하는 광의 흡수에 의한 것이다. 질량 M_A 의 양이온과 질량 M_B 의 음이온이 결합력 g 로 연결되어 있을 때의 격자진동수 ω 는,

$$\omega = \left[2g\left(\frac{1}{M_A}+\frac{1}{M_B}\right)\right]^{1/2} \qquad \cdots\cdots (6.242)$$

로부터 구할 수 있다. 따라서 격자진동에 근거를 둔 흡수파장은 결합의 세기와 구성원자의 질량에 의존한다. 흡수극대의 위치는, 여기자흡수에서와 마찬가지로 무거운 원자핵을 함유하는 결정일수록 장파장쪽으로 이동한다.

참고로 이온결정에 있어서 격자진동에는 + − 이온이 같은 위상으로 진동하는 모드(음향학적 모드)와 역위상으로 진동하는 모드(광학적 모드)가 있다. 이것은 1차원 2원자격자에서 생각하면, 그림 6.118과 같이 음향학적 모드에서는 + − 이온에 의한 큰 분극은 없지만, 광학적 모드에서는 큰 분극이 주기적으로 변화하고 있다.

가시영역에서 나타나는 불순물흡수는 반도체의 경우와는 다르게, 표현그대로 결정내의 불순물이나 격자결함에 근거를 둔 것이다. 불순물이나 격자결함의 에너지준위는 밴드갭 사이에 들어가기 때문에, 가전자대로부터 불순물준위로의 천이나, 불순물준위로부터 전도대로의 천이가 가능하며, 가시영역의 흡수로 관측된다. 많은 보석의 아름다운 색은 이러한 불순물에 의한 가시영역의 흡수가 원인으로 된다. 일례로, 루비의 적색은 Al_2O_3 중에 미량 함유되어 있는 Cr^{3+} 에 의한 것이며, Al_2O_3 중에 미량의 Ti^{4+}, Fe^{3+} 가 함유되면 사파이어의 청색의 원인이 된다. 또한, 할로겐화 알칼리의 색중심은 격자결함에 근거를 둔 흡수의 대표적인 예이다.

절연체로서 할로겐화 알칼리 결정을 일례로 광흡수를 설명하였는데, 금속산화물이나 황화물 및 다이아몬드와 같은 공유결합결정에서도 기본적으로는 같은 설명이 가능하다. 그러나 적동색의 Cu_2O, 적색의 HgI_2, 오렌지색의 CdS 등에서는 여기자흡수대에서도 광전도가 나타나는 등 화합물에 따라 광학적 특성에 조금씩의 차이가 있다.

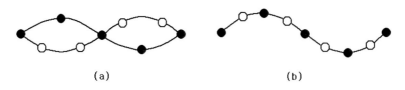

(a)   (b)

그림 6.118 광학적 모드(a)와 음향학적 모드(b)

할로겐화 알칼리 결정을 알칼리금속 또는 할로겐의 증기속에서 가열하면, 결정에는 한쪽의 성분이 과잉으로 들어가서 착색된다. 이것을 착색중심 또는 간단히 색중심(앞서 3장의 결정의 불안전성 참조)이라고 한다. 일례로, NaCl은 Na증기 중에서 가열하면, 표면에 부착한 Na 금속원자는 결정내부로부터 이동해 온 Cl⁻ 이온과 결합한다. 이때, 결정내에는 음이온의 공격자가 남는다. 결정표면에서 Na와 Cl이 결합하면 Cl⁻에 부착되어 있던 전자는 여분으로 되어, 음이온의 공격자점에 포획된다(그림 6.119). 이 결과, 결정전체로서 전기적 중성을 유지하게 되며, 이것을 F중심이라고 한다. 이와 같이 여분의 알칼리원자를 할로겐화 알칼리 결정에 첨가시키면, 그것과 같은 수의 음이온 공격자점이 생성된다. 이 포획된 전자는 격자점에 정지해 있기 보다는, 주위에 있는 6개의 양이온에 공유되어, 음이온 공격자점의 주위를, 수소원자의 $1s$전자와 같은 움직임을 하고 있다고 알려져 있다. NaCl의 경우, E_g가 9.4[eV]이지만 밴드갭내의 전도대의 바닥으로부터 아래로 약 3.2[eV]인 곳에 수소유사전자(F중심)의 $1s$준위상태가 있다(그림 6.120). 특유의 색은, 이 전자의 $1s$상태로부터 $2p$상태로의 천이에 근거를 둔 흡수에 의한다. 실제로는 양이온결손, 정공 등도 관여하기 때문에 여러 가지 형식의 색중심이 존재한다.

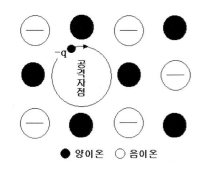

그림 6.119 F중심의 모식도

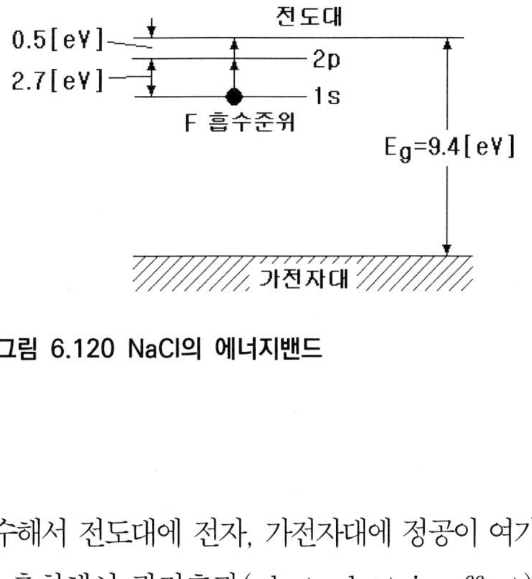

그림 6.120 NaCl의 에너지밴드

(2) 광전효과

반도체에 광을 조사하면, 광에너지를 흡수해서 전도대에 전자, 가전자대에 정공이 여기되어 여러 가지 현상이 생긴다. 이러한 현상을 총칭해서 광전효과(photoelectric effect)라고 한다. 광전효과에는 ①광을 조사하면 도전율이 증가하는 광도전효과(photo -conductive effect), ②광을 조사하면 표면으로부터 고에너지의 전자를 방출하는 광전자방출효과(photoemissive effect), ③광을 조사하면 기전력이 발생하는 광기전력효과(photovoltaic effect)의 3종류가 있다.

1) 광도전 효과

봉상(단면적 S, 길이 l)의 반도체 시료의 양단을 오믹접촉을 시킨 후, 그림 6.121과 같이 외부로부터 전압 V를 가한다. 광이 조사되지 않는 어두운 상태에서의 반도체 내의 전자밀도를 n_d, 정공밀도를 p_d, 전자 및 정공의 이동도를 각각 μ_n, μ_p로 한다. 이때 흐르는 전류, 즉 암전류(dark current) I_d는

$$I_d = e\,(n_d\mu_n + p_d\mu_p)\frac{V}{l}S = \sigma_d E S \qquad \cdots\cdots\ (6.243)$$

이 된다. 여기서,

$$\sigma_d = e\,(n_d\mu_n + p_d\mu_p) \qquad \cdots\cdots\ (6.244)$$

를 암도전율(dark conductivity)이라고 한다.

이 반도체에 밴드갭 에너지 E_g 보다 큰 에너지를 갖는 광($h\nu \geq E_g$)을 조사하면 그림 6.121과 같이, 전자·정공쌍이 생성되어 전자는 전극 A로, 정공은 전극 B로 이동해서, 즉 A로부터 B로 전류가 흐르게 된다. 단위체적당 단위시간내에서 발생하는 전자·정공쌍의 수를 g로 하고, 전자와 정공의 수명을 각각 τ_n, τ_p로 하면, 반도체내에서 일정한 강도의 광조사에 의해 존재하는 전자 및 정공밀도는 각각 $g\tau_n$, $g\tau_p$가 된다. 따라서 광조사에 의해 발생하는 도전율의 증가분 $\Delta\sigma$는

$$\Delta\sigma = e\,g\,(\tau_n\mu_n + \tau_p\mu_p) \qquad \cdots\cdots\ (6.245)$$

로 나타낼 수 있다. 이와 같이 광조사로 자유캐리어가 증가하고 도전율이 증가하는 현상을 광도전 효과라고 한다.

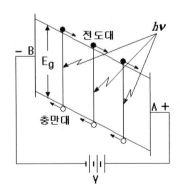

그림 6.121 광도전효과

광도전의 감도를 생각하면 식(6.245)의 $\Delta\sigma$가 클수록 유리하지만, 광도전현상으로 이용하는 경우에는 적어도 $\Delta\sigma$가 암도전율 σ_d 보다는 커야만 한다. 따라서 $\Delta\sigma = \sigma_d$ 인 $\Delta\sigma$ 를 주는 광의 강도로 감도를 나타낸다. 이 광의 강도가 작을수록 감도가 좋은 것이 된다. 이것은 또한 σ_d 가 작을수록 유리한 것을 나타낸다.

식(6.245)로부터 알 수 있듯이, $\Delta\sigma$를 크게 하기 위해서는, $(\tau_n\mu_n + \tau_p\mu_p)$가 큰 것이 바람직하다. 즉, 캐리어 이동도와 캐리어의 수명이 큰 것이 유리하다. 여기서 캐리어의 수명이 길다는 것은 광도전에서 시간지연은 피할 수 없는 것을 의미한다.

캐리어의 수명은 전자와 정공의 재결합에 의해 결정된다. 재결합기구에 관해서는 앞서 설명한 바와 같이, 광도전재료로서 고려 대상이 되는 Si, Ge 또는 CdS와 같은 물질에서는 전도대의 전자와 가전자대의 정공의 직접재결합은 그다지 많지 않고, 재결합중심에서의 재결합이 대부분이다.

재결합중심이 존재하는 경우에는 전자 · 정공 쌍생성에서 발생한 캐리어의 한쪽이 바로 포획되고 만다. 만약 정공이 포획되었다면, 재결합중심의 밀도를 N_R, 전자의 열속도를 v_t, 포획단면적을 A 로 하면, 전자의 수명 τ_n 은

$$\tau_n = \frac{1}{Av_tN_R} \qquad\qquad \cdots\cdots (6.246)$$

이 된다. 따라서 전자의 밀도를 n 으로 하면,

$$n = g\tau_n = \frac{g}{Av_tN_R} \qquad\qquad \cdots\cdots (6.247)$$

이 된다. 여기서 생성한 정공 모두를 재결합중심에서 포획하고 있다면,

$$n = p = N_R \qquad\qquad \cdots\cdots (6.248)$$

이 되며, 식(6.247)로부터

$$n = \sqrt{\frac{g}{Av_t}} \qquad\qquad \cdots\cdots (6.249)$$

가 된다. 전자 · 정공 쌍생성의 수 g는 광의 강도 B 에 비례하므로, n 따라서 흐르는 광전류는 $B^{1/2}$ 에 비례하게 된다. 실제로는 재결합과정이 그다지 단순하지 않으므로, 광전류를 I_p, 광을 조사하였을 때의 전류(암전류 포함)를 I_l 로 하면,

$$I_p = I_l - I_d \qquad\qquad \cdots\cdots (6.250)$$

으로 되며, 이 광전류와 조사한 광의 강도 B 사이에는 일반적으로

$$I_p \propto B^r \qquad\qquad \cdots\cdots (6.251)$$

이 성립하며, 여기서 r은 0.5~1.0 범위이다.

광도전 효과는 광조사에 의해 금지대를 넘어서 전자·정공의 쌍이 생겨서 도전율이 증가하는 진성 광도전(instrinsic photoconduction) 외에 불순물이나 격자결함이 존재하기 때문에 비교적 긴 파장의 광을 흡수해서 도너준위나 트랩에서 전자를 전도대에, 혹은 억셉터준위나 트랩에서 정공을 가전대에 여기해서 도전율이 증가하는 외인성 광도전(extinsic photoconduction)도 있다.

그림 6.122와 같은 광도전체에 광이 조사되면 전자·정공쌍이 생성된다. 전자는 +전극 쪽으로, 정공은 -전극 쪽으로 이동한다. 그림에서 E는 전계의 방향을 나타낸다. 단위체적당 매초 생성되는 캐리어수를 g로 하면, 광도전체 전체에 있어서 발생하는 캐리어수 N은 $N=glS$이다. 여기서 l과 S는 각각 시료의 길이와 단면적이다. 또한 전류에 기여하는 캐리어를 전자나 정공 어느 한쪽으로 하면, 흐르는 전류 I는

$$I = \Delta\sigma ES = e\,g\tau\mu ES = e\,N\tau\mu\frac{E}{l} = e\,NG \qquad\qquad \cdots\cdots (6.252)$$

로부터 구할 수 있다. 여기서 G는

$$G = \tau\mu\frac{E}{l} = \frac{\tau\mu V}{l^2} = \frac{\tau}{\tau_d} \qquad\qquad \cdots\cdots (6.253)$$

이 되며, 여기서 $E=V/l$, $\tau_d=l^2/\mu V$이다. τ_d는 캐리어가 한쪽의 전극으로부터 다른 쪽의 전극까지 유동하는데 필요한 평균 드리프트 시간이다. 식(6.253)에서의 G를 이득계수 (gain factor)라고 하며, $\tau=\tau_d$이면 G는 1이 된다. 만약 캐리어의 수명이 드리프트의 시간보다 길게 되면 $\tau\rangle\tau_d$가 되어, $G\rangle 1$로 된다. 즉 이 경우에는 광조사에 의해서 발생한 캐리어가 일단 전극에 흡수되어도 다시 반대쪽의 전극으로부터 주입되어 재결합되기까지 전류에 기여하게 되어, 광전류가 증가하는 것을 의미한다.

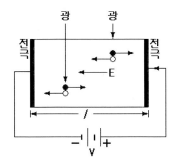

그림 6.122 광도전체

2) 광기전력 효과

광조사에 의해서 전자·정공쌍이 생기고 외부에서 인가하는 전계가 없는 상태에서 이동방향이 서로 역방향이 되면 반도체의 한쪽에 +전하, 다른 쪽에 −전하가 모여서 양단에 기전력이 발생하게 된다. 이것을 광기전력 효과라고 한다.

그림 6.123과 같이 반도체의 양면에 오믹성 전극을 붙이고 한쪽의 전극을 통해서 광을 조사하면, 전자·정공쌍이 생성한다. 쌍의 수는 조사면 부분에 많고 내부로 갈수록 적게 되어, 반도체내에는 두께방향으로 캐리어 농도구배가 형성된다. 따라서 캐리어의 확산이 일어난다. 이 확산속도는 전자와 정공에서 차이가 있어, 다시 말하면 전자와 정공이 대향전극 쪽으로 확산하지만 보통은 전자의 확산속도가 크기 때문에 전자가 대향전극에 도달했어도 정공은 입사전극 쪽에 머물고 있는 것으로 된다. 이것에 의해 + − 의 전하의 국재가 일어나, 그림 6.123과 같이 내부에 전계 E가 발생하여 캐리어의 확산을 억제하며 평형에 도달한다. 이 전계는 기전력을 발생시키며, 외부회로에 전류 I를 흐르게 한다. 이 현상을 뎀버효과 (Dember effect)라고 한다. 물론 재료에 따라서 뎀버전류의 분광특성은 다르다.

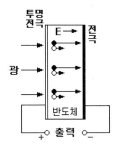

그림 6.123 Dember 효과

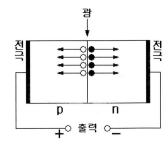

그림 6.124 광기전력 효과

또 한 가지의 광기전력 효과는 반도체에 p-n접합, 헤테로 접합, 또는 쇼트기 장벽 등을 형성시켰을 경우에 나타난다. p-n접합에 대해서는 이미 설명하였지만, 그 접합경계영역(공핍층)에 광을 조사하면, 전자·정공쌍이 생성한다. 전자는 n형 영역으로, 정공은 p형 영역으로 확산해 간다. 그 결과, 그림 6.124와 같이 p측의 전극에는 정공이, n측의 전극에는 전자가 모아져 기전력이 발생하여, 외부회로에 전류가 흐르게 된다.

이것이 포토다이오드(photodiode)이며, 그 원리를 그림 6.125에 나타내었다. 일반적으로 포토다이오드는 1/100~수만 Lx 범위의 출력전류가 직선적으로 변화하여야 하고, 역방향 전류(암전류)가 작고, 낮은 조도에서도 신호/잡음(SN)비가 우수해야 하며, 또한 출력전압 및 전류가 커야한다.

포토다이오드의 광응답 속도는 캐리어가 전극 사이를 주행하는 시간(확산시간) 및 공핍영역 통과시간, 접합용량과 내부저항에 의해 결정된다. 공핍영역에서 발생한 캐리어의 전계에 의한 드리프트 시간은 극히 짧지만, 공핍영역 외에서 발생한 캐리어들은 확산시간 때문에 다소 시간이 걸릴 수 있다. Si, Ge, GaAsP 등이 사용되고 있다.

포토다이오드에 증폭작용을 가지게 한 소자가 포토트랜지스터(phototransistor)이다. 포토트랜지스터의 원리를 그림 6.126에 나타내었다. 구조는 보통의 npn 트랜지스터와 같지만 광전류를 많이 발생시키기 위해서 p형을 크게 만든다.

광조사에 의해 여기된 전자는 컬렉터 공핍층을 통해서 컬렉터 영역에 도달하지만 정공은 베이스 영역에서의 퍼텐셜우물 속에 갇혀진 것이 되며 이미터 접합을 순방향으로 바이어스하는 것이 된다. 이와 같이 하여 광여기된 전자 이외에 다량의 전자가 이미터에서 베이스 영역에 주입된다. 이것이 증폭된 전류분이다.

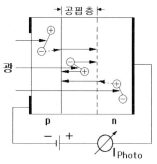

그림 6.125 포토다이오드의 원리

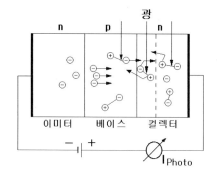

그림 6.126 포토트랜지스터의 원리

276

포토트랜지스터의 광증폭률은 베이스폭 및 이미터 접합부의 주입효율로 결정되고 있으며 통상 수십~수백 배이다. 특히 이미터 영역의 재료로서 베이스, 컬렉터보다도 금지대폭이 넓은 재료를 사용한 헤테로접합형 포토트랜지스터에서는 헤테로접합의 창효과와 고주입 효율 때문에 높은 광감도를 얻을 수 있다. 일반적으로 GsAlAs/GaAs 헤테로접합 구조에 의해 1000배 이상의 광감도를 얻고 있다.

(3) 발광 현상

반도체에 자외선, X선 또는 고속으로 가속된 입자를 조사하였을 때 광이 방출되는 현상을 발광(luminescence)이라고 한다. 발광을 일으키는 여기에너지를 가하는 중에만 발광하는 현상을 형광(fluorescence), 조사가 끝난 후에도 발광이 길게 지속되는 경우를 인광(phosphorescence)이라고 하며, 이들이 발광을 나타내는 결정을 모두 발광체(phosphor)라고 한다.

1) 발광기구

대부분의 형광체는 필요한 불순물을 고용한 결정으로 전기절연체나 반도체이며, 첨가한 불순물을 활성화제(activator)라고 한다. 불순물 이외의 격자결함, 특히 점결함인 색중심도 형광체의 발색중심으로 된다. 그런데 이들 형광체의 발광기구는 에너지준위도보다 배위좌표 모델을 사용해서 설명하는 것이 편리하다. 그림 6.127에 배위좌표도의 일례를 나타내었다. 고체를 구성하는 원자 또는 이온은 항상 격자진동을 하고 있다. 이 격자진동은 10^{12}〔1/s〕 정도이지만, 전자의 진동수가 10^{15}〔1/s〕 이상이기 때문에, 에너지 흡수발광 과정은 원자간의 상대위치가 불변하고, 고체의 경우도 분자와 마찬가지로 프랑크-콘돈(Franck-Condon)의 원리(그림 6.128과 같이 2개의 전자상태에 대한 퍼텐셜곡선을 그리면, 초기상태로 원자간 거리 AB 사이에서 v_1로 진동하고 있을 때, 전자천이가 일어나면 그 천이시간은 대단히 짧고, 원자간의 상대위치는 변화하지 않는 것으로 생각해도 무방하다는 원리로서, 그림에서 AB로부터 수직으로 그은 선이 다른 전자상태의 에너지곡선과의 교점인 CC′, DD′으로 높은 확률로 천이한다)를 적용시킬 수 있다. 그림 6.127에서 기저상태의 AB로부터 수직으로 흡수가 일어나고, 여기상태의 CD로부터 수직으로 발광이 일어난다. 흡수스펙트럼 및 형광스펙트럼의 폭은 이 AB, CD의 폭에 크게 좌우된다. 흡수에너지보다 발광에너지가 작기 때문에, 흡수파장보다 형광파장은 길어진다. 이러한 차이를 스토크스 시프트(Stokes shift)라고 한다. 고온에서는 여기전자에너지가 높아져, D→E 의 확률이 증가하면 발광하지 않고 기저상태로 되돌아간다. 따라서 형광체를 어느 온도이상으로 가열하면 발광강도가 저하하게 되며, 이 현상을 온도소광이라고 한다.

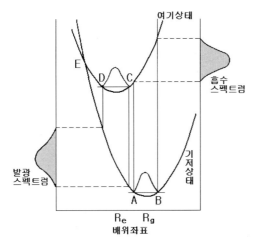

그림 6.127 배위좌표도와 흡수·발광과정

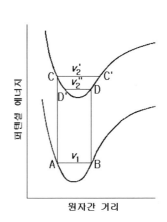

그림 6.128 Franck-Condon의 원리

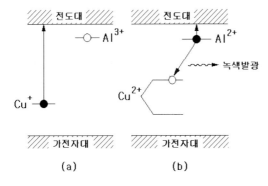

그림 6.129 ZnS:Cu,Al의 에너지준위
(a)여기전　(b)여기중

　　$CaWO_4$, $MgWO_4$ 등의 텅스텐산염 형광체는 X선이나 자외선에서 청색의 형광을 발하기 때문에, X선용 증감지로 이용되고 있고, 희토류 형광체는 컬러TV 브라운관에서 중요한 적색성분으로 매우 적합한 발광을 나타낸다. 황화물 형광체로는 ZnS를 모체로 해서 Cu 또는 Ag 등을 활성화제로 한 것이 알려져 있다. Zn^{2+}이온위치에 1가의 금속이온을 고용시키면 전하보상을 위해, Cl^-이온을 S위치에, 또 Al^{3+}이온을 Zn위치에 동시에 고용시킬 필요가 있다. 그림 6.129와 같이 ZnS결정의 밴드갭에 Cl이온 또는 Al이온에 의한 도너준위가, 또 Cu 또는 Ag에 의한 억셉터준위가 형성된다. 여기전에는 Cu는 +1, Al은 +3 상태이다. 이것을 약 400〔㎚〕의 광으로 여기시키면, Cu는 +2, Al은 +2로 되며, 깊은 억셉터와 얕은 도너가 재결합하면서 발광이 일어난다. 이러한 발광현상을 도너·억셉터쌍 발광이라고

한다. 이런 종류의 형광체의 특징은, 활성화제의 농도가 다른 형광체와 비교해서 매우 적고, 불순물에 예민하며, 특히 Fe, Ni 등은 0.1[ppm]의 농도에서도 발광에 영향을 미친다고 알려져 있다. 이러한 형광체 역시 브라운관용으로 매우 중요하다. 그밖에 $Ca_5(PO_4)_3(F,Cl)$ 에 활성화제로 Sb^{3+}와 Mn^{2+} 을 사용한 형광체는 254[㎚]의 자외선으로 여기되어 백색의 형광을 나타낸다.

2) 레이저

레이저(LASER)란 Light Amplification Stimulated Emission of Radiation의 약자로 유도방출에 의한 광의 증폭을 뜻한다. 앞서 설명한 바와 같이, 원자가 광을 흡수하면 흡수한 광에너지에 상당하는 에너지적으로 보다 높은 상태(여기상태)로 올라간다. 그러나 높은 에너지상태로 계속 유지하는 것이 아니고, 바로 낮은 에너지상태로 떨어진다. 이때 2가지 에너지상태의 차에 해당하는 에너지를 광의 형태로 발산한다. 이와 같은 발광을 자연방출이라고 한다. 전구나 형광등에서 발하는 광은 바로 이 자연방출적인 것이다. 그런데 원자의 광발생 기구에는 이러한 자연방출 외에 유도방출이 있다.

그림 6.130과 같은 2가지 준위 E_1, E_2 간에서 전자가 천이하는 경우에서, E_2 에 있는 전자는 광이 존재하지 않아도 자연적으로 아래로 떨어지면서 광자 1개를 방출한다(그림(a)). 이것이 자연방출로 통상의 발광현상의 과정이 된다. 그런데 최초에 광이 존재하면 그 강도(광자의 수)에 비례한 확률로 E_1 로부터 E_2 로, 또는 E_2 에서 E_1 로 전자의 천이가 발생하며, 그때 광자수가 감소 또는 증가한다. 감소하는 경우가 광의 흡수(그림(c))이고, 증가하는 경우가 유도방출(그림(b))이다. E_1, E_2 준위에 있는 전자수를 각각 N_1, N_2 라고 하면, 열평형 또는 평형에 가까운 상태의 물질에서는 N_1 이 N_2 보다 많기 때문에, 흡수밖에 일어나지 않는다. 그러나 어떠한 방법을 사용해서 그 분포를 반전시키면 증폭작용이 발생한다.

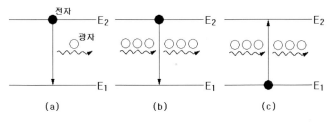

그림 6.130 광의 방출과 흡수
(a)자연방출 (b)유도방출 (c)흡수

반전분포상태를 만들기 위해서는, 방전에 의한 원자나 분자의 충돌, 주파수가 높은 광의 조사, 전류주입 등에 의해 전자에 에너지를 공급(호핑)해서, 고에너지상태의 전자수를 증가시킬 필요가 있다. 이것을 그림 6.131에 모식적으로 나타내었다. 준위 E_1, E_2 에 호핑되어 있는 원자수를 매초당 각각 R_1, R_2 로, 각 준위의 자연방출 확률을 A_1, A_2 로, 유도방출확률을 f로 하면, 평형상태는

$$R_2 - A_2 N_2 - f(N_2 - N_1) = 0 \qquad \cdots\cdots (6.254)$$

$$R_1 - A_1 N_1 + A_2 N_2 + f(N_2 - N_1) = 0 \qquad \cdots\cdots (6.255)$$

로부터 구할 수 있다. 이것으로부터

$$\Delta N = N_2 - N_1 = R_2 [1 - (\frac{A_2}{A_1})(1 + \frac{R_1}{R_2})] / (f + A_2) \qquad \cdots\cdots (6.256)$$

이 유도된다. 반전분포, 즉 $\Delta N > 0$이 되기 위해서는,

$$1 > \frac{A_2}{A_1}(1 + \frac{R_1}{R_2}) \qquad \cdots\cdots (6.257)$$

이 되는 조건이 필요하다. 그런데 $1/A_1$, $1/A_2$ 는 각 준위의 수명 τ_1, τ_2 와 같으므로,

$$\frac{\tau_2}{\tau_1} > 1 + \frac{R_1}{R_2} \qquad \cdots\cdots (6.258)$$

과 같이 나타낼 수 있다. 즉, 반전분포가 일어나기 위해서는 높은 준위의 수명이 낮은 준위의 수명보다 길어야 한다.

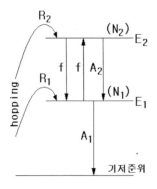

그림 6.131 준위간 천이와 호핑

레이저광은 보통의 광원으로부터 나오는 광과 전혀 다른 성질을 지니고 있기 때문에, 그 특징을 살려서 물체의 미소변화계측, 재료가공, 외과수술, 광파이버를 사용한 광통신 등 폭 넓은 분야에 사용되고 있으며, 그 대표적인 레이저로는 $a\text{-}Al_2O_3$ 단결정에 약 $0.05[wt\%]$ 의 Cr^{3+} 가 고용된 루비 레이저, $Y_3Al_5O_{12}$ 단결정에 Y^{3+} 의 일부를 Nd^{3+} 로 치환한 Nd-YAG 레이저 등이 있다.

3) 반도체 레이저

지금까지 설명한 레이저가 원자 하나하나가 갖는 에너지준위를 이용한 것에 반해, 반도체 레이저는 원자의 집단이 갖는 에너지준위를 이용한다. 반도체 레이저의 반전분포는, 불순물농도 $10^{18}[1/cm^3]$ 정도의 p형 및 n형 반도체의 p-n접합에 의해 얻어진다. 불순물농도가 크기 때문에, 그림 6.132(a)에 나타낸 바와 같이, p형 반도체의 페르미준위 E_{fp} 는 가전자대 내에 있으며, n형 반도체의 페르미준위 E_{fn} 은 전도대 내에 존재하여, E_{fp} 와 E_{fn} 은 거의 동일한 높이가 된다. 순방향 전압 V가 인가되면, E_{fp} 와 E_{fn} 은 분열해서 그 크기는 ΔE_f 가 되며, 에너지준위는 그림(b)와 같이 되어 전도대에서는 n으로부터 p방향으로 전자가 흐르고, 가전자대에서는 p로부터 n방향으로 정공이 흐르기 때문에, 결과적으로 활성영역에 서는 상부준위에 전자가 존재하고, 하부준위가 비기 때문에, 반전분포가 발생하게 된다. $\Delta E_f = E_g$ 의 관계를 만족시키기 위해서는 $E_g/e = V$ 의 전압을 인가하여야만 한다. 일례로, GaAs의 경우 이 값은 $1.5[V]$이다.

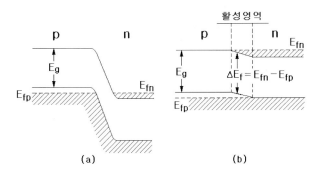

그림 6.132 p-n접합 반도체 레이저의 원리
(a)열평형상태 (b)순방향 전압 인가시

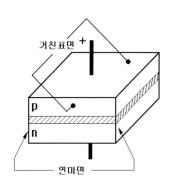

그림 6.133 p-n접합 반도체
레이저의 구조

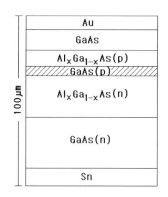

그림 6.134 헤테로접합
반도체 레이저의 구조

p-n접합 레이저를 개략적으로 그림 6.133에 나타내었다. 접합부(빗금친 부분)의 두께는 $0.1[\mu m]$ 정도이다. 레이저 작동을 위해서는 상대하는 두면을 높은 평행도로 연마하여야 한다. 다른 두면은 그 방향으로 레이저 발진이 일어나지 않도록 하기 위해서 거친 면을 그대로 둔다. 레이저의 활성영역은 접합면보다 커서 약 $1[\mu m]$ 정도의 두께가 된다. 또한, 레이저빔의 직경은, 활성영역보다 훨씬 넓어서 $40[\mu m]$ 정도가 되며, 따라서 이 빔은 큰 넓이를 갖는다. 그런데 그림 6.134에 나타낸 헤테로접합 반도체 레이저는 $Al_xGa_{1-x}As(x=0.4)$의 굴절률 ($n=3.4$)이 GaAs의 굴절률($n=3.6$)보다 작기 때문에, 레이저 동작이 GaAs(p) 부분으로 한정된다. 이 레이저는 서로 다른 밴드갭을 갖는 2종의 반도체의 접합이므로, 순방향에 바이어스를 인가하면 전자 또는 정공이 활성영역, 즉 GaAs(p) 부분으로 들어가 유효한 발광을 일으킨다.

4) 발광의 종류

지금까지 설명한 발광을 여기방법으로 분류하면 많은 종류가 있으나, 그중에서 반도체공학에 직접적인 관계를 갖는 것은 포토 루미네센스와 일렉트로 루미네센스이며, 각종 주요한 발광에 대해 간단히 열거하고자 한다.

① **포토 루미네센스(photoluminescence)** : 자외선 또는 가시광선을 조사한 경우 발생하는 발광이며, 여기에 사용된 광보다 반드시 긴 파장의 광이 나온다. 즉, 이 현상은 광의 파장변호나 현상으로 반도체 내에서의 발광기구 해명에 이용된다.

② **일렉트로 루미네센스(electro-luminescence)** : 전계를 인가하던가 또는 전류를 흘려줌으로서 발광하는 현상으로, 전기로부터 광으로 직접변환 시킨다. 전자조명, 광증폭

및 반도체 레이저로서 이용된다.

③ **X선 루미네센스(X-ray luminescence)** : X선의 조사로 발생하는 발광으로 포토 루미네센스의 범주에 포함시켜도 된다. X선상을 가시광상으로 변환한다.

④ **캐소드 루미네센스(cathode luminescence)** : 전자선 조사에 의해 발생하는 발광으로 전기로부터 광으로의 변환 효율이 우수한 방법 중의 하나이며, 브라운관의 음극선으로 이용되고 있다.

⑤ **방사선 루미네센스(radio luminescence)** : 방사선을 조사하는 경우에 발생하는 발광으로, α선이 가장 강하게 작용하고 β선, γ선 순서로 약하게 된다. 입자의 충돌로 점 모양으로 발광하므로 신티레이션(scintillation)이라 부르고, 방사선 검출기로 이용되고 있다.

그 밖에 온도상승시 발광하는 열 루미네센스, 화학반응에 의해서 발광하는 화학 루미네센스, 마찰 등의 기계적 에너지에 의해서 발광하는 마찰 루미네센스 등이 있다.

찾아보기